动态城市设计
——可持续社区的设计指南

[加] 迈克尔·A·冯·豪森　著

李洪斌　韦梦鹃　译

韦梦鹃　校

中国建筑工业出版社

图书在版编目（CIP）数据

动态城市设计——可持续社区的设计指南/[加]迈克尔·A·冯·豪森著；李洪斌，韦梦鹍译 . —北京：中国建筑工业出版社，2017.9

书　名　原　文：Dynamic Urban Design：A Handbook for Creating Sustainable Communities Worldwide

ISBN 978-7-112-21135-7

Ⅰ.①动…　Ⅱ.①迈…②李…③韦…　Ⅲ.①社区—城市规划—指南②社区—建筑设计—指南　Ⅳ.①TU984.12

中国版本图书馆CIP数据核字（2017）第210672号

本书为居住在世界各地的人们勾勒了一个灵活性和持续性的社区发展的范式。其读者对象是希望把社会、经济和环境相融合并提升到一个更高发展阶段的专家学者、学生、社区工作者和政治家们。

本书提出了综合性和以社区为基础的规划设计过程和战略考虑，并强调在城市中心区、郊区和农村地区的城市设计实践以及可持续的应用。书中的真实案例，包括超过200多幅的图表，有助于读者把相关的经验教训和成果运用到自己的社区中去。

责任编辑：杨　晓　唐　旭
责任校对：焦　乐　张　颖

动态城市设计——可持续社区的设计指南
[加]迈克尔·A·冯·豪森　著
李洪斌　韦梦鹍　译
韦梦鹍　校

*

中国建筑工业出版社出版、发行（北京海淀三里河路9号）
各地新华书店、建筑书店经销
北京京点图文设计有限公司制版
北京建筑工业印刷厂印刷

*

开本：787×1092毫米　1/16　印张：22¾　字数：484千字
2017年12月第一版　2017年12月第一次印刷
定价：78.00元
ISBN 978-7-112-21135-7
（30775）

献给我的家人，支持我、帮我编辑本书并鼓励我走得更远的爱人劳拉和女儿雅典娜；我深爱的父母，比尔和克莱尔，以及我的叔叔亨宁；是他们为我种植了无限好奇的思维种子，并告诉我知识的财富就在我们爱的指尖中。

对本书的赞誉

迈克尔为我们展现了一条创造可持续都市主义的清晰且充满希望的道路。这条道路激励和引领着实践者、学生和所有在我们这个时代定睛于城市最基本问题的人士。

——吉姆·亚当斯，德克萨斯州麦肯亚当斯工作室建筑师、董事长

《动态城市设计》这本书，奠定了迈克尔在可持续城市设计方面的权威。通过对数千年来城市发展脉络的梳理，迈克尔为我们勾勒出了一副城市设计的清晰易懂且丰富的图示化过程，并通过人类社会公共与私有的关系的平衡，展示了普遍的公平意识。

——凯文·哈里斯，路易斯安那州凯文·哈里斯事务所建筑师、董事长

迈克尔直面我们面对的问题，并给出"城市设计依旧重要"的积极论断。"动态城市设计"是一部理论结合实践的、具有启发性的综合性读本，它提出了在世界范围内城市设计与社区开发有形的、可行的方法。作为一个实践工作者和教师，我完全赞同这本书所展示的人性化方法、生动的插图以及丰富的内容。

——米娜·马雷费特，华盛顿乔治城大学设计系主任

《动态城市设计》一书是作者把城市设计的许多内容紧凑地摆放在一起的积极尝试。今天我们很难有时间去做这些尝试了，他太棒了。

——安德雷斯·杜安伊，新都市主义委员会创始成员，《精明增长手册》和《郊区国度》的作者

迈克尔，一位具备丰富经验的实践工作者，同时又是一位教师，为不断增加的可持续城市设计的书架上又增添了有价值的东西。他的书非常慷慨地为学生以及从业的规划设计师分享了他本人丰富的从业经验。

——汉克·迪特马，伦敦建筑工会王子基金会首席执行官

新书强调了可持续城市主义规则的重要性。作为一个实践工作者和教育者，迈克尔丰富的经验促成了这本手册式书籍的出版。本书对从学生学习以及基本概念到开发商以及规划实施等不同水平和阶段的使用者都具有很好的使用价值。

——诺埃尔·伊舍伍德，伦敦建筑工会王子基金会顾问，建筑师、城市设计师

这是一本关于理论、实践和城市设计未来的由一位加拿大卓越的规划设计师完成的设计指引书。迈克尔完成的这本书内容丰富深刻，细心融合了设计的理论和实践，能够为城市设计人员提供很好的帮助。

——大卫·R·维蒂，温哥华岛大学学术委员会副主席，

曼尼托巴大学建筑学院前副院长，加拿大规划师协会前任会长

迈克尔给出了一个长久并满足各地人们意愿和文化需求的可持续发展的模式。本书是一本伟大的书，研究透彻、写作精良、图式清晰——我们这个时代珍贵的、倍受欢迎的资源。

——马克·哈里斯，英国伦敦约翰/哈里斯建筑合作公司董事长

迈克尔的新书通过城市设计的历史，把我们带回遥远的过去，并探究了世界范围内如宝藏般的案例。该书既是欧洲建筑的珍贵资源的集合，也是一本有趣的读物。特别明显的是它以高度专业和高质量的眼光关注"公共空间"，这个常常被城市设计忽视的"片段"。迈克尔的书当然在建筑图书馆的系列中赢得了一席之地。

——迈克尔·弗兰克，德国巴特克罗伊姿纳赫，弗兰克建筑规划事务所董事长

可持续城市设计是未来的唯一出路，不是之一。迈克尔的书精明地把处于变革过程的城市中的城市设计和可持续城市规划进行融合。他的书对于巴西的建筑师和规划师来说是无价之宝。而我，也正在巴西的快速发展的成百的社区、村镇和城市中进行着实践。

——罗伯特·阿弗拉洛，巴西阿尔法诺/加斯佩里尼事务所董事长，建筑师

由于书中的原理跨越了文化和地缘政治的差异，迈克尔的书将世界拉得更近了。通过麦克尔的个人经验和观察，从书中的实践和方法论的有关讨论中，我们得以分享并从根源上了解可持续的城市设计。

——彼得·潘，纽约彼得·潘建筑事务所董事长，建筑师

通过这本书，迈克尔提出了适用于全世界任何地方的把城市设计与可持续城市发展相整合的通用战略……我不仅完全赞同本书的观点，而且也将他的概念和思想在印度进行积极地推广。在未来的 20 年，印度是一个等同于每年发展一个芝加哥的快速发展的国度。

——塔兰卡霍特·K·加霍，印度新德里人居管理协会，住房与城市发展公司，执行董事

这本有着丰富插图的书籍提供了大量的有关城市设计方法、类型和实践等信息，能够为初学者和有经验的实践人士提供帮助。因为作者的博学以及他清晰的思路，迈克尔把城市设计的理念和实践糅合在一起，形成了连贯且令人心动的一套"场所创造"的指引。

——索尼·托米奇，加拿大阿尔伯塔/卡尔加里，中心城市规划与实施部门经理

作为政府官员，我非常清楚我们社区的规划需要把干硬的理论和生动的实际结合起来，而迈克尔的书正是这样的指路地图。

——彼得·法斯本德，加拿大卑诗省兰里市市长

迈克尔的新书通过分析总体设计的原则，分析自然、文化和场所相融合的专业性设计实践让我们明晰全球的城市化进程的挑战。他呼吁要有开创性的、跨学科的，理解复杂的环境、社会经济、文化和外在物理条件的能力，为规划和保持高质量的城市景观提供框架。

——大卫·古弗尼尔，宾州大学景观建筑系副教授

——奥斯卡·格劳尔，哈佛大学肯尼迪学院客座教授

（两人是委内瑞拉首都加拉加斯城市大学城市设计课程的共同创始人）

本书中迈克尔的真实工作案例为城市设计如何保持城市长期的经济和人文价值提供了综合性的方法。那些案例中建议的程序就像"食谱"一样把区划技术植入真实社区中，让其去很好地适应社区所面临的挑战和差别。虽然谈论这个话题的书籍很多，但迈克尔却抓住了我们今天或当下面临的挑战，并就如何处理这些挑战给出了解决方式。

——史蒂芬·凯伦伯格，加利福尼亚 AECOM 规划设计公司副总裁

麦克尔，谢谢你实现了把社区愿景转化为可持续行动计划的承诺。本书注定要成为一本每一位规划师案头的有价值的参考书。你在规划设计和可持续发展方面追求卓越的激情是你永远的财富。

——杰拉尔德·明楚克，加拿大卑诗省兰里经济发展与项目服务部部长

序言

迈克尔正在升级他的"游戏"，目标是：将城市设计推向更高水平。他的愿望是：整合城市设计与可持续发展，并形成具实用性和规则性的一套通用性对策。植根于对地方社区的研究和实践，迈克尔已经有了一套在全世界适用的城市设计方法。

迈克尔独创性地结合了他的教学以及数十年在私人与公共事务实践方面的经验，并通过他的经验与观察认识到城市设计可能是孤立的，不可能完全超越我们这个繁杂的世界所需要的理性"飞地"，而会常常迷失于各类变化，特别是时代的场所和社会结构的变化，对我们的直接影响。

为重视地方性的缺失，迈克尔总是将个性和地方性融入他的设计过程中，从不切实际和表面化中通过去伪存真去保持设计的严谨性，并且还保证设计的内在精神不损失。作为一位教师，他长于激发灵感；而作为一个设计实践者，他明白对有限性的认识和没有必要的限制之间的差别。

他也很欣赏"理论对于不能理解的人而言毫无意义"。那些根本不理解和不欣赏"可持续发展"而生活在标榜为"可持续发展"的地方的消费者是不会为此愿意额外付出费用的。本书在理论与外行（或开发商）之间建立了一座理解更好的可持续发展世界的桥梁。

这本书的基本内涵是：根本的问题是我们看待世界的方式。如果规划和设计能够成功整合了经济和社会层面、可持续发展和新的设计方法，这种整合的结果就是值得努力的。用迈克尔的话说就是：灵活的、多样的和持久的。

戈登·普莱斯

西蒙弗雷泽大学城市学院主任

中文版序言

很高兴看到我的书籍能够在中国出版。

2017 年，全世界的人口达到 75 亿，而中国的人口就接近 14 亿。过去 10 年我的中国工作经验告诉我，《动态城市设计》非常契合一个有着悠久的历史、厚重的文化、多样的环境和独特的区位，并且融合了当代的新技术和新经济的快速发展的中国的需要。

我很乐意继续在中国以及中国的地方政府在寻求可持续发展和绿色生态城市发展的路径方面，在清洁空气、水体和土地等方面提供帮助。我相信，中国这样一个伟大的国家可以引领全球的可持续发展。

希望本书有助于推动中国走向可持续发展和弹性发展的未来。

迈克尔·A·冯·豪森
2017 年 8 月 1 日

译者序

加拿大的著名设计师，并兼几所大学的客座教授——迈克尔先生，其所著的《动态城市设计》这本书，最显著的特点就是对"理论与实践"的高度概括，理论方面有其独到见解，通过大量的社区规划与城市设计案例阐述了"动态城市设计"的特征。

作者认为"动态城市设计"来源于可持续发展的理念。"标准式"（传统的）的城市设计程序未能充分地考虑到社会公平、文化程式、经济多样性等问题，当然，考虑的私人利益会多一些。多少可以理解，项目的焦点是它自身的收益，而非社区和政府需要的收益。"城市和社区是由多种人群居住在那儿的有机体，我们不管创造什么样的社区模板，它都必须是灵活的、多样性的和持久的，不仅满足人们未来生长和变化的需要，而且也要适应气候的变化。要实现这种对未来的期待，需要敏感的城市设计，这是一个巨大的挑战，更不应被忽视。遇到这种挑战需要一个动态的、具有战略性城市设计和可持续社区发展的方法，这也是这本书的主题所在。"

本书的第一部分，作者建立了"动态城市设计"的模型：它由框架、配件、量度三个模块构成：

——框架：是由场所、流程、方案组成，涵盖了对物质场所重要性的认知，流程是指确认场所重要地方性价值的程序，方案则是指实现社区愿景及需求的布局，包含了土地利用、交通和城市形态。

——配件：社会、生态、经济领域的内容，这些内容检测社区的社会文化状况，它们与自然的相互关系及综合效应，以及生活、经济繁荣的重要手段。

——量度：所有被包含或被考虑的城市设计要素；设置社区设计准则的法则，以及设置量化目标的指标体系。

在理论方面的论述中，作者通过自己观赏罗马万神庙的感受，说明城市那种永恒魅力的空间和场所，是城市设计的重点对象。接着以时间为序列，着重列举了各时代具有代表性的思想或工程案例，最大的吸引点不是这些作品本身，而是作者的评说，从一位教授的角度，客观却又有新意，与一般常见的传统观点相比，可谓是独树一帜，值得广大读者仔细寻味。

在书的第二部分，主要是城市设计的分析内容和程序，并利用"城市设计过程树"概括了：复杂与动态的城市设计过程，以人群（社会）、环境（生态）、经济为根（支撑结构），这些根汲取营养进入主要的树干（过程要素）和枝干，通过光合作用和其他进程转换成营养（社区价值和物质环境因素），进入社区结构和"果实"里，这些又随着季节而变化，依靠营养和日照（过程）而不断发展。

这一部分以一个"邻里"设计为案例，最为关注的是设计步骤和过程，从项目会议的准备，到工作坊的形成，再到方案的公示、宣传等，为一个社区或城市设计方案的形成，介绍了相关国际的经验，为形成与培养一个社区规划师的职业方向，提供了有力的帮助。

本书的第三部分主要是设计案例的介绍，通过案例说明城市设计方案在审查、财务、国际绿色标准等方面的实际运用。关键是讲述了作者本人在长期的设计实践中所取得的一些成就，并通过大量的插图，向读者列举了创新的意义。其中的插图很多是作者手绘，表现了作者深厚的美术功底和娴熟的手绘技巧，是一个城市设计师必备的修养和能力表现。

书的第四部分是讨论城市设计的实施问题。作者认为：城市设计的实施需要六个关键：发展愿景、所有权、组织、资源、技术文件、评估。本章详细介绍行动计划的要素，并通过案例和必要的规划设计文件来予以说明，仍然通过大量的实际案例和插图，给予进一步的论证。

本书最吸引人的是第 15、16 章节的内容：关于可持续区域城市——温哥华的发展介绍，让读者更加了解这座绿色可持续国际都市的现在及未来战略。

总之，这本书——《动态城市设计》，是一本可读性较好的书籍：城市设计理论系统完整、理论评述自主独到、动态城市设计模型建构合理并有创新；全书图文并茂、插图效果流畅生动，特别是通过实证案例来说明复杂的问题，有理有据，深入浅出，也表露出作者丰富的项目经验及丰硕的成果，是理论联系实际的好作品。虽然在罗列一些设计要素、原则等文字方面，略显重复甚至啰唆，但仍是一部比较好的实证型书籍，比起那些抽象、晦涩、难懂的外国理论或资料，要好读得多，对于教学的、学习的、有兴趣了解国外城市设计师的人们而言，是一部难得的、极好的课本和资料。

认识迈克尔教授是于 2015 年 4 月，我们以联合体的身份共同参与了湖北省"黄石市大冶湖生态新区国际投标"，并荣获了第一名。投标期间，先生热情地送给我们这本书，经过认真拜读后，我们认为这本书是完全建立在实践方而著成，与我俩长期在规划设计院工作的心得相似，而且概括与总结的经验十分独到与完整，体现了迈克尔先生严谨和诚实的职业品格。当我们提出翻译本书建议时，先生显得十分高兴，并给了大量的原版资料作为参考，在此表示衷心的感谢。

在本书翻译与排版过程中，受到同事李乔琳小姐、龙曦女士、赵迪女士、林超先生的帮助，在此表示感谢。特别感谢的是中国建筑工业出版社的杨晓编辑，她的热情和专业精神，让我们感动和钦佩。

由于英文水平与专业能力有限，翻译中难免有不妥或错误之处，敬请谅解。

李洪斌　韦梦鹍

2017 年 8 月 8 日

前言

我平生所为，是平淡、朴素的——在世界范围内进行设计服务和教学。美国前国务卿科林·鲍威尔说过"没有什么召唤大过服务自己的国家"，但我却想敞开翅膀去服务全世界，我之所以这样真诚和谦卑地说，是因为在广域范围内，为项目工作和分享心得是莫大的荣誉。更有甚者，有全球视野非常重要，特别是在城市设计和可持续社区发展方面，因为许多的国家面临着如气候变化、财政危机、政治动荡等不断增加的问题。

我的教学、设计、规划以及论文工作，在近几年都已经超越了北美扩展到包括俄罗斯、中国、意大利和印度等国家。在 2011 年夏天，我受到联合国人居署执行理事——塔兰霍特·加霍的邀请，在印度新德里举行的"可持续人居环境规划与设计"国家研讨会上，计划作为大会的主旨发言人出席，但事与愿违我没能参加。但研讨会的发起人还是将这本书的摘要，作为会议议程公开发行了。最近，接受加拿大房屋贷款公司邀请，在多伦多举行的加拿大、欧亚大陆、俄罗斯商业协会（CERBA）国际会议上，我做了"俄罗斯可持续社区规划与设计"为主题的发言。2012 年 9 月，受联合国人居署召集，以加拿大代表团成员的身份，参加了在意大利那不勒斯举行的"世界城市论坛"第 6 次会议。这些经历进一步增强了我在全球语境下去论述可持续城市主义的观点。

对西方可持续城市设计理念，存在几乎不知足的欲望，总想跳出文化、政治和经济发展的挑战而给出一个模式。在北美，几乎每人都拥有"大房子、大院落、昂贵汽车"等的"北美梦"，但他们没有意识到这个梦在许多情况下的缺点，乃至忽视这个缺点。当然这也是可以理解的，因为梦想通常代表了进步和成就。然而，当我们仔细审视时很多人都会发现，这些梦是污染环境的和不负责任的，是社会和文化的不足，是经济发展的不可持续。

我的俄罗斯、中国、韩国、巴拿马以及最近的越南之旅更加让我明白任何地方都是"联系"在一起的。在印度新德里所发生的事，会以某种方式影响着加利福尼亚硅谷的经济、社会，或者是环境。微软公司现在雇佣印度计算机工程师为之编程。当你在美国电话预定一家"假日酒店",电话可能接通到菲律宾的某一个地方,因为那里的劳动力更便宜,而地点反而不那么重要了。世界范围内的 e-mail 网络和社交网络应用,正在加速东方文化接受"西方"设计和可持续社区的理念。当然结果可能很不一样,或许可能是建设一个可持续发展的社区,抑或是设计一个"西方"的城市并把整个地区的历史文化印记抹去。

本书总结出世界范围内,包括不同文化和地理区域,适用的可持续城市设计的一套方法。爱因斯坦说过:不可以一直用一种方法解决同一个问题,否则你总是得到同一个结果。我的方法在加拿大和美国得到了验证,最近也在俄罗斯得到验证。好事多磨,在社会、经济、生态融合方面,希望我的方法能经得起时间的考验。我想要与你们分享这些理念,并激发你们自己去努力实践,设计好自己的社区。

这本书的不足在于不能通过城市设计和可持续的社区规划去解决世界范围内的贫困和社会不公平等问题。但是它指出了这些问题以及需求,而解决这些问题面临着更大的挑战,这超出了本书研究的范畴。

美国前总统吉米·卡特,目前写信给我为他世界知名的"卡特中心"筹款。他和他的妻子罗莎琳,正为促进世界和平与减少灾害而工作。卡特总统在信的结尾宣称:"我们都会受益于充满和平、健康、希望的世界,受益于充满创造性的世界人民。"受到感染,我的任务是简单的,那就是为世界人民带来可持续发展的城市形态。

目录

引言

首先，我们需要更精准的模式、概念和标准来描述人类与生物圈的关系。我们需要一个既能从短期上指出文明的方向，又能从长远上诠释文明的意义的"指南针"。

——大卫·W·奥尔，《最后的避难所——恐怖主义时代下的爱国主义、政治和环境》

没有任何时候比现在更为需要可持续的城市设计。现在有超过一半的世界人口居住在城市，而许多城市居民的生活质量在迅速下滑。比如墨西哥城和上海，空气的污染和城市的拥堵日益频繁。随着世界人口接近 70 亿人，孟买、圣保罗、首尔和莫斯科等城市已经成为超过千万人口的超级城市。即使是人口没有那么集中的相对较小的城市，如洛杉矶和亚特兰大，也正在面临越来越严重的交通拥堵和不断加剧的空气污染。

在过去半个世纪里，随着城市的发展，树木和植被的覆盖率已显著下降。同时另一方面，停车场和道路的面积扩大了——没有生命的空间取代了原来的自然空间——现在北美城市的这部分面积已经占到城市面积的 30% ~ 40%。世界范围内，亚洲经历着城市化和工业化的高潮。中国的城市化正在以世界第一个城市化国家——英国——的 100 倍的规模和 10 倍的速度在进行。据估计，到 2025 年，全球最大的 600 个城市将产生全世界 65% 的 GDP。[1] 人类将继续吞噬宝贵的农田和环境，以换取更快的增长率。以美国为例，预计 2/3 的地面开发将在现在到 2050 年间完成。[2] 此外，粗略估计全球私人汽车使用所排放的温室气体，占全球温室气体排放总量的约三分之一。[3] 所有这些都在使健康问题更为严重。城市扩张的副作用带来的诸如癌症、呼吸系统疾病、糖尿病等还在继续侵蚀着城市市民的生活质量和寿命。

持久解决方案的必要性

"可持续性革命",安德烈斯·爱德华兹指的这个运动,是指一种可作为替代选择的新发展模式,这一模式旨在通过改变我们目前的消费模式和采取更为合理的社会系统来实现持续的经济发展和健康的生态系统。[4]这是因为爱德华兹和越来越多的人都已经认识到,现有的消费式增长模式从长期来说是不可持续的。走向可持续发展是必然的趋势。然而,需要时间、毅力和先进的理念来创造新的架构,以实现改变和适应新常态。从根本上来说,改变我们以往设计城市的理念在这个时候是有必要的,而好在一个世界范围的思维转变潮流正在发生。正如占领华尔街运动和阿拉伯的春天所展示的,当前社会政治的民主力量、保护环境的责任、社会公平、经济责任等这些趋势风头正劲。全球范围的气候变化正在肆虐我们的地球母亲,这些社会政治力量应该推动全球的城市形态变化和世界的可持续发展,而现在正是改变的好时机。

新常态和过去的状态有很大的不同。经济、社会快速发展的背景,环境的变化使城市设计师面临巨大的挑战。虽然当前全球人口在不断增加,但一些城市的中心却在收缩。美国正在上演着这样的"警告",城市中心增长和缩小的城市数量比大概在 2∶3。在美国,自 1950 年以来,59 个人口在 10 万或以上的城市减少了至少 10% 的人口。同期底特律流失了一半的居民。[5]按照 2011 年 7 月美国人口统计调查部门发布的预测,这一趋势可能会扭转。全国最大的城市——31 个人口超过 50 万的城市——人口增长比全国快,其中的原因包括较高的通勤成本、较小的家庭和都市便利设施的吸引。[6]

与此同时,显著的政府政策变化和全球范围积极的城市设计正带来积极变化的动力,并最终改变我们生活的每个方面。这些变化包括更紧凑的新社区,更高效的交通运输,减少浪费,更多的接近居住地的就业机会,更健康、更节能的建筑,房屋的多样性,公众参与城市设计等。在瑞典首都斯德哥尔摩的市内停车收费项目,或者是在巴西库里提巴街道的垃圾有偿清理活动,都是主动改善城市交通和提升居民健康的典型。

21 世纪提供了把城市设计提升到一个更高层次的独特的机会,并作为新的城市议程的一部分,和可持续的社区发展联系在一起。理论和实践需要统一,这样我们才能建设更多的可持续的社区和实现质量更高而不是数量更多的生活。如前所述,巴西库里提巴已通过积极的社会、环境、经济政策和实践改变了城市的形态和功能。然而不幸的是,这些闪亮的案例还不常见。在许多城市,规划和实施的结果仍然存在脱离,很多社区就是因为以可持续发展为名的不实承诺和"动听术语"而失去信心。那些可持续的私人住房发展背后的理论对于普通市民常常没有现实意义,所以他们不愿意为不认可或没价值的事情进行投入。"漂成绿色"(简称漂绿)是对环境友好的空洞承诺的描述。地产商总喜欢使用一些漂绿手段去获取政治人物和社区的支持以获得项目的许可。

要创造真正可持续的、富有活力的社区，城市设计师、建筑师、规划师、景观建筑师、工程师、房地产开发商，还有政府不仅要考虑事物的客观物理特性，还要考虑项目的政治、经济、社会和技术特色，仅仅考虑自身的可持续规划是不够的。经济方面的考虑当然也同样是不全面的，但它是项目进展的基础之一。我们要从正确的事情开始来改变我们认为的价值观。城市依然是北美经济的引擎，作为城市经济学的先驱，爱德华·格莱泽指出，生活在超百万人口城市里美国人的生产效率，比生活在较小城市高出超过 50%。[7]

我们必须通过我所说的总体城市设计方法（动态城市设计模型，此方法稍后在本书中作具体的阐述）来开始建立更多真正的可持续发展的社区，最终这些想法形成了可持续城市设计的框架。然而，我们所面对的除了前面提到的广泛的挑战外，还包括短期的政治视野和利益、有限的预算、传统的土地使用制度以及不同的专业视角等。

在许多的专业性的设计过程中，遭遇挑战十分正常。作为城市设计师，我们需要同时分析挑战和机遇，并形成一套战略去创造性地制定一个可操作和实施的综合规划。相反，考虑不周全的规划过程常常导致规划设计方案的碎片化，造成实施无从下手。相互没有关联的一些想法拼合成的碎片化规划往往会带来令人困扰的结果和问题，比如"这栋建筑怎么会在那儿？"或者"这条路通向何处？"。还有另一种情况就是宏伟的规划蓝图被束之高阁。出现这些问题的原因，往往是规划的背后缺乏持续的、负责任的和财政支持的公众和政府的跟进。我们有必要去寻求解决这种事与愿违的规划的途径。这些途径其实就植根于社区，因此我们需要尽早介入规划设计过程。尽早介入也会促进政府、个人和社区层面的合作，推动规划达成共识。

不论我们是规划设计师还是抱有兴趣的市民，几乎所有人都希望住在一个安全、有吸引力和健康的社区里，但事实却总是事与愿违。那我们该如何在城市居住空间增长的同时，改善社区卫生环境、降低犯罪率以及提升城市的流动性呢？如何在有限的财政资源的情况下去实现这一目标呢？我们如何少花钱多办事，量入为出，且还提升我们的生活质量？我们面临的挑战几乎是无止境的。城市设计是个多面的融合，它汇集了各行各业的专业人员来应对这些挑战，来一起改善我们的社区。

有必要重申的是，为了人类未来的生存和生活质量，我们需要更多的融合了可持续发展理念的、多方位的、缜密的、充满社会激情的和综合的城市设计模式。这一模式不仅考虑项目本身以及空间的相互关系，还要考虑其文化内涵、信仰以及传统。许多过去不成功的城市设计项目往往忽略了公众的参与，忽略了社区的互动交流，忽略了人基本的需求和意愿。而这种与公众的脱节正是当代城市设计的一种通病。

来自的士司机与王储的启示

人们往往习惯于对生活中的不同事物分门别类。这种方便且经常必要的分析归类方式，也延伸到了我们对教育背景、职业，以及城市环境的看法。然而这种划分方式并不能真实地反映出这个错综复杂、相互联系的世界。在城市规划中，我们也简单地把城市设计和可持续的社区发展分开考虑，虽然这两者在根本上是相互关联的。为了实现更长期的实施效果，我们需要一个全新的，能够更好地匹配城市设计和可持续社区发展的工作思路。归根到底，城市设计是实现可持续发展的一个催化剂。然而，作为设计师、政府官员、政治家，或者地产开发商，我们常常困于短期的个人利益以及政治性的目光短浅，而这两者往往会使结果背离于社区的长期利益。本书认为，为当地文化与实际区位而设计，才能建设出有适应力的社区。

最近的两次经历鼓励我开始认真地探索智慧的城市设计以及可持续的规划方法。第一次经历发生在几年以前，在一个爽朗的十二月的清晨，我正如往常地飞去加拿大卡尔加里参加商务会议。我挤下扶手电梯跳进在航站楼前等候的一辆的士。由于还沉浸在早上的邮件里，我开始和司机攀谈了解这座前冬奥会举办地的城市，也是激动人心的卡尔加里牛仔节发源地的最近新闻。而接下来发生的事情彻底地改变了我。

我注意到这位的士司机带有明显的非洲口音。但是我不能清楚地辨别出他确切的国籍，这也是我每次遇到陌生人时给自己设置的挑战。一番寒暄之后，我问道，你来自哪个国家？"我来自苏丹"，他骄傲地说。随后他问我是干什么的，我说，"我在世界各地做城市设计。"他毫不犹豫地说，"你能重新设计我们苏丹南部的城市吗？我们的城市由于二十多年来内战的毁坏已经变成废墟了！"下一句话更是我始料未及的，"你能在这边做城市设计，然后把规划图发到我们国家吗？"在不了解地方特征及其重要属性的情况下，我一直尽量避免把西方的设计理念直接输出到其他国家。我答道，"在我做设计之前，我需要了解这个地方。我必须去那儿，否则这个设计就不是因地制宜的了。"下车的时候，司机给了我一个灿烂的笑容。我也鼓励他要从废墟里重建自己的国家。离开的士时我也肩负着一个使命，我想帮他们设计出有适应力的，且符合当地需求的社区。为了完成这个使命，我需要更深刻地了解城市设计专业、规划的编制过程，以及两个被曲解的名词：城市设计与可持续社区。

第二次重要的经历是最近发生的。在见过那位的士司机之后，我一直致力于城市设计与可持续社区规划相关领域的国际性研究和工作。我为不同的社区制订规划过程、指引以及方案,而这些社区都强调"场所营造"的重要性,或者是更重要的"场所维持"。2011 年,英国王储建筑社区基金会 [8] 与加拿大温哥华西蒙弗雷泽大学的一次合作,向我强化了"场所维持"对于城市设计与可持续社区规划的关键性。与王储基金会首席执行官汉克·迪特马尔,以及基金会建筑师诺埃尔·伊舍伍德的合作,让我可以直接地欣赏他们的工作,通过传授和实践永恒的、生态的规划、设计和建造方式来提升人们的生活质量。

基于当地气候并使用当地材料的传统建筑,在全球社区历史中非常明显。无论是在 12 世纪德国南部的策林格尔新城还是 20 世纪英格兰彭布里的重建项目,丰富的当地历史都应当为未来的设计决策提供依据。在许多案例中,传统城市格局是为了能维持千年以上而建立的,而不是像大多数近期建筑一样在 50 年甚至更短的时间内被拆毁,特别是在北非地区。

这两次经历让我得出了两个重要的结论:首先,我们需要一个崭新的、改良的城市设计过程;其次,我们需要把可持续社区规划和城市设计联系起来,去就地实现我们预期的结果。我们该如何满足这些需求? 首先,我们需要分别理解城市设计和可持续社区规划的意义,然后寻找融合的可能性。我们清楚地知道我们的目的地,而我们的旅程才刚刚开始。

关于本书

这本书可以分成四个部分。第一部分概述了城市设计和可持续社区发展的背景与历史。同时在第四章中提出一个由可持续城市设计因素和原则所构成的体系。第二部分检验了规划制定的综合过程,包括辩证分析和模块综合。第三部分描述了城市设计的评价过程,并突出创新的城市中心区与郊区发展项目。第四部分,也是本书的最后一部分,讨论了城市设计实施中的缺陷以及建立可持续城市设计方案的必要条件。附录部分补充了本书的核心内容,包括经济和可持续性量度的标准化、引用信息等。

动态城市设计这本书将理论与实践统一于文字解释、图示说明和案例分析中,为我们提供了一个战略性框架和工具包去重新设计已有的城郊地区,优化乡村镇区,更新中心城区,并在全世界设计出新型的可持续的社区。虽然这里的案例分析以北美地区为主,但终极目的是提出一个适用于世界各地城市设计项目的策略和流程。

第一部分

关于可持续发展的框架

第一章　建构模块

城市设计一直以来没有明确的角色、领域和权威，在最近的一百年内，设计与规划行业已经对城市设计逐渐建立了清楚的定义。由此而论，也许城市设计的独特价值起源于它自生的模糊性，更精确地说，源自能够在众多专业设计工作中起桥梁作用的一个总体框架。

——理查德·马歇尔，《飘渺的城市设计》

城市设计活动一直在不断变化，但不管怎样，绝大多数的从业者同意这种说法：城市设计是为生活在传统城市和城镇，以及新社区的人们创造活动场所的艺术和科学行为。"城市设计"这个术语正式出现，仅仅是在 20 世纪 60 年代后期哈佛大学城市设计教案中。早期在 19 世纪晚期与 20 世纪初，其意思是英国的"市政设计"，用于设计大型街道和例如法院、消防局、市政厅及其他政府性的市政建筑。这种"市政设计"完整地体现在英国的"花园城市"和其发起的新城运动中。在美国，则是 1893 年"芝加哥世界博览会"之后席卷全国的"城市美化"运动。所以，城市设计活动是围绕大城市展开的。

许多专业设计师看待城市设计，并不将其作为一个独立的学科，而是建筑师、景观师、城市规划师、土木工程师之间跨学科的活动，这些不同知识背景、技术、能力的从业者，站在各自的专业角度，会造成一个项目在广度和深度方面的差异，而且会造成项目的功能混乱和支离破碎。不幸的是这种专业分离通常孤立了他们自己，他们并没有将城市设计作为一个相互依赖和更深合作的平台。建筑师只关心建筑，景观师关心景观，土木工程师关注道路、供水、下水道等基础设施，而规划师关心土地利用和控制性规划。

就一个完美的环境，城市设计应该整合这些专业，去创建一个连贯的、现实的、一致的计划。反之，专业的壁垒、各自的角色及对设计整合的缺乏，会导致不理想的城市设计计划，许多当前项目的规模与复杂度，增加了对不同专业类型的需求，多重的私人、公共及政治利益进一步扭曲了人们良好的意愿。最终，私人的土地利用权益和投资成本不能平衡，结果项目建设超出了社区与政府的需求，在错误的地方造成了错误的解决方案，所以，在许多案例中，一个毫无想象力的、不合适的城市设计方案被核准并赋予实施。

城市设计的本质

有效的城市设计总是大于其各部分之总和。城市设计所包含的不只是一栋建筑和一个地段，更超出一个街区和一条街道，有效的城市设计是严谨的设计语境，让人从视觉到心灵都会感到愉悦。一个设计元素加入其他元素，形式与功能的组合，创造出一个整体、完好的设计。这种高水准的、成功的街坊设计包含了布局和建筑，如波士顿贝肯山古老的高级住宅区、加拿大温哥华芒特普莱森特遗产保护项目、罗马万神庙周边永不过时的居住与商业社区建筑；还有值得注意的城市设计的标志性地段，如弗兰克·盖里设计的古根海姆博物馆地区、摩西·萨夫迪的蒙特利尔 67 号居住区。每一个案例都留给人们难忘的印象并取得很高的威望，因为运用了与城市文脉互相统一或互相对比的意图进行了设计。

作为综合性的城市设计，在一个城市地区，不只是简单的物质空间的设计，它是一个新的社区被规划、设计并被建造的过程，它受私人和公共部门执业师及社区成员的影响，就其本质而言，它是复杂的又是跨学科的，是需要互相协作的一种工作。城市设计需要对生态、经济、社会因素之间，以及特殊地段和区域物质空间形态等相互关系加以理解，也就是需要理解以下三个范围：

· **区域**：较大环境的地区和城市。
· **社区**：邻里环境、地区、廊道，包括居住、商业和社会文化的面貌。
· **地段**：具体的地块、街道、建筑物。
这三个范围就是众所周知的"连贯设计"。

连贯性很重要，但时常在城市设计中被忽视，三个范围都需要被考虑，是因为区域和社区是地段成功获得可持续发展的关键。郊区和乡村的区域性城市设计目标是创造郊区与乡村的持久性、自足性和弹性，也是将它们"编织"到大城市周围协同网络中。实际意义是：如果城市设计符合所在整体区域的连贯性，则土地利用及与之相联系的活动，有助于一个建筑地块形成更好的区域功能和效率。提供年轻和老年人等多种家庭并存的住宅用地，提供更多服务和就近上班的办公、零售商业空间等的土地利用，是更加合适的做法；这种新的发展方式，为对公共汽车和其他快速形式的交通转换有强烈需求的人们，提供了可行的便利条件。依据经验，平均密度为每英亩 10 个住宅单元（25 个住宅单元 / 公顷）的区域需要一个有像"轻轨"这样快速的交通转换支持。通常的城市设计集中于对中心区的"城市"设计，习惯性地忽视郊区和乡村地区，而郊区和乡村即将转变成城市，是需要关注整体性设计的地区。

在过去的 50 年里，城市设计已经关注到城市蔓延的现象。城市的蔓延是一种低密度住宅的发展，缺乏商业服务和就近就业；这种蔓延是以小汽车为导向而忽视人本身需求的。宽大无生机的街道，房屋门前占有的车库隔离了邻里关系，造成了缺乏邻里交往的局面。大院子并加栅栏围合的别墅，居民好像"蚕宝宝"，比传统城市里的居住区更加缺乏邻里交往。伴随出现的如肥胖症、肺病、心理疾病等健康问题，都是这种以小汽车导向和"蚕宝宝"导向开发出来的、城市蔓延式社区带来的"负产品"。而乡村蔓延也跟随郊区蔓延造成更大量的低密度状态，侵蚀了区域内有价值的农场和自然空间，加剧了通勤交通的负担和环境污染。

城市和乡村的蔓延，应该成为区域设计系统中互为依存的部分而加以重新组合。以后的几十年中，改进的城市设计将必须认识到城市、郊区、乡村在建立社区网络体系时，尊重它们的独特特性，并作为协同互补的力量。当你从区域移动到城市中心或某一个地方，通常狭窄热闹的街道、高低建筑的形态和土地利用形式都有尺度上的变化，也就是说，从较大的区域到城市中心或城市当地的一个居住邻里，是从空旷的、缺乏人情味的、小汽车为导向的尺度逐渐地进入更多人文的、人行尺度的场所，特别是在历史城区。

场所，既是被建筑、公共空间和地标所界定，又是一个伴随空间性的社会交往、使用它的人们做界定的一个物质性地方。场所比"城市装饰品"或单体建筑物富有更多的含义。正如乔纳森·巴奈特所指出的：城市设计是设计一个城市而非设计建筑。[1] 城市设计是将全部元素组合并形成一个连贯、具有吸引力场所的过程，城市设计需要一套工具或工具箱，可以顺应最基本、最复杂层面的不同场所的需求。

在城市设计中，人和场所是交织联系的，我们记忆中的城市、城镇、村落，作为综合留存在我们印象中的独特因素，而铭刻存在。这些因素可以包括热闹的集市、令人难忘的教堂、朴实而宏伟的林荫道，利用整体或局部的因素，可以创建一个独特的场所感知。倾听在那儿生活、工作的人的声音，找寻它们形成的独特体验，是创建一个成功城市设计的基本需求。在城市设计的方案中，涉及对确保人们的价值和愿景等重要方面的保护，城市设计的结果才能是充满生机、经久不衰的。

"保护场所"和"创建场所"是有效、可持续城市设计的基本过程。保护场所就是保持界定这些场所的基本内容，保护场所的元素是指那些需要增强记忆的、创造场所精髓的元素，即包括一个历史性的教堂、广场、集中绿地，它们可能是较小的铺砖材料、建筑立面细节，或者是有特点的喷泉。这些元素集中形成了一个场所的"标签"或独特的身份。

创建场所，是一个增加物质元素和活动规则的过程，活动组织将有利于更加完整、直接增强场所的氛围。创建场所的元素包括新的、编造的构筑物和公共空间，作为弥补或对比当前空间环境的内容，这些内容作为创造与改进场所的意图出现。这些元素包括一个新的地标建筑、增加的特别树木、新的宽阔的社区草坪、纪念历史和文化的雕塑等。

对于保护场所和创建场所，其最为显著的空间是建筑物之间的空间，即街道、巷道、广场、公园——即通常所指的"公共领域"。公共领域是指社区大众集会的地方，也是城市设计最为关注的部分，是除建筑物本身、半私有空间、私有空间之外的混合性公共空间，具备团体公共活动的基本特性。公共领域也包含了传统市政设计的根本含义，如宏大的历史性市政工程和林荫大道。

可持续社区发展的起源

> 一个可持续的社区，是一个允许其居民按照不破坏环境和不耗尽不可再生资源的方式生活的社区。同时，一个可持续的社区支持人性潜力的实现。
>
> ——朱迪和迈克尔·科贝特，《设计可持续社区》

"可持续社区发展"这个术语出现得比较晚，在城市设计中曾遭受误解和误用，它起源于"可持续发展"的含义，最早出现在 1987 年众所周知的《布伦特兰报告：我们共同的未来》，至今已经有 30 年，这篇报告揭示了全球的趋势，引起各国政要与公民从未有的关注。例如，全球 1/4 的人口消耗的资源，等同于应该特别关注的发展中国家 3/4 人口所消耗的资源，可以想象不发达地区如要上升到当今的美国生活标准，隐含条件就是要有世界工业生产总值 5 ~ 10 倍的发展才行。要应对这样的挑战，布伦特兰委员会提出"可持续发展"的术语，界定了"满足目前的需要时，不要危及未来后代的需要"。[2]

布伦特兰报告制造了一场支持转变思考与"做的不同即得到不同"的"思潮",但随后的报告没有显示对可持续发展的承诺。美国人有 2 倍于欧洲人的生态足迹,7 倍于亚洲和非洲总和的生态足迹,这就意味着美国人要支撑他们的生活方式,与欧洲人相比需要 2 倍的土地和自然资产,而对于亚洲和非洲而言,则为他们总和的 7 倍之多,包括住房、工商业发展,也包括水、食物和能源的供应。[3]

对不可持续世界状况的挑战,则要界定出社区可持续发展的模式,这种模式就是在人类消耗较少的同时,也能够体验高品质的生活。六条腿凳子的理论可以阐明这一道理,社会资本或社区资产的六种支撑形态:社会、文化、人类、经济、物质环境和自然资产。这些形态要求世界公民,特别是美国公民,发现一种对地球更轻影响力的生活方式,学会更加依靠我们来自"自然的赋予",而不是耗尽自然资源。"自然的赋予"是指发展那些通过自然可再生的资源,而不是直接截取不可再生的资源。在可持续发展后来的理论中,这些资产形式的每一个都可以对应运用在取决于个体需要的不同社区,并随时间而变化。[4]可持续发展对经济的基本测度——GDP 表示怀疑,认为它对进步和财富的测定具有瑕疵。作为一个替代,世界银行组织近来引进了对自然资产的测度,作为进步和自然健康发展的一个标准。[5]

重要性文化的壁垒也束缚着可持续发展观念的接受,许多商人和房地产开发商将社区可持续发展视为一个不切实际和遥不可及的目标,其他一些人则将它看待成一个便利的、团体性的术语,用于证明经济的连续发展而已。事实上,当前的分区规划和发展政策加剧了误解的现状,造成了社区可持续发展是违反规则的现象。例如,许多区域和城市规则不允许或不需要可持续的元素,这些元素包括土地混合使用、更适合居住的狭小街道、居住靠近工作岗位的地区、第二套住宅、混合受益的邻里单位、较小的地块等,甚至较少停车的需求。更有甚者,一些建筑规范和设计标准,不允许或者限制可持续的创造性方案,如绿色屋顶、创新的结构形式、对环境有积极影响的材料及运用等。与之相反的案例是建造创新型的基础设施,例如改造湿地,建设一个双重的排水系统作为常见的备用系统,确保如果原有的系统发生故障,能弥补其不足。[6]

同时,"可持续性"和"可持续发展"两个术语已经进入到主流社会。可持续性作为一种观念正更大程度地改变着世界上的个体、社区和机构层;它最大的力量是作为一种催化剂,迫使我们将视野转移到看待与环境之间的相互关系上来。一个新的可持续三重底线(社会、经济、环境)受益的衡量标准,为许多企业创造了一个崭新的、广阔的绩效平台。可持续性与社区的可持续发展,兴许开始替代个人的选择,而这种选择预示着我们企业及社区文化的改变。

对于许多取得好业绩的事务，新的三重底线的绩效标准优点，从一位老同学的一封 E-mail 可以清晰阐明，这位老同学在孟加拉国达卡从事房地产开发。在其 E-mail 结尾的最后一行劝告我：除非必要请不要打印这些纸面，并标明："永久地节省纸张"。这个短语对于我有两个意义：为地球更好地节约纸张，持之以恒地节约纸张；换句话而言，可持续性不是一个行动，而是一个人在习惯上的永久改变，这种改变已经有了更加广泛的喻义。

当我浏览同僚的企业网站的时候，注意到可持续性超越了自身环境，相对延展了公司的规模。例如，企业的社会责任成为一个显性的主题，这种社会责任是通过增加公司内不熟练和半熟练员工的"市场工资"和"生活工资"得到体现，这种增加工资方式，打破了工资悬殊的状况，其目标是帮助员工能建立一个长久并且富有效益的工作。BAY 商业公司的可持续的方法意味着：不仅是通过收益照顾到公司员工的幸福度，而且把为社区创造福利作为自己的使命。

所以，我们发现在世界范围内，可持续社区发展以不同和相同的形式成为企业发展的重要话题。然而，将这个难得的机会与城市设计实践活动联系起来，去创建世界范围内属于后代的、更伟大的城市和区域，我们又如何做呢？

学科交叉的连接原则

我们如何将可持续社区发展与城市设计这两个方面联系起来，是我们面对的挑战。在当今的方法上，在行业中一般没有将其并列看待。从以前来看，建筑师、景观师、规划师及结构师都将注意力各自集中在项目的设计上，通常被项目的设计费和支付能力所驱动，而这种费用和支付只是业主"用最少钱做最多事"的意图中生成的。对于这些专业，一个项目的可持续性因素将被局限于技术性的建筑、景观、规划条件、基础设施等术语，与此同时，社会规划师与社区倡导者们，仅仅参加一次方案设计见面会就被边缘化，被整体设计过程所隔离。社会规划师和社区倡导师们的意见，没有以公平的方式被听取、承认，并得到处理。在一些案例中，虽然"公私合作"项目（PPP 或称 3P）因为合作关系，可以考虑到他们的诉求，会带来更大的公共利益，但除此之外并不总是如此。

"标准式"（传统的）的城市设计程序未能充分地考虑例如社会公平、文化程式、经济多样性，当然，考虑的私人利益会多一些。多少可以理解，与私人所有制权利及与项目集资相关联的危机相适应，项目的焦点是它自身的收益，而非社区和政府需要的收益。而经验论证了一个新的、开明的利己主义的观点，就是要明白以一个社区整体合作会创造远远超出个体努力的利益。毕竟，共同的利益是人类形成城市的基本动机，我们曾看到共同劳动比分离劳动的优点，我希望用基于当前技术的进步和程序的创新，为那些隔离式的专业设计搭起桥梁。

明显的进步已经发生在可持续城市设计的技术层面，例如一个先进的标准"LEED-ED（邻里发展的能源和环境设计引导）"，在 1990 年代由"美国绿色建筑委员会（USGBC）"所编制。[7] 同时，"新城市主义协会（CUN）"已经用一种先进的社区设计方法去解决城市蔓延问题，并取得了显著的进步。"新城市主义"宪章开篇是：

"新城市主义"认为中心城市的衰败、盲目蔓延的扩散，种族和收入的逐渐隔离、环境恶化、农业用地和野生动物的减少，以及社会遗产的侵蚀等作为一个整体，与社区建筑面临的挑战互相联系在一起。1996 年美国南卡罗来纳州召开的"新城市主义"第四次大会的这篇宪章，给出了着眼于社区设计的一个新的方式。可能更为重要的是："新城市主义"运动提出的一种处理城市盲目蔓延及其相关问题的替代方法，捕获了媒体和政治家们的注意。[8]

"新城市主义"运动做得最好的在于：提倡 20 世纪早期传统邻里住区设计的永恒性原则。这些原则包括：
· 多种入口和出口的选择，并获得交通转换予以支持；
· 一个能随着密度增长、更加紧凑的邻里住区和一个多样、混合型的土地利用；
· 以人的行为定位，鼓励便利与安全的道路设计；
· 尊重环境敏感区域；
· 保护有价值的建筑和景观；
· 公共和社区的庆典和集会场所；
· 规划和设计过程中积极的公众参与。

可以看见并得到实施的不同城市设计项目的重要例子，包括滨海城（位于佛罗里达州彭萨克拉东部）；肯特兰镇、马里兰州（位于华盛顿特区外围）；西拉古纳（位于加利福尼亚首府萨克拉门托）；迪士尼的庆典会（佛罗里达州的奥兰多南部边缘），这些案例并不是没有得到批评和自己的弱点。更多对于"新城市主义"的讨论，请见第三章和第十一章。

"新城市主义"也有不足之处，比如较少的房屋供应量和过分地依赖小汽车，因为所设计的社区位于郊区的位置，且居住密度相对较低。这些新社区中的大多数是在绿色地区上发展起来的，换句话说，是在郊区位置上发展的，继续依赖小汽车是不能够解决城市蔓延问题的。最为基本的，受到交通、土地利用和"新城市主义"式的社区选址等影响的区域增长计划，只是较大问题的一个部分而已，并非特指社区城市设计问题。正如上面提及的，应该将新社区的选址与就近服务设施、地区的交通设施，以及区域规划层面之间建立一个联系。[9] 更为重要的是，"新城市主义"已经让我们对社区的基本设计原则进行重新考量，在道格拉斯·法尔的《可持续城市主义》一书中，对有较高效能的建筑与基础设施、适合步行与交通服务的城市主义提出了技术探索。[10]即便有这些努力，但对"新城市主义"设计原则，进行流程整合的工作仍然要做，仅当原则与流程整合到一起时，我们才能认识到可持续社区发展的宽度与深度。

动态城市设计的模型

我们的世界需要一个更加动态的城市设计模型，这个模型结合了互相包容的、彼此响应的、积极可取的可持续社区发展模式，这种模式方法克服了"新城市主义"的弱点和传统孤立式"就城市论城市设计"的不足。诸如这样的一个流程：延续人们活动场所的历史特征，体现地区生态的完整性，及建立一个持久和充满活力的、繁荣的社区。这个流程整合了社会、生态、经济等内容，并通过更大程度确保其成功的可量化目标得到巩固。

这种新模型为城市设计的分析、综合和实施提供了一致性的流程，形成了城市设计整体工作的方案"族群"。城市设计方案横跨土地利用、城市形态和体块、交通、绿色基础设施、公园和娱乐设施、经济和社会文化方面的对策等内容；方案中还包括一套可以被具体目标所衡量的实施行动计划。这种形式的城市设计能综合性地引领我们，创建切实可行的可持续社区，将超越单纯的物质空间形态。

一个有效益和有启发性的可持续城市设计方法，其核心是场所、流程和方案。这个模型识别人们及他们生活、工作中相互作用的场所，牵涉着一个包括生活、工作在那里的人在内的进程，其结果在方案中能够反映出场所及场所的地方价值。一个综合、包容性的进程帮助我们界定从交通到城市形态的不同方案，这些方案整体限定出一个健康的、大众认可的城市结构。最终的城市设计方案是具有灵活性的，但也适应于包括历史在内的时间性和资源承载力，本质上是动态的，具有较强的应和力。这个模型也需要多学科融合的城市设计策略，包括公共和私人机构中的建筑师、景观师、规划师、工程师、发展商及经济师等人的智慧。这个模型的一个重要的宗旨是融合和平衡公共与私人的多重目标，并通过一系列方案取得期望的结果。

动态城市设计模型是这本书的所讨论的重点，这个模型详细分析了一个综合性城市设计方案所需要的内容，而这个方案将具有持久、有效益的特性。它由**框架、配件、量度**三个模块构成。

框架：是由场所、流程、方案组成，涵盖了对物质场所重要性的认知，流程是指确认场所重要地方性价值的程序，方案则是指实现社区愿景及需求的布局，包含了土地利用、交通和城市形态。

配件：社会、生态、经济领域的内容，这些内容检测社区的社会文化状况，它们与自然的相互关系及综合效应，以及生活、经济繁荣的重要手段。

量度：所有被包含或被考虑的城市设计要素；社区设计的准则和法则，以及量化目标的指标体系。

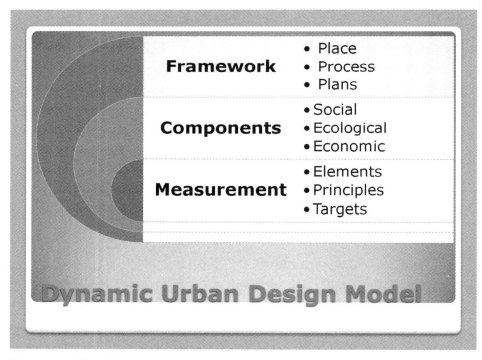

图 1.1　动态城市设计模型

这个模型：由场所、流程和方案合成的框架，加以对社会、生态和经济这些配件的分析工作，两者互相组合而成。这个动态的途径则被要素、法则和指标所量度，正如一个城市设计方案随时间的发展而发展，并不断得到优化一样。

动态城市设计模型将框架、配件、量度进行组合，并整合了可持续发展社区规划，形成了的一个可解释和完备的城市设计方案。模型的运用既是一种真实的，又是有程序性的方法。真实的部分包括：通过认真的观察、描述或图式，表达对场所的理解；测定出人们与其环境（自然与人工的）相互作用的关系；以及将基于统一特性的要素如建筑、空间和街道进行分类。[11] 有经验的设计师，在设计方案时十分小心对特别积极和消极因素的回应，例如不同的房型或街景设计，最终由社区参与决定设计方案的选择。

这个"动态"城市设计模型，将一个场所的转换时间作为一个要素对待——过去（场所的传统）、现在（与社区合作的流程）、以方案形式存在的未来，正如我所指出的城市设计框架中的 3P（场所 place、过程 process、方案 plans），这些内容整体上构成了方案的城市设计"簇群"。

如其他设计一样，城市设计的流程中，需要时间、人以及财务资源的支持，尽管与建造一座建筑相类似，但城市设计流程可能是更加复杂的，涉及多元的利益主体和公私纷争。变化很可能被看成是对现状的一种威胁，因此也被视为一种冒险。然而同样是受到威胁的人们，不断地抱怨城市蔓延和不可取开发模式的影响，理解这些矛盾和以利益主体的视觉出发，是创造一个引导可持续社区方案的关键。

所有的利益主体需要看到他们所关心的问题，在一个方案中尽可能全部被解决，显然，这是一个艰巨的任务。这就需要一个城市设计的策略，这个策略呈现出政治、经济、生态、社会文化及技术因素的详细分析，基于这样的分析，要确保设计方案转化成现实，城市设计框架的实际执行是至关重要的。

最终，分享城市设计构想的业主创建最成功的、持久的社区，作为正式或非正式伙伴关系的业主，对建筑、街道和道路按照既定方案而建造，将形成持久的支持力。业主也确信是安全的，因为大多数居民和公司都十分珍爱他们的家庭和商业企业，并以他们生活的街道、开敞空间和公园为自豪。作为当今的或未来的城市设计师，我们需要培育业主，包括创造属于他们自己生活、工作和游乐空间的人们。社区是由居住在一起的多种人群构成的有机体，我们创造不管什么样的社区模板，它都必须是灵活的、多样性的和持久的，不仅满足人们对于即将生长和变化的需要，而且也要适应气候的变化。要实现这种对期待未来需要敏感的城市设计，是一个巨大的挑战，更不应被忽视。遇到这种挑战需要一个动态的、具有战略性城市设计和可持续社区发展的方法，这也是这本书的主题所在。

第二章　从古罗马到城市美化运动

他们选择了一片平坦且有倾斜的地方（确保排水），足够的海拔可以避免洪水的淹没。一个罗马的牧师检测了来自这片地区的兔子和野鸡的肝脏，来发现这里是否为适合生活的健康之地。当动物没有被发现健康缺陷，并且调查发现土地上没有出现滞水池塘的时候，感谢上帝，这片所选之地被长官确认作为城市的选址。

——大卫·麦考利，《城市：罗马规划与建设的故事》

这是一个难忘是体验。2006 年，当我漫步在罗马万神庙门前时候，我为之倾倒——面前的这栋建筑竟然有 2000 多年的历史！不仅在物质体量方面让我震惊，而且在心理上将我推向了遥远的过去。因为震撼，我不由自主谨慎地向后退了几步。万神庙是圆形的，入口是由花岗石科林斯柱式排列的、巨大的门廊构成。万神庙是世界上最大的无筋混凝土穹顶式建筑，穹顶的直径达到 43.3 米。当我转身向后，同样惊奇的发现了一个已达几百年之久的埃及方尖碑！

身陷两处永恒的地标之间，我不得不在方尖碑基础的台阶上坐了下来，去回味和领悟刚发生的一切。此刻，我最终领悟了"场所精神"的真正含义，也就是《罗马书》中所指的"地方的氛围"，我可能感受到是每一个构筑物及其周边空间环境所赋予巨大的、物质和精神的存在。事实上，它们所赋予的精神氛围更多过物质的印记，就在那天，我给自己上了关于历史和文化价值的一堂课。场所是具有真正的形态和用途的地方，我们有理由去保护并增强它，因为它代表了我们文化的根源。

发现场所精神

动态城市设计，是从我们对城市形态和文化重要性理解开始的，过去预示着未来。今

图 2.1　罗马万神庙

哈德良皇帝建于公元前 126 年，有 2000 多年的历史。

天许多城市、城镇和乡村是数年以前建造、更替和扩散而成的"产品"，许多乡村发展成城镇，城镇又发展成城市，仅仅因为它们防御和贸易的战略区位，许多个体影响着城市设计的思维和形态。这一章及下一章，突出了城市、城镇及乡村演变的历史及理论发展，为以后的章节提供了丰富的关联性。

初期形成的年代

延续世界范围内城市的历史传统类型是困难的，尤其对于可持续城市主义的观点而言，世界各地的城市不仅有不同的文化背景和精神参照，而且经过了数千年的进化，像罗马、墨西哥、巴比伦等城市，从粗陋的古代居民区发展到有城墙防御的城市，最终发展成 21 世纪更加开放和现代的城市，正如我们这一章将看到的，在 20 世纪许多以小汽车为定位的城市，侵蚀并最终破坏了以人行为尺度的城市。在美国具有四百多年的历史城市中，也十分常见这些被小汽车所支配的现象，而这些首先起源于欧洲城市形态，如今绝大多数已经沦落为小汽车、高速公路和伴随着许多传统邻里遭到破坏等情形的牺牲品。

凯文·林奇将历史城市设计分为——有机型、宇宙型、实用型三种类型。[1] 不知何故，或许是有意回避了许多当今被小汽车支配的城市景观。[2] 有机型城市是有街道和沿街建筑形成的历史城市，如历史上的罗马和伦敦；第二种是宇宙型城市，是受唯心论与统治者意图建成，形成了严格的建筑等级制度和正规的几何式空间，像东方的城市：北京、首尔及古代的印度；第三种——实用型城市，以"罗马营寨城"为主要特征，这些"新镇"在罗马帝国和希腊城市中十分常见，这些罗马"新镇"具有方便的通道并容易扩张，街道呈正交的方格网状；第四种是当今以小汽车为导向的城市，即由小汽车、高速公路和街道限定的城市形态，土地利用比较单一，正如所见的休斯敦、凤凰城、洛杉矶和亚特兰大等城市（图 2.2）。

早期城市设计的演化与城市的防御需求和维持基本生活相关，它运用了经验和美学的形态。为了保护文化和商业，人们聚集在城市，同时，新鲜的水资源、食物和相关的资料是重要的保障。从巨大的围墙到辉煌的教堂与城堡，早期的城市设计形态适合居住者人行的需要。罗马、威尼斯、里斯、开罗等城市狭窄的街道，体现了人的尺度和以人为本的定位要求，早期的筑城材料和建筑形态也适应地方的气候和文化特征。

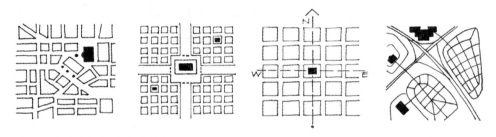

图 2.2　城市设计的四个概念模式
从左到右：1. 有机型；2. 宇宙型；3. 实用型；4. 小汽车导向型。

正如我们在以下讨论所见一样，早期的城市比现代城市更具"可持续印记"，因为其规模和土地利用是由步行距离所确定，如食物和其他材料的基本资源是就地取材的，绝大多数居民在此工作和消费，中心市场提供了当地配送的食物，居民被四周的农业包围，以建筑物紧密联系而布局的混合使用，成为基本惯例。

与 16 世纪文艺复兴时期晚期大型的有机城市相比较，如罗马和巴黎，一些更为古代的欧洲城市，以紧密编织形成有机的街道系统，其演变是缓慢的。早期狭窄的、伴有建筑的街道，具有参差不齐的转角和不同变化的宽度。所以，街道和建筑形式也是多样的和常常变化的。随着城市的演变，特别是在文艺复兴期间，为了方便货物至市中心的运输，街道的设计更加严格地使用几何形式。宽广的街道失去了较好的人行尺度和早期地方的特色印记，这些变化的案例，在法国的里斯、西班牙的毕尔巴港口城市早就可见（图 2.3、图 2.4）。

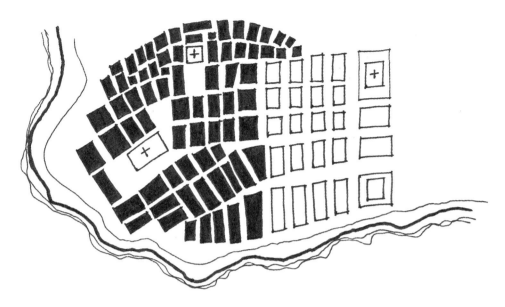

图 2.3　法国里斯的历史变迁草图

平面插图显示了城市街道和地块从有机向实用类型的演变。黑色地块表示有机的"老城"聚居区，白色地块表示后几个世纪，向更加实用型转化的几何网格布局。

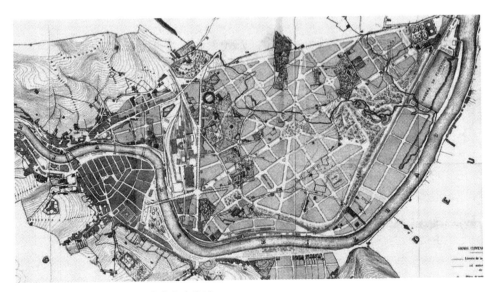

图 2.4　西班牙的毕尔巴港口城市扩建计划

由阿尔佐拉、阿初卡拉和霍弗梅耶于1876年提出。这个规划表示出在河两侧的对比：河的左边是老城有机的演变，而右边是更加实用的大型街道网格和对角线街道的几何构图。

对比那些欧洲的城市,其他早期的城市从巴比伦到北京都是有严格方格网的城市形态,在城墙内通过一些主干道和公共区域,或者相同的住宅区广场构成。许多古代的中国城市,听从宇宙形态和"风水"原理,寻求与太阳、地理等方面的平衡与协调。在中国的首都城市,有一个较为理想的空间形态,方形的四边各有三个门,一共有 12 道门代表着一年的 12 个月,在城市中有东西和南北两条主要干道,和城墙一起创建了一个能够可达其他要素空间的基本结构,这些要素包括寺庙和公共仪式活动区。

经典的古希腊城市在地中海周边地区形成了自己的模式,从非洲的北部海岸到小亚细亚。古希腊城市具有规则的垂直街道网格形式,使整体的住宅面向东南方,并让市民方便到达社区的公共空间和建筑,包括城市广场和市场、剧院、体育场。这些作为通道的直线形道路,南向定位方便通向公共设施,一直是许多城市的标准做法。统一的街道格网,是适应城市生长的一个框架,也为新来城市者创造了一个熟悉的形式。在古希腊城市中的网格形街道,是民主政治的生长地,这种"民主政治"式的街道网格,在空间方向与政治定位中显示出最大化的选择自由,罗马帝国从英国到北非建立的"罗马营寨城",在早期世纪也显示了相同的形式;这种"民主政治"式的网格街道形式,在美国城市设计中再度出现,如费城和萨凡纳这样的城市。

罗马城市的生长被城墙所限制,有时通过大门、主要建筑、市场可以演化为放射形的街道,在早期的城市聚落中,地块对着街道的重要性是显而易见的,在后来的城市中,放射型街道是中心放射状城市形态的前身。而在防御城墙内格网对称街道的城市,成为中世纪的主要形态,例如像伦敦、科隆、巴黎这样的城市。就在中世纪,从先前的罗马式城镇或者封建制度的村落持续有机地生长,这种标准的网格对称与有机型街道的城市,造就了爱尔兰伦敦德里郡城和瑞士苏黎世城。[3]

在文艺复兴和巴洛克时代,从古罗马(图 2.5)时代有机型的街道系统向更严格的几何形态演变,形成了多种变化的街道形式,进一步的结合是由 18 世纪、19 世纪,像托马斯·亚当和沃尔特·鲍姆加特纳这样的规划师所绘制(图 2.6)。如威尼斯圣马可广场(公元 880 年始建一直到今天)的景观和公共空间是非常重要的此类城市设计的见证,由教皇西斯都五世规划并花了 200 多年才建成(图 2.7),这个长远实现的规划建立了主要的地标和交通系统。古罗马城,听取了主要政府官员的意见,将宏大的公共建筑与方尖碑这样的地标有意识地组合布局,限定出空间的方位和重要性,让人们很快到达城市的重要部位。

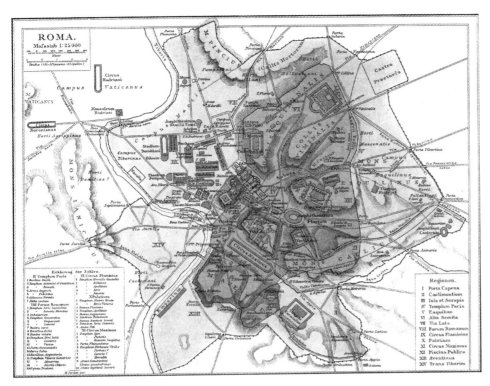

图 2.5　古代罗马地图

坐落在沿河海拔较高地区带有城墙的古代城市，其历史传统方面的布局是显著的：被建筑物界定出有机的形态。罗马是在奥古斯都大帝统治下（公元前 63 年～公元 14 年）世界上最大的城市，当时的人口接近 100 万人。

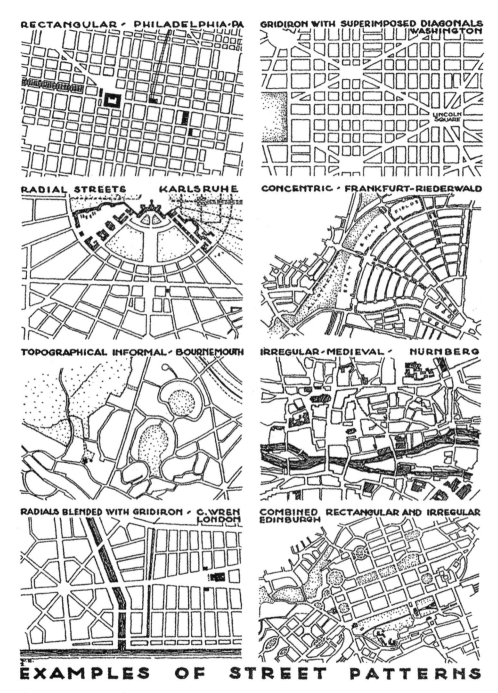

图 2.6 亚当和鲍姆加特纳式的街道和地块（1934 年）

这些图纸给出了街道和地块类型学的基础，有可能被功能、地理位置、几何形式、增值设计、民主或市政意识等区分而成，从美国的费城、华盛顿到欧洲的纽伦堡、爱丁堡。

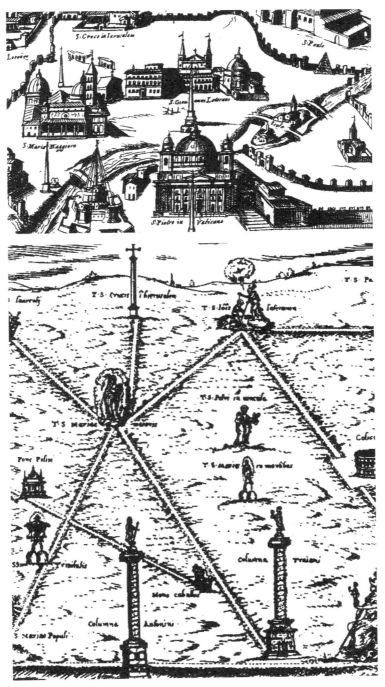

图 2.7 罗马教皇西斯都五世的罗马规划（1590 年）

这个规划的特征是：重要的纪念性市政建筑；在城市的重要地点细心放置的纪念物沿道路呈直线排列。

工业新城、大城市规划和宜居性

在欧洲和地中海地区，当城市、城镇和乡村在不断扩展时，城市的规模有时被所在地区与区域的交通所限制，甚至连大城市巴比伦、罗马和亚历山大也受这种情形的影响。[4] 从时间进程来看，防御功能变得没那么重要。城市基础设施如供水和卫生设施，从罗马的地下管道系统到英国部分城市的开放式排水沟已变得多种多样，在密集的市中心，马车交通的使用引起了巨大的排泄物等卫生问题。事实上，在 1800 年代后期，纽约终止了城市规划工作，正由于马车的粪便问题毁掉了这座城市的废物管理能力。城市规划师没想到亨利·福特关于发展小汽车的理念，仅仅在短短几年后也就产生了。

建筑的混合使用和紧凑布局，在 1800 年代成为城市设计的标准，仅保留皇室可能占据大面积的房屋。19 世纪中叶的产业革命，促进了对较好的生活条件和较高工人生产力的探索，这种探索引领了萨尔泰尔的开发建设——一个是于 1853 年由尔特爵士设计的新村，位于英国的约克郡；另一个是由以生产巧克力出名的吉百利兄弟，于 1879 年建造的新社区——伯恩维勒，位于伯明翰郊外。建造的概念是简单的：较好的生活条件、较好的健康状况、较好的生产效率。

图 2.8　皮埃尔·查尔斯·朗方主持的华盛顿特区规划（1791 年）
著名的朗方规划方案将网格形街道与宽广的林荫道轴线相组合，这条轴线的两端是贯穿网格街道的重要节点，一端连接着美国国会大厦——白宫，另一端则是波托马克河的开敞景观。（资料来源：美国国会图书馆）

宏大的城市设计也发生在相同的年代，包括 1791 年皮埃尔·查理斯·朗方主持的华盛顿特区规划（图 2.8），及从 1853 ~ 1869 年间奥斯曼的巴黎规划，这两个规划的特征是：用正规几何构图形成的宽大的林荫道、场地直线和地标。朗方的华盛顿规划，将作为林荫大道的主要轴线和"民主网格"形式的街道相组合，使每一个人公平进入到相同规模的街道地块，重要地段的制高点和河道景观是这个规划的特征；奥斯曼的规划则需要大量的拆迁，让房间对着林荫大道和公园，并沿主要交通线布置大体量的建筑。这样审美方面的考虑，预示着接下来的城市设计的发展趋势，核心目标是：创建更加美丽的城市。

城市美化运动

> 人们将确信，城市无定形的增长既不经济也不尽人意。
> ——丹尼尔·伯纳姆和爱德华·班尼特，《芝加哥的规划》

"城市美化运动"目的是通过建立鼓舞人心的环境，提升城市居民的健康和精神。这项运动起源于 1800 年代：为了减轻由于工业革命而带来的城市毫无生气和不卫生环境的状态，广为人知的美国景观建筑师之父——弗雷德里克·劳·奥姆斯特德，与建筑、规划师丹尼尔·伯纳姆合作，在 1893 年"芝加哥国际博览会"规划中展示出"城市美化运动"的力量。博览会占地超过 1 平方英里，建有 200 多栋建筑，展期为 6 个月，大约 2750 万人出席了展会，当时美国的总人口是 6500 万。因为博览会新古典式的建筑都被粉刷成白色，所以会址成为著名的"白色城市"。这座梦幻之城抓住了公众的想象，代表着从未有过的、宏大美好的景观，有些人为它的美丽禁不住流下了眼泪。[5] 足够有趣的是，沃特·迪斯尼的父亲当时就是一名在场的建筑工人，并鼓励他的儿子创建了著名的迪斯尼乐园，在 1890 年代对城市美化运动的评论，今天的迪斯尼乐园和迪斯尼世界就是一个很好的回应。那些聚焦在对人造的、几乎不那么真实梦幻的评论，正是这场博览会所创造的影响力。

批评家和许多建筑师将城市美化运动看成是：与当代建筑表现极少相关的一种装饰性、古典的、纪念意义的城市设计，作为"荣誉法庭"式新古典主义的范例。有些评论仍然以为，应像以前罗马巴洛克城市（19 世纪晚期）：以重要节点连接作为轴线大街，伴有地标、大广场、宽大的林荫道、大尺度的古典建筑围合空间和街道。虽然"城市美化"的设计准则，从没有在一个城市整体上得以实施，但在澳大利亚的堪培拉和印度的新德里规划中得到了尝试，尽管这两座城市后来却被"花园城市"镶上了金边。"城市美化运动"创造了有意义的尝试，为改进城市的健康、景观、市政和自然状况，特别是在 19 世纪严重的工业环境下。

当"城市美化运动"开始扩散，大的林荫道和城市公园建设，成为人们逃避工业污染和拥挤不堪、极不健康黑色窘境的方法。19 世纪晚期，奥姆斯特德规划了纽约的中心公园和蒙特利尔的皇家山公园，早期的设计反映出他对长远思考的能力，他阐明"对于中心公园，我们确信地认为，至少在 40 年内不会被实施"。[6] 奥姆斯特德甚至在波士顿，将雨洪管理和线形公园系统综合考虑，就是著名的"翡翠项链"规划，公园常被视为城市的绿肺及逃避污染的场所。

图 2.9 "荣耀的法庭"，芝加哥世界博览会（1893 年）
"城市美化运动"被一些人批评为是表面形式的，并没有反映出当代建筑设计形态。（资料来源：伊利诺理工大学，保罗·加文图书馆）

由丹尼尔·伯纳姆改进的芝加哥规划，创建了这座城市全面与明确的景象，富有公园、街道和物质空间形态的规划具有卓越的远见，至今仍为一个典范并作为芝加哥城市规划一个永恒的指南。这个规划沿着密歇根湖创造了一整个系列的公共滨水公园，组织了伴有地标和建筑且等级分明的街道，这个规划带给城市一个长远的逻辑性和优雅的街道、建筑、公共领地的元素，并连接了芝加哥整个区域的街道和地标网络。

在遥远的北方，第一次世界大战之前，托马斯·莫森为加拿大的城市卡尔加里做了一个规划，这个规划例示了"城市美化运动"的许多元素（图 2.10），作为一个来自英国的景观师，莫森认识到街道和公园作为城市整体形态塑造的重要性，他创造了一系列的宽大的林荫道、弓河河谷公园系统、牛仔竞技公园到正街作为南北向的主要轴线。莫森规划及愿景的很多部分，随着世界大战的爆发、河道的改道和发展变化而丧失（图

2.11)。事实上，很幸运的是莫森规划的最后复制版，在卡尔加里一个车库的墙板夹层里被发现，并于 1960 年代公开地存储在卡尔加里档案馆中。这个规划以深有远见的理念为特征，包括作为城市定位点的公共建筑和地标的运用手法，及一个连接沿河道体系的、互相联系的公园及林荫道系统。

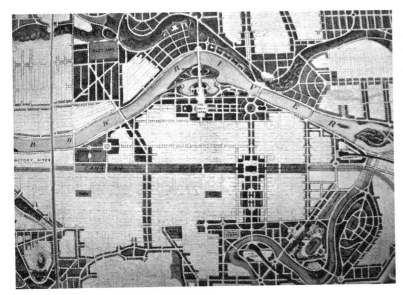

图 2.10　托马斯·莫森的阿尔伯塔，卡尔加里规划（1914 年）

该规划运用了"城市美化运动"的许多规划元素，包括林荫大道、轴线街道、地方地标、高雅的建筑，及一个公共公园和空间的联系网络。（资料来源:《卡尔加里之城》）

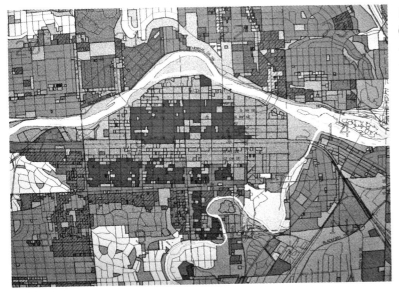

图 2.11　现今的卡尔加里土地利用分区（区划）

仅仅在弓河公园网络和牛仔竞技公园，可以看到一些"莫森规划"的痕迹。

亚历山大·古斯塔夫·埃菲尔宏伟的"埃菲尔铁塔"于 1889 年在巴黎促地而起——当时世界上最高的建筑有 1000 英尺（305 米）高（图 2.12A），其建成与另一场世界博览会相关，作为博览会的入口标志。它不是一座深色的摩天楼，而另一座高的、钢框架的办公建筑不久就出现了，在 1884 年美国出现的摩天楼，是由威廉·勒巴隆·詹尼在芝加哥建造的 10 层建筑，革新的钢骨架结构代替了承重墙的结构。从纽约 22 层的熨斗大厦（丹尼尔·伯纳姆，1902 年）到 102 层帝国大厦（施立夫、兰姆和哈蒙，1930 年），这些摩天楼进驻着当日的商业精英，因为它们代表着资本主义和进步（图 2.12B，C），它们也造就了更多市中心土地飞涨的经济概念。在芝加哥和纽约的市中心范围被水体限制，同时也在挤压着建筑的高度向上提高，这种城市建筑较高的形态，开始将利用街道的人们形成隔离，但这种高度的竞赛也仅仅是一个开端而已。

就在埃菲尔铁塔在法国建成不久以后，一位英国谦逊的记者兼议会记录员——埃比尼泽·霍华德，"研制"出"花园城市"的基本理论。在霍华德理想模型中，乡村、城市、工业被组合成世界上最好的城市，这座花园城市占地 1000 英亩，周围是 5000 英亩的农业用地，人口为 32000 居民，这些花园城市包围着一个有 58000 居民的中心花园城市，它们之间有铁路线相互连接。伦敦北部的莱奇沃思和赫特福德郡的韦林，就花园是按照花园城市理论进行的实践。"花园城市"活动计划逆转工业革命带给英国在社会、物质、文化等方面的病态影响。花园城市运动汲取了城市美化运动的思想，并且塑造了 20 世纪初期的城市形象。

图 2.12　从左到右为 A. 埃菲尔铁塔（1989 年），B. 熨斗大厦（1902 年），C. 帝国大厦（1930 年）尽管 10 层高的埃菲尔铁塔本身不是一座摩天大楼，但随后在芝加哥和纽约等城市，多层钢框架的办公建筑（熨斗大厦和帝国大厦）出现了。

图 2.13 埃比尼泽·霍华德的"花园城市"模型（1898 年）

他的理想城市被 5000 英亩（2023 公顷）农场包围，住有 3200 居民、拥有 1000 英亩（405 公顷）土地，并通过铁路与一个规模为 58000 人的、更大规模的中心花园城市相联系。也就是在农村建成既有城市也有乡村的组合体，正是霍华德所希望的"无贫民窟、无雾霾的组团"。

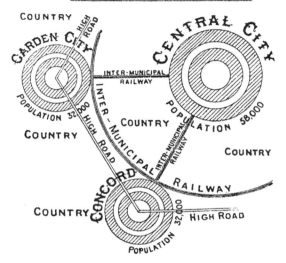

1889 年，奥地利的艺术历史学家和建筑家——卡米洛·西特完成了有创意的著作《按照艺术原则规划城市》，非常大地影响了奥地利和德国的城市规划与城市设计。西特在 19 世纪对城市设计务实的、纯净的、匀和的方法评述，预兆着 20 世纪早期的现代主义运动，他的评述在 1960 年代晚期，作为后现代主义运动的一部分思想，也以不同的形式再次出现。

西特的理论主要集中在由古希腊人塑造的、非正式和相当不规则城市结构的那些构造上，这些构造没有追随死板的几何构图。它们强调城市的"房间"，包括广场（古希腊的集会和论坛场所）、纪念物和其他的艺术要素，建筑的外部空间作用大于作为装饰性雕塑的周边空间，相反，城市形态的三维空间对于形成城市的体验更具决定性。相当出人意料的是，每一栋建筑的造型和形态没有重要过创造城市空间的品质，例如古代更有机的城市形态结构。西特关注空间的美学和美学所创造的体验，他的理论逆向思考了枯燥的仪式和教条式的过大尺度街道、广场，好像麻木地布置教堂与纪念物一样。西特和其他城市设计形态理论没有想到的是，在 10 ~ 20 年内，小汽车发展开始改变了城市的景观，并取代了许多传统的、以人行尺度为定位的城市，汽车取代了马车，一种污染源（汽车尾气）取代了另一种污染源（马的粪便）。

第三章　20 世纪的交通发展

美国人依赖小汽车为中心的生活方式已经这么久，以至于过去常常作为人类奖赏的景观、城镇风景，或郊区景致等集体记忆，几乎已经被抹去了。那些优秀场所营造的文化，如农场文化、农业文化，才是知识和获得技能的主体。

——詹姆斯·霍华德·特勒，《无处不在的地理》

图 3.1　勒·柯布西埃巴黎远景规划（光辉城市规划）（1924 年）
远景规划创造了众所周知的"公园中的塔楼"概念，最大的绿色空间和小汽车支配的高层居住楼群景观。

20 世纪早期，随着汽车的出现，改变了城市的景象。小汽车的出行需要宽广的街道，在欧洲和美国的城市，小汽车的影响力在其城市设计中占有优先权。这些模式的规划导致后来西方人的"高速公路"，成为解决小汽车交通问题的首要方法，不仅形成了市中心的功能混乱和异化现象，而且扩散到了世界上其他的国家如中国和沙特阿拉伯。1920 年代勒·柯布西埃浪漫的巴黎规划，1932 年弗兰克·劳埃德·赖特的广亩城市概念都体现了线形和机动化城市的特征。勒·柯布西埃城市设计模型：由高速公路和被公园围绕的摩天楼群，缺乏人性尺度和宜居性；广亩城市有相同的被汽车出行支配的路网系统和大型建筑群，也存在人类的宜居问题，广亩城市预演着郊区被孤立、被道路分隔的单一的使用方式，导致必须开车才能获得相应的服务。这些规划景象本质上勾销了城市原来的样子。相反，他们预示的事情发生了，在 1950 ~ 1960 年代的纽约，特别是在城市更新运动中，在此过程用其赞同的高层公寓消除并置换了传统的家庭。

邻里单位的诞生

第一次世界大战后的乡村和邻里规划是最为适用的抵制小汽车支配城市的规划。在一个整体的社区环境中，步行范围内可得到服务，并且提供了高质量、多样的住宅选择，某些情形下，也提供了就近的就业岗位。在很多情况下，这些社区沿着铁路线设置，获得了公共交通所带来的便利。

在 1929 年，美国规划师克拉伦斯·佩里提出了一个基于 5000 居民人口的邻里模型（图 3.2），这个模型在 160 英亩（6.4 公顷）用地上安排了 1500 户家庭，它的特征是步行 1320 英尺（400 米）可以舒适地到达学校、专用的开敞空间、公共设施等，包括一座教堂和一个图书馆。商店设置在邻里内的边缘，一个内部的居民道路网络保护着步行者的穿行，因为主要道路不穿越邻里。安德烈斯·杜安伊和彼得·卡尔索普在 20 世纪晚期的新城市主义思想中，重新发现了这些独一无二的乡村和城镇——邻里单位。

另一位美国规划师克拉伦斯·施坦因在 1929 年设计新泽西的雷德邦居住区时引入了邻里单元和步行导向的创新性想法，并提供了整体性的、通过绿色空间网络并与机动交通分离的步行系统。现在许多的项目仍然会部分采用步行模型。例如，在加拿大温尼伯的维克伍德住区，房屋前院面对着开敞空间，而机动车入口在房屋背后的道路上，这就附和了"行人口袋"的形式，也回应了 1980 ~ 1990 年代晚期公共交通导向发展的理论。[1]

施坦因的理论也被反映在当前跨越美国的绿道运动中，绿道运动曾在 1990 年代风靡一时。许多地区采取地方、区域和国家绿道相连接的方法，使用街道、山径、铁路线作为人行、自行车和骑马者的通行道路。从国家绿道到地方城市绿道变化多样，它们包括美国东部的东海岸绿道、穿越佛蒙特州的绿道、北卡罗来纳州首府罗利市的首府圈绿道、科罗拉多州丹佛市的樱桃溪绿道。最新的创新（著名的"高线公园"）是将纽约曼哈顿西侧过去的高架铁路延长线改变成绿道。建于 1992 年横穿加拿大的步径，横跨连接了多个省、区域和城市，其总长度约为 14000 英里（22500 公里）。[2]

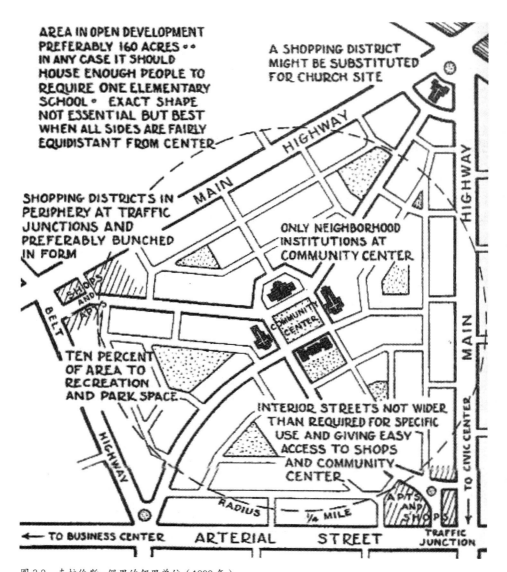

图 3.2 克拉伦斯·佩里的邻里单位（1929 年）
佩里提出在五分钟步行圈内组织邻里，并配置 10% 的开放空间，中心社区设施，以及周边便利的购物。

新城运动

第二次世界大战后，一些大城市为了减少拥挤，分散化成为一个趋势。这种导向诞生了新城运动，例如英国的斯蒂文尼奇和米尔顿凯恩斯新镇、苏格兰的科本诺德新镇，其结果是喜忧参半。于 20 世纪早期经勒·柯布西埃介绍的现代主义方法，在创建一个新社区时，没有认识到任何的历史和文化因素。于是，建筑形态和街道网格不言而喻仅是功能性的，缺乏场所感和历史感、文化感。场所感和文化丰富度在短时间内很困难达到，特别是从缺乏城镇或城市组织的新城开始，新城运动由于缺乏创意的设计，导致了大批功能主义的城市。英国利物浦市外围的朗科恩新城就是一个例证，就像规划所呈现的，新城的整体形式是重复和机械的，每一个部分都相同，建筑材料也相同——都是红色砖头。尽管如此，当我参观这个地区时，一个小男孩对我这样评说："这是我生活得很好的邻里"。

以汽车为主导的美国郊区

在美国，以汽车为主导的郊区出现在第二次世界大战以后，纽约的莱维敦社区规划是1940 年代后期城郊家庭社区的模型。这里在长岛地区，缺乏地方的服务和就业，迫使居民驾车到他们需要的地方。城市蔓延是伴随着美国不断扩大的联邦高速公路基金计划而出现，这种依赖汽车式的发展，持续加剧了扩散从而导致中心城市的恶化，战后高速公路计划的扩展和外围土地无限制的供应，造就了廉价的城市生活替代品——郊区新城。拥有独户别墅的梦想，与中等收入家庭的婴儿潮相匹配，美国梦诞生了。

独户住宅大面积的区划，将蔓延模式推向更广大的范围。1949 年在美国俄亥俄州的哥伦布市，第一个郊区型的购物中心城镇和乡村购物中心的出现，预示着整个大陆城市许多市中心商业区最终的衰落，随着"沃尔玛"超市及其他"大盒子"商场数量的不断增加，多年以来的问题愈演愈烈，社区为保持地方拥有较小商业而竞争的同时，也要虑及经济的发展。一站式的购物、使用商品的多样性，以及在一个商场就能够挑选的方便性等购物吸引力，引诱着我们不断增长且快节奏的消费生活方式。

"卧室社区"成为邻里的一个选择，开始于 20 世纪 40 年代的后期，随着美国长岛地区道路的扩展和增长的需要，建成了新镇莱维敦。在 1960 年代和 1970 年代，由劳斯公司于哥伦比亚、马里兰州、雷斯顿、弗吉尼亚州等地开发建设的新社区，因为可以提供一些服务和就业岗位，创建的社区有了改进。

城市蔓延的问题很多，直到今天仍在延续。城市蔓延忽视了先前的历史和人本感受，相反，蔓延助长了过分依赖汽车而造成的空气污染，制造了粗放的低效并加大了基础设施的投资，导致仅仅是居住功能、少有甚至缺乏地方服务和就业而出现的空洞式生活环境。随着远距离、安全、空洞的体验，驾车到处走变成一种惯例而没有选择目的，因为这些地方缺乏就近的服务和娱乐机会。这种过分依赖汽车的生活方式，反过来想，健康的挑战接踵而来，例如美国人口中不断增长的肥胖症人群。

城市蔓延不是健康的增长，是自我破坏。这种趋势在财政上不能平衡（就投资和收益而言是净亏损），以惊人的速度耗费土地，制造了无可挽回的交通问题、社会隔离、不公平和日益增长的孤独感。在美国的许多城市，郊区绿环由于扩展蔓延，降低了作为城市重要绿色空间的作用，市中心的商业和居民被郊区的新鲜区位而吸引，想象到那里房屋的便宜和引人注目的宜居性。[3]

城市更新

与此同时，随着人口减少造成的市中心衰落，尤其在美国，迫使一些城市采取"根治性手术"，就是众所周知的"城市更新"。这种趋势体现了这样的一个信念："当你摆脱了建筑的时候，你就摆脱了问题"——犯罪、种族动乱、贫困，然而这些问题并未解决，而是被推到其他方面去了。那个时候，在纽约和芝加哥大面积的新住房计划，表示对市中心整个邻里的破坏和置换，在底特律市中心的"文艺复兴中心"则是变成了"思想时代"，另外一种类型的纪念场所，其结果是堡垒一样的结构而成为缺少人气的社区户外空间，这种现代主义和单一性的城市设计方法，随着这些项目物质下降和社会紊乱等的迅速自我毁坏，几乎立刻呈现出缺陷。所谓城市更新运动，缺乏公共协商，是以较少或缺失社会和环境良心为特征的。

简·雅各布斯于 1961 年，在她极具创意的《美国大城市的生与死》[4] 著作中，攻击了那个时期轻率的城市规划和设计方法。她提倡关注公共领域、小的地块、混合使用和紧凑设计的发展方式，这种激进的方法在 1960 年代以后，成为主流思潮。雅各布斯给了我们一个"关注街道"的概念，至今仍作为"通过环境设计预防犯罪（CPTED）"的一条原则。另外一位美国规划师凯文·林奇（1960 年代最著名《城市意象》的作者），[5] 创造了路径、节点、区域、边界、地标的词汇（五要素）和如何让观察者阅读城市的地图绘制法，这些著作增强了公共领域设计是城市设计核心的概念。

将自然融回到城市设计

伊恩·麦克哈格的《设计结合自然》，威廉·H·怀特的《簇群发展》和《最后的景观》等书籍，帮助复活了在城市设计中关注自然价值的理念。[6] 麦克哈格提倡通过环境评估和分析，确定"环境容量"和一个地段或区域的开发潜力；怀特探索他称之为"簇群开发"的理念，以及保存生态价值特征的创新方法。这些著作预示着 1970 年代早期环境运动的到来，整合了自然作为设计过程的一部分，人类与自然相互作用，因此任何物质环境的变化都将紧密跟随自然的变化。有时候，环保主义者忽视了用现实和可支持的方法去处理社会与经济的发展和需要，由于拒绝接受支持，不切实际的方法让他们被边缘化，作为激进派而被环境运动"解雇"。安妮·惠斯顿·斯本和迈克夫·霍夫，通过他们的研究和基于事实的结论，于 1980 年代阐述了城市设计过程中自然的重要性。[7]景观建筑师、教授——斯本和霍夫，通过对城市设计的思考，有效地阐明了城市发展、自然过程与潜在的消极、积极因素之间的直接关联，他们举例说明城市森林的价值、不稳定斜坡的敏感性，以及用城市雨洪管理对自然地区进行设计，并作为城市设计环境基础的一部分。

这些建立在科学基础上的方法，已经表明新奥尔良的原有位置是低于海平面的三角洲，圣彼得堡则是一片沼泽地区，这些城市位置的选择不是基于科学的实情调查，而是来自政治性的刺激，像圣彼得堡是听从皇室的指令，新奥尔良是战略位置决定的。不尊重这些敏感的环境关系可能导致大的灾害，以发生在 2005 年新奥尔良地区的卡特里娜飓风为证明。科学与生态关系在城市设计中扮演关键的角色，不尊重自然的威力会带来灾难性的影响，如海平面升高、温室效应、地震增加、不稳定的气候状况。

市中心的复兴和人行化

在 19 世纪 70 年代和 80 年代期间，更多有灵感的方法持续融入城市设计中来，在美国的乡村和城市，对遗产的重要性有了一些突破。落在城市蔓延范围内较小的城镇和村落，正遭受较大的影响，早期城市更新破坏倾向，被转换成后来的市中心的复兴。移至市中心的复兴，通过对各式各样"主要街道"复兴计划的改编，1980 年代扩展到整个美国，如马萨诸塞州的丹佛市（图 3.3）。

加拿大的城市，如蒙特利尔和魁北克城，发现了他们原城址的历史价值，渥太华也重新发现了内城价值，并将斯巴克斯街改造成步行购物中心，像明尼阿波利斯的尼柯莱购物中心一样。城市街道改建更多的步行友好型购物街扩散到整个国家，但是在一些城市却是短命的，因为人行购物街引起了商业地区的下滑，到现在为止，迫于零售业销售额的压力只得允许汽车的通行，步行购物街常常取消了汽车，建立停车场，去商场就变得更加困难。

加拿大的城市，如蒙特利尔与卡尔加里冬季时间较长的特点，它们选择将步行活动放置在地下或室内。蒙特利尔采取一个有地方标志的、混合使用的波那凡图广场项目作为地下购物系统，在卡尔加里则用天桥连接地面以上的市中心商业建筑。这两个实例中，街道商业变得无用，因为步行人流被关在了室内，这些商业设施与郊区的购物中心形成竞争，特别是在寒冷的冬季数月内。随着特价商品购物中心的增加和扩散，先前强大的市中心生活方式，持续地从核心部分迁走了商业，也减少了活力。

A

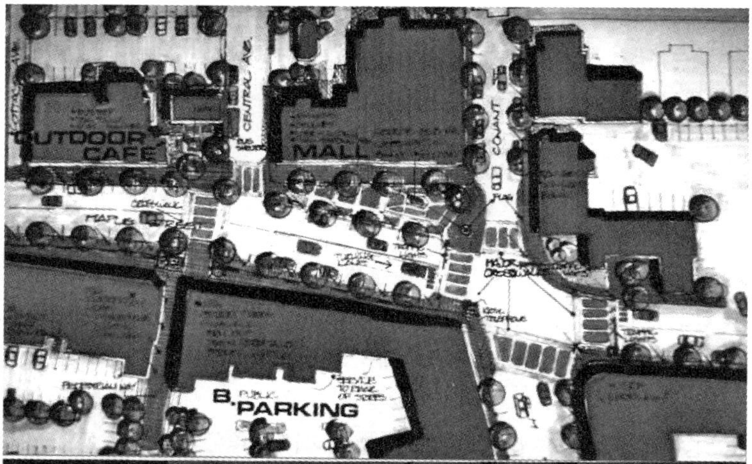

B

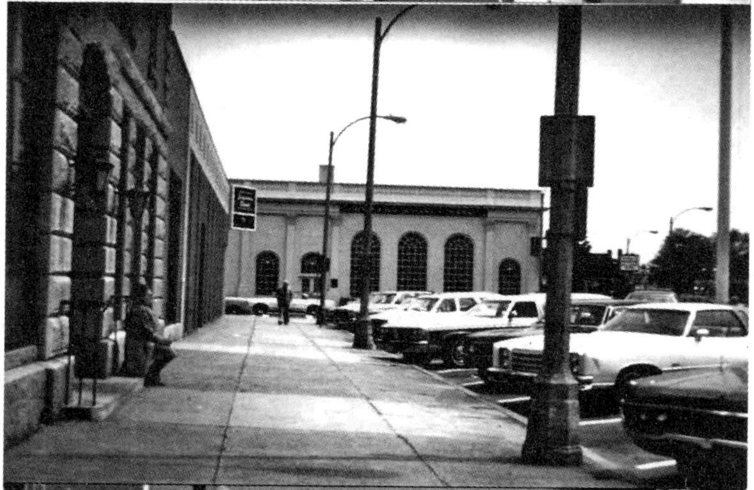

C

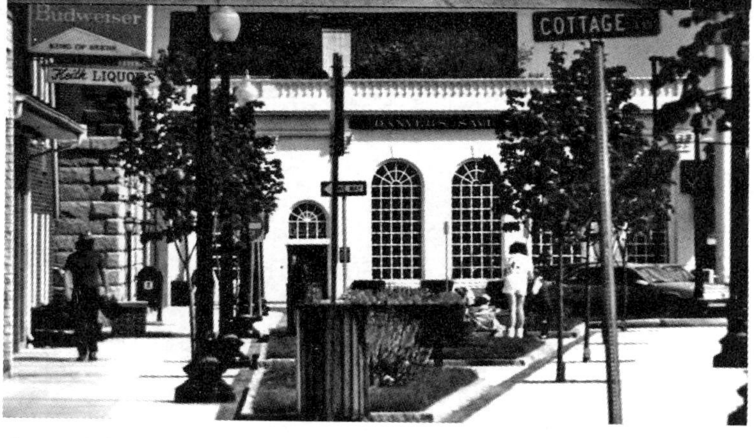

图 3.3　市中心复兴规划，马萨诸塞州的丹佛市

规划 A：规划改进了通道、安全、公共领域和店面设计。

照片 B、C：B 为先前的状况，C 为改进后的状况。

小镇的更新

在整个美国范围内较小的城镇，市中心的复兴计划是由州、省和联邦赞助的，鼓励立面修复、街道改造和改进步行区域。许多小城镇彰显了独特的历史，招来了新的功能，创造了别致的主题，改进了可达性；通过"商业改进地区"或代表商业社区等类似的组织方法，引进特别的项目，政府投资和企业主合作投资，共同刺激改进措施，并形成集体意愿共同改进市中心地区。来自科罗拉多大学的一个景观师、教授——哈利·加纳姆，强调在小城镇复兴中，要分析"地方特色"或"场所精神"作为城市设计的前提和方向。遍及美国的"大自然保护协会"和华盛顿特区的"国家历史建筑保护信托会"等国家、国际的倡导团体，更进一步强调这一做法，因为这些团体采取类似的行动，就公共利益而言，挽救了历史建筑和相应的土地。

公共领域的前置

市中心复兴运动，再一次将缅因街和公共空间带到了更新的突出位置，规划师、建筑师——如威廉·怀特、扬·盖尔、艾伦·雅各布斯，在他们更高层次的著作中，揭示了公共空间的社会、物质和哲学方面的关系，从 1960 年到 2000 年的美国和欧洲。

威廉·怀特的工作开始于 1960 年代的早期，并在 1970 年代末和 1980 年代初得到普遍认可，他提出：移动座位、阳光朝向、人们活动等重要因素，是公共空间成功的关键。他近距离地观察街道和公共空间，特别关注这些场所人们的相互作用关系。我记得他展示的一个视频，就是他所指的互相作用：在一个街角处人们的"闲聊"场景。这个观察价值形成了"纽约城"广场和公园的设计导则，也是其他地方创建安全、活力、更加有吸引力的指导。相邻空间的连通、绿茵树木、有吸引力的设施，例如喷泉、作为活动的桌子等所有的相应设施，将有助于为美国公共空间的积极转化提升活力，特别是在纽约。[8]

扬·盖尔，一位丹麦的建筑师，倡导人行和自行车运动的科学家，因为他观察并帮助丹麦的首都哥本哈根向人行和自行车城市转变，这样工作一做几乎就是 30 年。从 1960 年代中期到 1990 年代，城市在夏季对广场和街道的使用率增加了 3.5 倍，与公共空间质量的改进密不可分，在 1980 ~ 2001 年间，自行车交通率增加了 65%，代替了 33% 的通勤交通。[9]盖尔思想包含了许多方面的细节，包括刺激人行活动的活动，在冬季延伸人行的条件，恢复我们公共空间的公共政策策略；在寒冷的气候，为了增加去街道的人数，为其提供加热器和毛毯是盖尔策略中的一部分，也是盖尔从无数次对西班牙的巴塞罗那、阿根廷的科尔多瓦观察时发现的方法。这些人行策略的中心是较少的汽车、更多的自行车和行人，也是可持续城市战略的一部分。一个以人为本的城市，是统一属于盖尔的连接公共走廊和广场的城市战略。

美国规划师和旧金山规划的前主管——艾伦·雅各布斯，在 1990 年代早期出版的经典《伟大的街道》一书中，给出了全世界街道和林荫道新的含义：不仅是用于汽车和交通，而且也是人们相遇和观察城市的生活场所。他说："如果我们恰当地设计街道，那我们已经设计了 25% ~ 30% 的城市"，他的图纸和说明性分析创建了一个窗口，让我们看见不同街道形式、功能的骨架，以及适时、适地形成独特场所的曲折性；欣赏一些多方向林荫道的宏伟和小街道的亲切，雅各布斯表明街道以不同的方式，可以在人的尺度和适应汽车两者间相互结合。[10] 他首次界定世界上伟大的街道，帮助形成舒适和安全的社区，是鼓励参与、令人难忘的，最后作为模范和一流的代表。[11]

对于雅各布斯和如怀特、盖尔等其他城市倡导者来说，公共空间的社会设计与实现，是他们保持活力和成功的关键。这些研究帮助建立街道、广场、公园的详细设计，并强调实现和激发公共空间的活力，才能创建充满生机和安全的环境。今天，"公共空间计划"总部设立在纽约，在世界范围内将继续这样的研究和项目分析，它们"十的力量"概念需要公共空间具有十种活动才能达到成功，它增强了综合程序和公共领域设计的需要，换言之，再度强调：我们应该要像关注室内设计一样，去关注室外空间的设计。

模式语言和城市形态

更多理论性的城市设计著作，在 1960 年代和 1970 年代期间涌现出来。克里斯托弗·亚历山大的作品用《模式语言》阅读城市，其渐进式发展的好处和"有机"的方法，唤起寻求崭新的、更好的和灵感的方法进行城市空间设计。亚历山大在《模式语言》里所言的 253 种模式中，从区域的尺度到住宅的尺度，描述了困难及解决之道。[12] 总体而言，这些模式形成一种语言或者说是一种途径，去理解和合成设计的处理方法，它们是达到目的一种内在的方法，而不是一般规范性的采集式方法，就模式语言的能力而言，它们的能量在于面对时间的变化可以被适应和被修正。

凯文·林奇更深一层的作品《城市形态》，探讨了城市形态的 7 种性能标准：活力、感知、适合、可达、管理、效率、公正，作为处理城市质量的界定因素。[13] 尽管十分抽象，但由一个 MIT 教授——林奇进行的这项研究，从物质和社会视角（用可量的和不可量的因素），提出了对城市规划和设计评估和了解的重要性。例如，奥斯卡·纽曼在其著作中讨论城市设计预防犯罪问题，揭示出通透视线、物质空间设计、领域的感知等好的城市形态，可以减少罪案的发生。[14] 研究的价值于 1990 年代中期再次浮出水面，在美国城市，"通过环境设计预防犯罪（CPTED）"变成一种减少犯罪和增加安全保障的主流方法。这种城市设计涉及社会层面，与环境的重要性结合，预示着开始结合环境、社会、经济因素的可持续发展运动的到来。

可持续性、精明增长和新城市主义

逆势而上的可持续性，诞生在 1987 年并获得国际社会支持的布伦特兰委员会，引起了世界范围内对城市模式和城市设计的重新思考。服务于加里福利亚的建筑师、城市设计师彼得·卡尔索普，探寻了生态、区域和公共交通为导向开发（TOD）的重要性，是专长于设计形态的专业城市设计师。[15] 安德烈斯·杜安伊和伊丽莎白·普莱特 - 扎别克，迈阿密的建筑师强调：步行导向、街道网格、混合使用与一个更加紧凑的城市形态对于传统邻里更新设计的重要性。[16]

大约在同时期，1990 年代的早期出现了"精明增长"的术语，特别在政府层面，作为一种反对"城市扩张和无增长状态"宣扬的政策工具。"精明增长"的目标是确保邻里、城镇和区域协调发展，即采用经济上有利的、对环境负责的、能支持社区宜居的方式发展。"精明增长"包括以下积极主动的设计过程：

· 协调解决方案；
· 混合的土地利用；
· 鼓励填充式的开发和再开发；
· 建立社区的总体规划；
· 保护开敞空间；
· 提供交通选择；
· 创造住房机会；
· 鼓励降低门槛和提供奖励的精明发展；
· 使用高品质的设计技术。

美国德克萨斯州的奥斯丁已经成为"精明增长"的先锋，1990 年代城市选取了以"精明增长"为发展战略的地区，也是一个土地开发单纯的项目：土地的集约利用和邻里规划，"精明增长"作为一个"工具箱"（规划方法）的一部分，刺激并提升了城市恰当的发展。[17] 在美国"精明增长"已经对区域和城市规划产生了重要的影响，许多区域已经创建了增长管理和遏制政策的主动权，通过启发性的土地利用政策，间接影响了城市的形态和地区，可能最大的收益是："精明增长"影响政府各个层面，帮助政府管理增长，而不是人为的限制增长，如能推动相邻地区郡、县的发展，可以作为意外的后果。

正像第一章讨论的"新城市主义"（或者说是：新式传统城镇规划），相信具有和"精明增长"一样的法则，不过将那些法则转译成更为详细的城市设计指令。"精明增长"是基于20世纪早期的邻里规划和设计。传统的邻里设计创造了极易可达的街道网格形式，它包含了不同住宅的设计和类型，包括沿街道的房屋、狭窄的居住街道、5分钟能够方便到达的服务等特征，整体而言是更加合适步行的社区。"新城市主义"建立了这些原则，还包括保护历史建筑的价值，保护环境敏感性地区，提升交通的定位性。其目标是创建更多自我满足、较少汽车干扰、安全并有居民积极活动的社区。通过敏感场所的设计，"新城市主义"将更多传统的意味带回到独特的邻里。

改善新邻里和社区元素的设计，通过"新城市主义"运动已经呈现了意义，从1980年代早期，佛罗里达州的彭萨克拉海滨邻里，到后期华盛顿特区外围的马里兰州的肯特兰小镇。不幸的是仍然要面对小汽车的挑战，因为"新城市主义"大多数项目位于郊区，交通可达性受到限制。[18]（见第十一章，强调了城市、郊区、乡村的创新性城市设计项目。）

在1993年卡尔索普和杜安伊的成就，汇聚在23条"阿瓦尼原则"上，这些原则表述了社区、地区和实施的需要，帮助去逆转失控的城市蔓延和与之联系的环境与文化的衰落。1996年这些原则被进一步精炼在公共出版物——《新城市主义宪章》[19]里，它概括好的城市设计的27条原则，包括区域、邻里、地区、走廊、地块、街道和建筑。

村落，挽救我们的乡野

1970年代和1980年代期间，乡村地区由于来自城市的蔓延模式，越来越多地受到冲击，有价值的农业土地和乡村特色受到威胁，买家不断超越城市的边界向外围移动，去寻找一个独立的家或第二套住房。美国景观规划师——兰德尔·阿伦特恢复了聚集发展重要性的能见度，并识别出地方传统的建筑形态。[20]他首先通过保护有价值的绿色空间，颠覆了典型的开发方法，他的过程方法是：明确保护首要的与次要的地区，再开发剩余的地区，最后建立最有效率的可达性（图3.4）。与传统开发方式相反，当保护乡村整体性的时候，以明确更多有效的开发方式，这种方法是有效益的，并可增加市场价值。这种集聚的方式，作为对付乡村蔓延是极具价值的意见，并被美国许多乡村广泛地采纳。

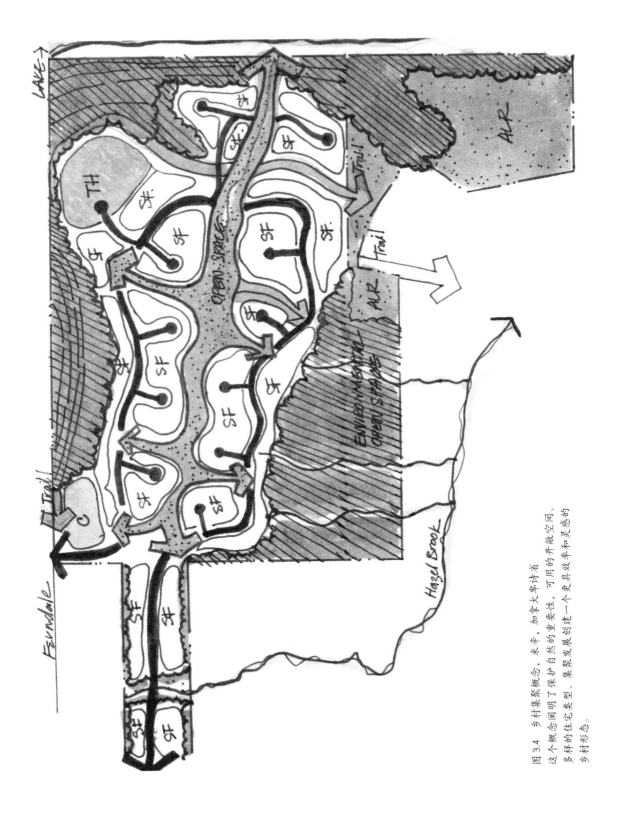

图 3.4 乡村集聚概念，米丰，加拿大卑诗省
这个概念阐明了保护自然的重要性，可用的开放空间、
多样的住宅类型、集聚发展创建一个更具效率和灵感的
乡村形态。

未来的课程

在我们的城市、城镇、村落，转向保护场所和自然精神，正在得到势头。同时讽刺的讲，这种正面的"守旧"趋势，趋于抵制努力调解发展和可持续之间关系的、新兴的创造性城市设计计划。例如，提高与"新城市主义"理念相联系的居住密度，对原居民造成威胁，这些人将密度提高看成是减低了房地产的价值，增加了邻里的交通。

"新城市主义"的项目，最初受到了设计师、规划师和政治家们的赞扬，但是这种景象现在却变得缓和起来，因为开发商不确信"新城市主义"的说辞并让市场转好。其他的评论认为"新城市主义"方法很像一个"迪斯尼"的类型（像佛罗里达的电话庆典会和海滨新城一样的地方），目的是建成：场所营造迟钝的，或者按现存模式模仿的"欢乐城"，他们议论这个过程是一项社会性工程，用建筑法规、过于精心、约定俗成的形式来限制其灵活性，它迎合富裕阶层，忽视其他社会阶层；更有甚者批评"新城市主义"对创造价值的市场压力是轻便的回应，并且用相同的土地利用、街道、和建筑的形式。"新城市主义"不顾这些评论，快马加鞭地对人行尺度的邻里进行灵感的更新，例如，在佛罗里达的"庆典会"项目，保护有价值的自然特征，整合土地混合利用和密度关系，同时创建了重要的公共设施和支撑服务。

可持续发展也开始赢得了优势。先前只作为一种修辞，如今在全球的许多城市正变成政策，从巴西的库里蒂巴到芝加哥，城市通过减少浪费、增加维护、改进交通、美化地区等方法，让市中心更安全、更干净。用鼓励高性能的建筑、包容性的公共应对、可持续的城市形态等更加综合的城市设计方法，推动未来更加可持续的落实。[21] 可持续社区设计正在为实施形成现实的框架，正如卑诗大学（UBC）教授和景观师——帕特里克·康登，在其最近出版的《可持续社区的 7 项规则》[22] 一书中已经表明。康登的 7 项规则用简短形式归纳如下：

·恢复城市的有轨电车；
·设计连通的街道系统；
·让服务方便在 5 分钟步行范围内，提供频繁的交通转换；
·创造与可负担得起住房邻近的工作机会；
·提供多样的房屋类型；
·开发一个与自然和公园连接的系统；
·投资更光亮的、更绿色、更少投资、更智能的基础设施。

图 3.5 佛罗里达的"庆典会"新城
"新城市主义"运动的一个范例，已经对郊区社区设计进行了改进，具有混合使用、更紧凑的住宅、中心便利设施、地方服务的中心核等特征，正如一个传统的小城镇。（资料来源：佛罗里达的庆典会）

上述可选择的发展标准，对于拯救自然、节省投资、有效率地去匹配场地的开发模式，是一条可行的设计方法。通过研究和项目案例的研发，"新城市主义协会（CNU）"进一步努力创造了社区安全和投资上的回报，阻止开发邻里以外地区的变化，需要使用上述可选择的设计规则为指导，并获得了好的趋势，特别是随着气候的变化，"新城市主义"的优点从一种"传说"变得家喻户晓，出现在每日新闻上。面对着国家和省的气候变化的立法，自治市政府和房地产开发商将规章制度和建筑法规放置在法律审查下，以推进保护环境的成效。

位于加拿大卑诗省本拿比市的西蒙弗雷泽大学（SFU），是一座新型社区的大学城，已经带头在北美首次形成了综合的"绿色"区划规章细则，规章要求所有的建筑耗能，要低于国家能源适用标准的 30%。如果大学在能源使用效率绩效每增加 15%，或者增加了其他的环境特色例如设置绿色屋顶，SFU "社区信托"（负责管理开发的公司）可能被授权去提高 10% 的建筑密度作为鼓励。

新大学城的"儿童保育中心"是一个"纯粹零碳足迹"的建筑，它能产生比本身消耗更多的能源，循环用水量比实际使用的水量多，被"国际居住建筑挑战未来研究所"的权威人士称赞为"地球上最绿色的儿童保育中心"，这所大学的目标就是要在加拿大第一个设计出"有生命的建筑"。这个社区最近启用了"地区能源系统"，为建筑物提供高温和热水，与标准的电力供应相比提高了 60% 的效能，为未来发展有效地减少了温室气体排放量。大学备受赞誉的是地表径流系统的设计，模仿自然回收近乎100%的降雨量，清洁并补充了地方的水流量。

自从2005年起，超过3200居民已经搬进了大学城，计划容纳的人数是10000人，大约40%的居民是SFU的学生、职员及步行上班的教师。接近36%的人口以公共通勤的方式作为首选的交通模式，除了上述提及的儿童保育中心，社区还有一条主要的商业街、公园、农贸市场、个人和专业的服务，一所小学、大量的娱乐和运动设施，还有一座图书馆。住宅包括市场性的、非市场性（公屋）的和出租性的三种类型。就经济方面，SFU社区信托公司迄今为止，已经捐赠了2.6亿加元作为大学的教学和研究费用（图3.6、图3.7）。

远离蔓延发展模式朝向精明社区设计的趋势，是综合的城市设计方法的一个良好开端。这些方法需要一套综合的工具或技术去实现紧凑的城市形态，提高那里的物质、社会和经济水平。这本书提供了这样的工具，特别在第二和第三部分。下一章论述城市设计的原则和要素，这些原则和要素奠定了设计过程的基础。

图3.6 青翠的大学城，西蒙弗雷泽大学，卑诗省本拿比市
教职工住宅项目，利用紧凑的城市设计方法，将绿色技术和可负担性相结合。

图 3.7　大学城的总体规划，西蒙弗雷泽大学
这所大学社区现有居民 3200 人，有市场性、非市场性和供出
租的住宅单位。有一所小学、地方商场和服务的设施，远期
将有 10000 居民入住社区。

概念以及理论摘要

作为这两章历史回顾的附录——表 3.1 以年代为特征，详细列出了重要人物的理论
及贡献。第二个表格描述了在 20 世纪晚期和 21 世纪早期的主要方法，包括市中心、
郊区、乡村的设计运动（表 3.2）。

表 3.1 是对城市设计理论关键成就的概述，理论家按时间顺序排列。他们理念的成就
被分成以下的 5 类，部分基于乔恩·朗的分类方法，并且用相关的术语进行定义。[23] 好
的理论提供了一个组织复杂事物的方法，能够启发我们处理和解决复杂的问题，帮助
我们预知（尽可能的程度）用具体的设计应对所能达到的结果。这些理论性的概念分
类，给我们一个途径去理解每一位贡献者的共性和特性。可能更重要的是，这些理论
让我们开始理解其基本原则和概念来源于理想的或者实际的城市设计方法。

表格反映的内容并不是最全面的，主要聚焦在当代 20 世纪的思想上，这些列表反映
了对城市设计思考的广度和深度，不仅关注物质空间 / 生态的尺度，而且还关注我们
言谈中时常被忽略的社会与人文的尺度。城市设计的经济因素，在这些成就中充其量
作为外围条件的一些探索，没有真正作为城市设计讨论的焦点问题。[24] 原因是合乎逻
辑的：钱与利益或者资源的分配问题，通常是商业学校，而不是习惯意义上"艺术和
科学"为特征的设计学校的一项研究。很少有城市设计人员能领会处理抽象数学理论
的经济学，更不用说去理解或运用它。[25]

表 3.1 理论和成就的概要

规划师 / 规划作者	时代 / 时期	方法	项目 / 位置	成就
罗马教皇 西克斯图斯五世	1500 年代	形式主义的城市 （古典主义）	意大利罗马	轴线，地标，支配性 公共建筑（形式化和拘谨的）
乔治 - 欧仁· 奥斯曼	1800 年代中期	宏大的复建 （古典主义）	法国巴黎	宏大的林荫道 界标
卡米洛·西特	1800 年代晚期	城市设计户外"房间" （现象学的文脉主义类型学的经验主义）	奥地利维也纳	为奥地利和德国提供了重要的城市设计思想（仿中世纪和巴洛克式的设计）
弗雷德里克·劳· 奥姆斯特德	1850–1900	城市美化（生态经验主义） 在城市设计中关注自然因素	纽约中心公园； 魁北克蒙特利尔的皇家山公园； 波士顿"翡翠项链"之称的城市环形公园带	设计结合城市、公园、公共领域的自然特征
丹尼尔·伯纳姆	1890–1910	城市美化 （生态经验主义）	伊利诺伊州芝加哥的世界博览会	公共领域和城市美化的重要性； 区域结构和综合的物质性规划
埃比尼泽·霍华德	1900	花园城市 （社会理想主义）	英国的莱奇沃思	由农业绿带围绕，结合了城镇和乡村最好方面的新城
克拉伦斯·佩里	1920 年代	邻里单位 （社会理想主义）	纽约州，纽约城	位置与土地使用功能、步行距离之间的相互关系
克拉伦斯·施坦因	1920 年代	步行为导向 （生态经验主义）	新泽西州，雷德邦	人行道，人车分行系统
勒·柯布西埃	1920 年代	花园中的高层塔楼 （现代理性主义）	巴黎市中心的 伏瓦生规划	杰出人才，高层建筑，现代主义，机器城市——一个改革工具
弗兰克·劳埃德· 赖特	1920 年代 – 1950 年代	交通城市 （现代理性主义）	美国，广亩城市	功能性的巨型结构 （有机的现代主义）
刘易斯·芒福德	1950–1990	区域城市，社会，文化 （生态经验主义）	纽约州，纽约城	社会，文化城市； 区域规划
戈登·卡伦	1960 年代	城镇景观观察 （现象学文脉主义）	英国的城镇景观	场所感，景观的连续性，文脉主义思想（后现代设计）
凯文·林奇	1960 年代 – 1970 年代	人们的城市图像五要素：路径、边界、区域、节点、地标； 设计方法论和表现措施（现象学文脉主义）	马萨诸塞州的波士顿； 加利福尼亚的圣地亚哥	分析框架，要素总结，相关理论等设计方法论； 最终的城市形态的表现措施：活力、感知、合适、可达、管理、效率、公正
威廉·H·怀特	1960 年代 – 1980 年代	大众场所 （现象学经验主义）	纽约州，纽约城	大众场所的需求和集合住宅的发展，敏感景观区域的回应
简·雅各布斯	1960–2006	社会和经济 （生态经验主义）	纽约； 多伦多； 渥太华	"共同关注街道"，混合利用，合适的密度，功能性的开敞空间，小的地块 / 尺度，城市是经济的引擎
伊恩·麦克哈格	1969–2000	设计结合自然； 生态区域的城市； 社会与文化（生态经验主义）	宾夕法利亚州的费城	有层次的分析生态； 在设计中关注区域规划
乔纳森·巴奈特	1970–	城市的政治性 （生态经验主义）	纽约州，纽约城	作为政治过程与结果的城市设计
克利斯托弗·亚历山大	1975–	模式语言 （类型学经验主义）	加利福尼亚州，旧金山	永恒的规则， 跨越文化要素的增值设计

续表

规划师/规划作者	时代/时期	方法	项目/位置	成就
莱昂·克瑞尔	1978-	建筑样式的社区 （类型学经验主义）	英国的庞德伯里镇	市政设计； 编织进当代的古典形式和永恒的模式
扬·盖尔	1980-	步行化的城市 （现象学经验主义）	丹麦的哥本哈根	丹麦的哥本哈根
迈克尔·霍夫	1984-	城市设计中的自然过程 （生态学经验主义）	多伦多； 渥太华	在城市设计中，环境作为形态设计和基础条件的重要性
彼得·卡尔索普	1986-	区域城市； 公共交通为导向的发展（TOD） （类型学经验主义）	加利福尼亚的萨克拉门托和圣地亚哥	交通枢纽，可持续性， 5分钟到达服务的城镇， 新城市主义
安德烈斯·杜安伊， 伊丽莎白·普莱特- 扎别克	1990-	传统邻里设计原则； 新式传统城镇规划 （类型学经验主义）	佛罗里达州的海滨新城 马里兰州的肯特兰城镇	新城市主义，包括传统的格网型街道模式，步行为导向，建筑的多样性，服务与邻里、地方公园融为一体，设施便利性
帕特里克·康登	1995-	可持续城市主义 （生态型经验主义）	温哥华	复兴城市的有轨电车，可持续的城市系统，有轨电车城市的7项规则；有相互交往的街道系统；步行到达地方服务；工作与居住的就近特征；多种类型的住宅选型；与自然地区和公园的连接系统；更光亮、更绿色、更便宜和更智慧的基础设施
道格拉斯·法尔	2000-	可持续城市主义 （生态型经验主义）	伊利诺伊州的芝加哥	绿色体系法城市主义；高效能的建筑；以活力与环境设计作为邻里发展的引导LEED-ND

表3.2 近期方法的概要

区位	方法（位置/规划师）	内容/成就
城市	邻里中心/生态密度 （温哥华城）	填充式发展，密实化发展，混合利用，交通为导向，历史遗产，住宅多样性，就业与邻近服务，绿道，活力和环境设计导向（LEED）的建筑标准，人行/自行车优先
城市/郊区	区域城镇中心再城市化和就业中心 （多伦多城市和温哥华都会区）	集约化，填充，混合利用，交通走廊与多模式连接，高层建筑集中化，就业中心与零售业集中化，及其他目的层面的问题
郊区	新城市主义 （杜安伊，普莱特-扎别克和"新城市主义协会"）	传统方格型街道邻里规划，人行为导向，紧凑/高密度开发，特色建筑，公共绿化，不同类型的住宅，地方服务和商业型开发
	公共交通为导向的开发（TOD） （彼得·卡尔索普，圣地亚哥城；德国的弗莱堡；加拿大温哥华市，乔伊斯街的轻轨车站附近的科灵伍德村）	住宅、写字楼、零售业资车站周边的高密度混合开发；5分钟步行距离或0.25英里（0.4千米）车站地区的开发
乡村	小村落 （安东·尼尔森，新泽西州和新英格兰）	自建（DIY）城镇的公众参与；更多集中的商业、居住建筑群和延续早期模式的制度性使用；被公共建筑围绕的中心绿地，在每一个小村落里有50～100独户住宅单位
	乡村集中村落 （兰德尔·阿伦特，新英格兰）	保存乡村特色和景观的住宅与商业的集中利用；最小化的视觉冲击，保护农业地区，体现建筑遗产和景观品质；两层结构房屋高密度布局保证大比例的开敞空间；在建筑的背面停车；农场集中利用

第四章   成功的场所

结构简单和有限选择的传统城市主义将不复存在，我们需要城市既分散又集中，场所的分散让我们彼此分离，而场所的集中——是时候停止一个人需要排斥另一个人的假设了。

——威托德·黎辛斯基，《城市生活》

在前两章里，我们已经回顾了城市设计的演化过程，是时候为有助于成功城市设计的持久要素编制目录了，这一章则检验城市设计和场所营造的关键原则。

九个城市设计的关键要素

接下来的九大要素描述了：营建一个成功场所需要的一些关键"佐料"，这些要素可能在不同场所时重点是变化的，或者在例外的环境（如没有历史建筑的地方），一个特别的要素可能是不合适的，但是整体而言，为创建好的场所需要这些要素的协调融合。

1. 人群（情感）

场所的感情与灵魂存在于那里生活的居民中，当我们认识到人群及他们的文化，认识到曾居住在该地区的他们祖先的时候，我们就可以较好地理解城市形态形成的原因及演变的规律，这个形态是社会、文化、经济及环境合力的结果。如果地方随着城市设计所描绘的前景发展，那么当前的居民可能是那里长时期的"管家"，城市设计中的不同场所特征将被人群所界定，不论他们在家里还是在工作或休憩。例如，明确创造的术语"第三场所"，就是指除了家与工作外的会面场所（图 4.1）。

图 4.1 第三场所
除了家和工作场所之外，那些人们碰面、
结交、约会的室内与室外的场所。

2. 历史遗产（过去的物质和象征性场所）

那些保留、再用、接替的场所，是城市设计核心重要的，城市设计需要探索一个地段的历史和文脉关系。例如，建筑和景观可能是被指定的地方的、区域的、国家的、国际的不同级别的历史遗产，对遗产保护和保存程度的动机，依靠地方的重视程度不同，但融合新与旧却是关键所在（图 **4.2**）。这些要素也帮助去界定：创建特别或独特场所的社会、文化和精神 / 象征基础。

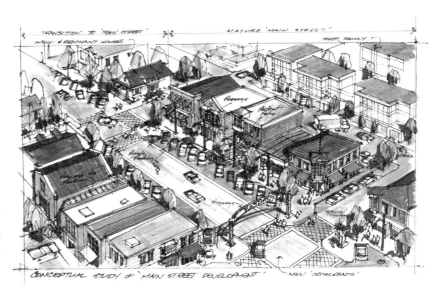

图 4.2 现代诠释
为了尊重历史，这种新旧融合概念
研究集中在：以延续一个小城镇文
脉，如何将新建筑增设在旧建筑的
后面。（卡鲁姆·斯里格利绘制）

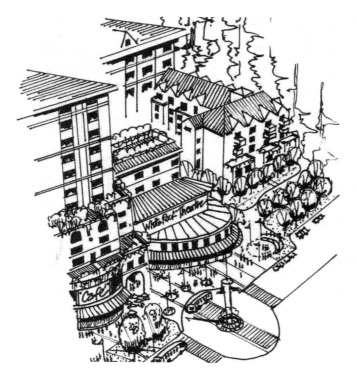

3. 土地混合利用（包括水平的和垂直的混合）

土地利用规划（阐明区位和土地利用）和城市设计导则（概述设计指向）为未来的土地利用和设计设置了一个重要的基础框架，总体方针及规划、设计导则、实施程序，为类型、目前程度、未来行动建立了前后关系，居民的、商业的、机构的混合使用，创造了更多全天候的活力和安全（图4.3）。

图 4.3　土地混合使用，温哥华
从居住到公共开敞空间，实现了垂直和水平分层使用。

图 4.4　汽车公园，温哥华
这些临时的展示物，引起了城市居民对自然和绿色食品的特别兴趣。

4. 生态框架（自然形态的营造）

包括植被、水体、土壤、野生动物和微气候，所有影响开发的形态与容量。生态城市关键要素如下：

·太阳定位与气候保护；
·重要的树木和其他植物（图4.4）；
·作为公共领域极好的、让人愉悦的水体；
·与土壤一样作为形态和地势的地表径流。

这些自然形态的要素时常被忽视，特别是在市中心的开发项目。

5. 建筑形态与体量（从外部进入，实现一体化）

建筑构成了城市设计的"内部"组织，传统上被认为是城市设计的核心。以下是当建筑群组合成一个有效的规划时，重要的建筑元素：

·外观（底部、中部和顶部）和材料；

·高度、体积、退让和布局（图 4.5）；

·与街道的定位关系；

·多角度的融合（公共福利、层次性、气候防护、照明）。[1]

图 4.5 高街，南素里，卑诗省。这是较好组合的建筑立面，创造了愉悦的街道界面，在第二层多样的退让形成了露台，界定了店面、隐私和趣味。同时它创造了连续而统一的街区造型。

图 4.6　公共交通的界面，渥太华，安大略省
渥太华城市已经发展了高运量和高效换乘的快速公交系统。

6. 通道、通行和停车（指人的移动，不是车）

在城市设计和交通规划中，由汽车导向的交通形式向行人、自行车以及公共交通导向等多种模式转变是重要的强制内容（图 4.6）。下面要考虑的因素是为了平衡私人汽车的需求和步行环境的安全之间的关系。

· 便利的社区或场所衔接；
· 接近必要的服务，如：食品商店或提供基本需求的场所；
· 道路设计考虑公共街景（例如，与功能匹配的树木与街道家具的组合）；
· 道路作为关键的导向要素（宽度、标识、远景/景点、标志等反映在邻里和社区的位置）。

7. 公共领域（公共、半私密、私密）

公园、广场、屋顶花园、街道和停车场等整合了公共、半私密和私密的开敞空间，为临时和长久的使用提供了机会（图 4.7）。

图 4.7　剑桥中心，剑桥
公共领域在建筑群和社区之间，创造了极有价值的公共界面。

8. 人行道与自行车专用道（绿道和蓝道）

步径、自行车道和水道为城市里无须汽车的活动提供通道，许多可达性好的公共土地上有这类通道，包括从传统的街道到其他的道路、车道、跑道和小径等，互相连接并相互延续。这些人行优先的通道将变成未来的"绿色高速公路"（图4.8）。

使用者的类型包括：通勤的行人，盲人及其他残疾人，轮滑者，残障人士，通勤的骑车者，轮椅使用者，休闲的骑车者，乘船者，婴儿手推车，皮划艇人士，跑步者，划船者，山地车手等。

这些使用者将以混合或形式多样的群组，在陆地和水面上使用"无机动交通"的高速公路。

图 4.8 中央谷地式的绿道概念，温哥华
一个地区性绿道系统，创造了连接"天车"轻轨快速交通系统的步行道，代替了机动交通。

9. 活动和活动的延续（城市的吸引力）

我们在此结束城市设计的 9 大关键要素，就像我们在此开始一样。这就是人们居住、工作和游憩的城市、乡镇和村庄。人们在此世代繁衍，享受生活。人的活动需要城市空间，比如说街头的摊贩（图4.9），音乐家及其他的娱乐活动（尽管有些活动在某些城市是违法的）。以下是设计一个有效且安全的城市活动网络所涵盖的内容：

· 满足多方参与的活动需要并弥补周围的欠缺；
· 与公共活动节点相连接；
· 塑造沿街的混合功能，如咖啡店、零售商店、餐馆、美容院、康体工作室等，在每天的不同时段都能吸引人们；
· 室内功能的向外延展，例如室外咖啡座、餐厅露台及室外展示区等。

总部设在纽约的"公共空间的十大观念"（机构名称）考虑到至少有 10 种活动可以使公共空间充满能量，并塑造成功的公共空间。

图 4.9 街头摊贩，纽约
在街道范围引进摊贩，减少了街头的案发率。积极的活动排除了消极的活动。

可量化的与不可量化的要素

正像第三章所提及的，凯文·林奇在他的《城市形态》一书中，阐明了好的城市形态的 7 个要素：活力、感觉、合适、可达、管理、有效、公正。[2] 这 7 个要素其中的任何一个都没有非常特别的意义，但当它们整合在一起（这不是实际可量度的指标）来表达时，就意味着"好的城市"。可讽的是，不可量度的要素实际上是可量度的，虽然不会表现在好比建筑的高度和人行道的宽度一样的外在层面上。活力、感觉、合适、可达、管理、有效与公正等代表的是要素的整体集合。例如，"活力"不是街道上的一种活动，而是通常由不同时间、大量的不同活动构成的场地的生活氛围。通过研究和观察，城市设计师可以界定可量化与不可量化的要素。为获得好的城市形态，这些要素应该被包含在场所提升的设计中。

当从社会、生态、经济的观点来检验是什么影响到场所成功与否时，我们需要考虑以下的要素清单。清单中的三大内容（社会、生态、经济）在第五章"城市设计地段分析"中还会有更为细致的讨论。清单中特别突出了那些在城市设计项目和审核中时常被忽视的要素。[3]

可量化的要素：

- 土地利用与混合利用；
- 土地利用密度或强度；
- 开敞空间与建筑的规模；
- 建筑的体积、形状、密度（通常用基底所占的空间率）；
- 建筑的材料和色彩；
- 车辆数量、行人数量、自行车数量；
- 街道设计；
- 停车位的数量、停车场 / 车库的设计。

不可量化的要素：

- 安全性与通达性（有些是可量化的）；
- 特征与特性；
- 清晰度、连续性、围合度；
- 视觉趣味与美好程度；
- 舒适性与宜居性；
- 活力度与适应性；
- 土地利用的公平性与可达性（例如，私密与公共开敞空间关系）。

时常被忽略的要素：

- 连贯性与连通性（行人 / 自行车、土地利用、缓冲区、视觉连通等）；

· 行人活动与不同时段的参与；

· 行道树的数量与景观元素；

· 绿化屋顶；

· 气象保护；

· 照明覆盖率；

· 街道家具（自行车停放架、垃圾桶、行人照明灯）；

· 座椅（长凳、倚靠墙、台阶）；

· 开敞空间设计（特定的功能与目标人群）；

· 建筑地面首层的透明性和转接关系；

· 公共、半私密、私密空间之间的转换；

· 水面使用和"蓝道"（水上绿道）。

十种不佳的形态创建：不能做的内容

这一章的前面部分已经概括了城市设计中大量的积极正面的要素，包括那些时常被忽略的方面。无论是以汽车、行人，还是街道为导向的城市设计，"造型"是那些帮助塑造城市形态积极或消极的要素合成。反之，接下来的列表，分条列举了不可持续的、"不好"的城市设计的表现。在我们试图通过设计变更或用其他方法确立设计之前，把握这些显而易见的"消极成分"，使城市设计有机会在任何场所都能得到改进是非常重要的。例如，地段的活动组织或土地利用的变化，对照当前现存地段条件的缺陷列表，可以作为一种工具去帮助分析地段所存在的不足。

1. 不适应特定功能且缺乏安全感的社区街道

行车的超宽街道，及更少考虑美观和行人安全。

2. 汽车优先

有大量停车的车库与停车场被设置在房屋的正面，驾车对行人造成不安全感。

3. 分离式的使用

居住、工作和购物彼此分离，且距离较远。

4. 乏味的当代建筑

场所缺乏历史感与文化感，对适合地方和遵守文脉的材料与建筑细节的不尊重。

5. 没有自然遗产与生态连续性

自然特征被消除，导致形成一个不通风、无树木、无价值、荒凉的，没有自然遗产的场所。

6. 没有"心脏"(无活力)

场所缺乏视觉定位、活力、核心、空间层次与互相联系。

7. 缺乏为市民考虑的规划

没有促进社会交往的活动与室内 / 室外的网络规划(无人行道、室外咖啡、影剧院及愉悦的连续性,无中心公共广场、坐的设施与会面的地方)。在集会空间的重要地区,场所缺乏市民空间和公共建筑,场所使用被限定在夏天或白天,非正式街道娱乐活动没有被鼓励。

8. 被隔离的活动

空间没有中心感或不连续,不方便、不安全,并且没有考虑为多种使用群体服务,较少的日照和大风,使空间变得毫无生机(没有为交往或冥想而设计)。要么没有任何设施,要么没有舒心的设施(例如,较脏的公园或公共洗手间)。

9. 与野生动物的隔绝

野生动物与自然被围栏隔开、被驱赶,或者让它们消失在视线之外,这是与设计结合自然的方式不相称的做法。

10. 没有真正的步行、自行车,交通是不连续的

汽车作为交通模式的替代,事后回想起来认为是不安全和不方便的,距离太远不适合步行,开车途中没有吸引人的物和事。机动交通不安全、不方便,并且费钱;没有自行车停放架和带锁的存储区可利用,没有提供座位区和雨棚设施,没有行人尺度的标志和方向指示。

城市设计的十大原则

我们在糟糕地塑造着人工环境,但我们还是有能力去做正确的事情的。真正的城市设计原则和技术可能都被遗忘了,但它们没有消失,从许多至今仍然存在的、精彩的旧式场所精神中,它们可以被重新学习。

——安德烈斯·杜安伊、伊丽莎白·普莱特－扎别克、杰夫·斯佩克,
《郊区国度:美国梦的衰败和城市的蔓延》

原则是城市设计的游戏规则,它们为城市设计设置了一个框架,也为城市设计方案奠定了理论基础。没有原则的设计是空洞的,也就没有规则去指导我们的设计过程或衡量设计的成功。像其他事情一样,原则也很容易被滥用,我也注意到许多的城市设计原则,被运用于世界上几乎所有的项目,通过社区和政治进程,为免于冒犯和拒绝接纳,界定好了的原则被稀释。这样的方法应该避免,因为这种作为结果的原则将没有意义或不会持久。

以下的原则,为指导城市设计的决策设置了一个框架,它们也是对评估城市设计结果的试金石。

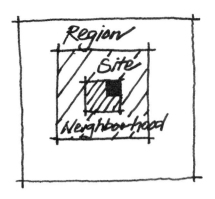

1. 环境关系决定地段的形态

模式、年代和建筑环境的价值，地方性的出行和交通系统，自然特征和生态本底等决定着最合适的城市设计。这里有三层关系：区域层面（或称"大图像"），中间的社区层面（邻里）以及最小的本地的地块层面，每一个层面都是决定地段是什么或成为什么的条件。

2. 设计应该保护和称赞场所

物质环境和心理因素共同形成了"场所精神"或者"地方风气"，也是城市设计的基础。场所既是意义的中心，也是由人们活动组成的环境。意义的发现来自于对地段的详细调研和精密分析，也来自于对重要文化、历史和物质的场所制造形成的文脉鉴定。

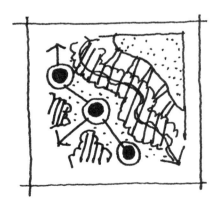

3. 形态设计要辨识自然的特征

创新性的城市设计需要保护有重大意义的景观特征，如树木、外露的岩石、水面等，这些特征组合了雨洪管理和娱乐活动，可以节省资金，并为独特的设计产品创造额外价值。

4. 设计需要适应不同的规模和地方性

城市设计充斥着比高楼大厦的市中心的设计更多的内容，它包含了城市、城镇和村落以及相对应的市区、郊区和农村。它们中的每一个都有独特的品质，可以在城市或乡村中被体验到，它们每一个都需要不同的处理方法去匹配场所设计，因为不同的互动因素界定了它们各自的特别之处。

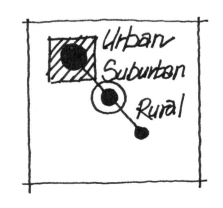

5. 运输系统应该考虑人而不是汽车

步行应该有首要的优先权，接下来是自行车、公交、货运，最后是单乘客车辆（包括小汽车），城市设计方案应该详细考虑上述各种交通模式，并有相应的实施战略计划。

6. 多重、灵活、混合利用是可持续性的基本原则

城市设计中考虑的可持续性，意味着就业与居住的平衡，鼓励生活与工作靠近，在步行范围内提供娱乐和服务设施。同时，对建筑和开敞空间灵活的设计处理，可以提供改变城市形态的机会，或者降低城市浪费和投资的机会。

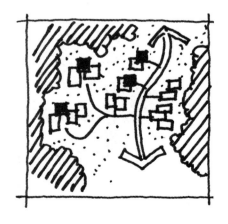

7. 规划的多样性

设计应满足社区人群不断多样化的需要。住房的寿命和人口的寿命是住房选择考虑的重要因素。可负担的住宅以及不同所有权的住宅、租房选择等也是一个完善的社区的重要组成，因为这增加了本地就业，丰富了地方文化。

多样性也适用于社区的生态、物质环境、经济的组合，一个地段潜在的生态多样是自然给予的，通过实施绿色基础设施规划，这样的多样性应该得到增强。建筑形态、街道类型、开敞空间规划应该围绕多样性这个中心主题展开，经济战略应该评估现实的需求，应该为商业的繁荣和变化提供广阔的基础。

8. 公共领域应该合并成一个核心要素

户外空间如街道、院落、公园、广场和小巷，是联结邻里与社区各种元素的、至关重要的"黏合剂"，没有这些空间，我们就只有建筑，没有了交往空间。户外空间是城市、城镇和乡村的社会空间。人行道、步径、行道树、座位、照明等设施，是这些地区公共领域设计工具箱的一部分，而更大尺度的，如通道、地标和活动节点等，是大城市、城镇或乡村设计中以视觉定位为感知的鲜明的特征——更加清晰、连贯和引人注目。

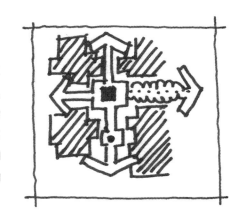

9. 城市形态应该紧凑和安全

为获得最佳的设计效果，可持续设计必须平衡土地利用的效率和生态要素价值的保持——例如溪流、树木和重要景观的特征。

这项原则通常导致集聚发展或者密度的转换，这样使多重性住宅与单栋住宅混合成为可能，也决定了更高密度、以人的行为定位的社区发展成为可能。这种形态创建了更好的归属感和视觉监控，在"通过环境设计预防犯罪（CPTED）"中已经提及。

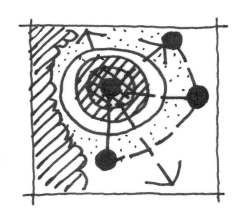

10. 社区建设是城市设计过程中不可分割的一部分

人是任何社区或邻里的核心，他们走到一起来创建伟大的城市、城镇和乡村。目前与未来的居民和商业业主，下了重大的"赌注"在那里生活、工作，他们是地方的专家，因为长期在那儿居住和工作，社区通过正式或非正式的伙伴关系、管理程序、公众集会等方式，推动着社区的发展。

场所的检验：25 个相关问题

作为本章的"工具"（例如，可量化的与不可量化的要素等），以下的问题用于检验一个空间的"场所性"，即检验由建筑围合和场所界定的地方的"场所性"。这些问题分为 5 组，目的是界定成功和不成功的空间因素，以及明确质量方面存在的不足。

品质、特性、围合、连接

1. 场所的独特特性是什么？
2. 有界定空间边缘的特殊范围吗？
3. 造成场所令人难忘的是什么（微气候、生态、景观、建筑群、活动、感觉、街景等）？
4. 场所连接到周边的土地利用了吗（视觉 / 生理上的、社交上的、经济上的）？

活动和可达

5. 在街坊或邻里，人们步行或骑车吗？
6. 地区方便可达吗（人行、自行车、公交、小汽车）？如果不是，为什么？
7. 当人们步行或骑车路过时，相互打招呼吗？
8. 人们在街道时常聚会或碰面吗（以 2 ~ 5 人为一组）？
9. 街道摊贩和其他娱乐，在街道生活中创造令人兴奋和活泼的氛围吗？
10. 有突出街道景观的户外咖啡座吗？
11. 有不同使用和延伸到街道并邀请你的商业行为吗？
12. 场所适用于其他的用途吗？

街道景观与生态

13. 在公共街道有沿街种植的花木吗？
14. 丰富的街景有以行人尺度的设施吗？如长条椅、行人照明、垃圾桶等？
15. 有行道树和不同的铺砌材料吗？
16. 在街道中有自然的感觉吗？
17. 场所嘈杂吗？是什么引起的？
18. 汽车等集体工具如何进入街道（占主导、第二位，等等）？

建筑群与连接关系

19. 特别的地区被独有的特征限定吗（地标、标志等）？
20. 建筑群在风格、形态和体量方面与场所相关吗？
21. 建筑群通过窗户、入口、空间转换、材料 / 纹理、照明与首层活动有联系吗？

心理因素

22. 空间和地区感觉大还是小？

23. 感觉地区安全吗？如果不安全，是什么感觉？

24. 地区有归属感和领域感吗？如果有，为什么？

最后一个问题，也是首要的基本问题：

25. 错失了什么？如何改进场所性？

这一章探讨了创建成功场所的要领，及成功的可持续城市设计蕴含的原则，为指导场所和形态的创建，它提供了一些初始的工具（列表）。以下部分将更加仔细地深入讨论：分析和编制规划的过程与方法，并运用案例研究举例说明工作的过程。

第二部分

解析与集成

第五章　场地分析

根据我们对整体性的概括，很清晰显示整体性必须来自于过程，具体而言，过程必将保障每一种新构建的行为与已经过去的行为，形成了深刻的联系。

——克里斯托弗·亚历山大、哈霍·内斯、阿蒂米斯·安妮诺、英格丽·金

《城市设计的新理论》

这本书的第一部分回顾了城市设计的历史与理论，并探寻了建立城市设计过程和结果的要素和原则，这一章使用这些丰富的历史与理论框架并串联起原则和要素，展示出城市设计的综合过程。动态城市设计方法需要对社会、生态、经济进行分析，并整合成一个连贯的和实用的策略。

这一章的中心议题是一个类似"邻里"的设计任务表，它举例说明了一个完整规划所需要的步骤。这个过程包括实质性（定性与定量）的分析要素，部分的分析过程检验了之前提及的 SEE（即社会、生态、经济）要素，这些要素超越了城市设计通常的物质环境分析，并且探索了可持续发展的维度（表 5.1）。交往和交际的公共过程，作为过程的结果平行于空间技术分析的过程，这个模板已经被定制并运用于大量不同凡响的优质项目中。

表 5.1 详细的 SEE（社会、生态、经济）过程组合
（这张表为城市设计的不同阶段，提供了分析和综合复杂信息的一个框架）

清单：数据，集成	分析：策略，选择	综合：选择，挑选	结果：规划，变化
社会			
人们的价值； 需要； 历史； 未来愿景； 可持续性； （包括政府管理）	数据的含义； 趋势线； 文化 / 公众需要； 价值；重要因素	公共要素； 保留什么； 增加什么； 主题	公共系统：舒适性，基础设施和服务； 社会性住宅和公共设施； 活动计划：节日，事件，公平待遇； 政府管理
生态			
土壤； 水体； 植被； 野生动物； 空气； 系统 / 个体； 可持续性	分类； 景观单元； 发展潜力 / 容量； 土地利用	转化； 修复； 增强； 保护	地段规划与设计； 建筑形态与体系； 绿道与蓝道； 生态管理职责； 树木管理； 野生动物蓄水层、溪流等保护管理职责
经济			
市场； 消费； 财政； 可持续性	供给 / 需求； 人口统计 / 花费； 资金来源	使用计划； 收益分析； 伙伴关系	土地利用的可行性； 成本核算 / 选择权； 筹集资金； 伙伴关系； 资助策略
城市设计成果			
建筑群； 土地利用； 流动性； 节点； 特性地区； 选择权； 可持续性	建筑布局 / 土地利用； 建筑高度 / 密度； 日照分析； 朝向与坡度； 特性地区； 移动； 硬性 / 软性分析： 什么应该保留、什么应该去除？ 高效能的建筑群	建筑形态和体量 / 土地利用； 密度及分布； 交通系统规划； 公共领域规划； 分段和实施； 可持续性的组成	城市设计主要内容：原则、目标、土地利用、特性、特征； 可持续设计的导则； 历史修复和管理； 公共领域：街道、公园、开敞空间、广场花园； 交通：四个层次（人行、自行车、公共交通、货运交通及小汽车）； 履行与"生活可持续"规划

整个分析过程的目标是为不断演化和发展的城市设计，提供一个综合的基础，正如列举的可持续城市设计树形图一样（图 5.1），这个树形图意在说明动态的过程。如果把城市设计看成一颗"果树"，城市设计的"果实"将依靠例如经营、维护、监控、管理等的输入（营养素）得以形成。

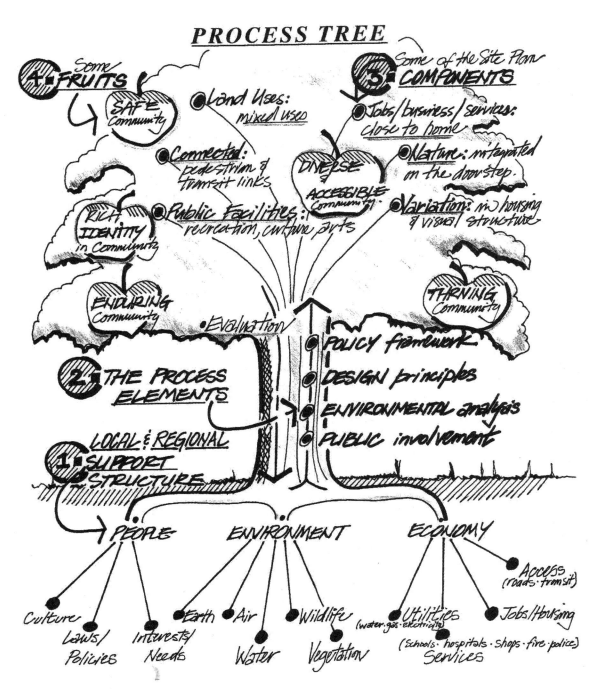

图 5.1　城市设计过程树

打个比方，复杂与动态的城市设计过程，以人群（社会）、环境（生态）、经济为根（支撑结构），这些根汲取营养进入主要的树干（过程要素）和枝干，通过光合作用和其他进程转换成营养（社区价值和物质环境因素）进入社区结构和"果实"里，这些又随着季节而变化，依靠营养和日照（过程）而不断发展。

举例："邻里"设计分析过程的任务列表

以下是一个聚焦在"邻里"城市设计通用的过程任务列表，从最初开始的清单和分析（A部分）直到公共评论（E部分）——总共44项任务。任务列表没有反映在下一章描述的真实互动关系（反馈），但是体现了吸收公共评论的过程。

A 部分　清单与分析

A 部分的目的是：收集与分析决定土地开发与再开发潜力的必要信息。

01. 项目启动

任务 1：启动会议
组织两次启动会：第一次是设计咨询团队了解项目的定位和基本信息；第二次是委托人提出程序、时间要求、信息需求和最终效果。

任务 2：补充信息
生成一个补充信息和已有的研究需求表格（包括数码图片、地形图、市场分析）。

任务 3：咨询团队
城市设计团队中各有一名建筑师、景观师、规划师、工程师、经济学家、社会学家（其他需要的专家），一位城市设计师作为负责人，协调团队工作。

任务 4：项目范围与意图
就项目的目的、目标、交付成果和时间要求而言，清晰阐述和确认问题、范围和预期，包括咨询方和委托方的角色和职责。

02. 社会 / 文化（政策）、生态 / 物质环境、经济分析（SEE 分析）

任务 1：现状改进与工作底图
获取精确的航片（全覆盖的精确的地形测量图）和地理信息系统资料，方便现状住宅和建筑的评估，完成合适地段的、大小不同版式的、展示被选择信息的（例如，现状地形、道路、建筑、服务设施、特殊特性及树木）基本底图。

任务 2：权属调查
确认产权的边界，宗地的范围，地役权，优先权，属性描述。

任务 3：地质与土壤状况

通过先前的研究，进一步查证以下情况：地下材质、排水特征、地基状况、工程特性、侵蚀情况、季节性的地下水位线、岩层的深度。

任务 4：坡度分析

获取地形图，进行整体性的地段现场踏勘。

任务 5：水文条件

核实有关 100 ～ 200 年一遇洪水淹没线的历史资料，包括附近的水井状况，现存的地表水系，现状的湿地和低洼地区。

任务 6：气候状况

确认微气候，包括为地段规划与邻里节能设计的风向和太阳方位。

任务 7：野生动植物

检查现状，研究并确保当地野生动植物价值的兼容性。

任务 8：考古学

核查地段遗址的信息。

任务 9：植被

保证树木的调查（被确认的树木专家完成的）足够详细，了解现场树木的个体价值，同时关注当前的市政绿化的政策。

任务 10：现状的通道和流量

检阅当前的报告，并核实自报告以来的任何变化，包括相邻地段沿路及小路／步行道的通行量，确保容纳因发展而增加和改进需要的容量。

任务 11：市政基础设施

确认现状和规划的市政管线，包括公共厕所、供水、排水、气／电、电话、电缆和其他的市政设施。

任务 12：文化评论与开发规则

检阅发展政策，包括区域规划，城市、城镇或村落规划，邻里规划，区划细则，遗产条例，现场纪念物要素和其他规章，包括联邦、省、地方的规章（例如，溪流、滨水岸线、野生动植物等相关的规章制度等）。

任务 13：视觉分析
识别重大的视觉特征、视觉定位、视线走廊、地段内外的景观。

任务 14：机遇与制约的总结
完成一份影响地段发展潜力的机遇与制约因素的总结。

任务 15：特征区域
界定区域独有的属性，这种属性应该进一步在发展中考虑其保护或增强，它可能与土地利用、文化、活动、历史／意义、自然特征相关。

任务 16：对可开发土地的总结
确认如下：
· 保护区域，包括首要的与次要的树种、景观、结构、建筑群；
· 有约束条件的建筑发展；
· 较少或没有约束条件的建筑发展。

任务 17：市场与经济分析
检阅已有的报告及来自地方和区域其他关于人口模型的信息；就业增长和相关人口增长的预测信息；住宅单元的供给、需求与入住状况；商业、工业和办公机构空间及其他使用状况；新兴经济发展的驱动力；以及在办公机构、商业和居住地区，预测其人口增长需求所设置的特别性城市服务。

B 部分　发展程式

B 部分的目的是将社会（含文化）、生态（含物质环境）、经济因素，转化成可行的土地混合利用模式（发展程式）。土地利用的类型、规模，以及开发的时间进度将依托具体的开发程序。首先由两个工作坊来探讨开发地段的发展可能性：一个是围绕地段的整体设计情况开展，另一个是围绕地段的土地利用多方环境影响而开展。设计成果包括一份远景报告（未来美好前景应发展成什么样子）、目标和指标（可量化结果），指导地段规划、设计、开发的原则和一份体现合适运用于地段土地利用的程序图表。

任务 1：设计工作坊
组织核心设计团队建立工作坊，形成初步的地段远景方案，包括设计目标、指标、原则、设计 / 规划和市场 / 沟通的对策。

任务 2：公众参与工作坊

组织由社区代表（例如，政府工作人员和相关委员会）等广泛参与的工作坊，由他们来确认并支持设计的基本设想和方向性问题。

任务 3：远景报告

通过两次工作坊的工作，就发展愿景，形成一份描述远景报告（项目定位），例如："海伊梅多是一个居住邻里，为居民提供一个安全的、能买得起的、充满活力的生活方式。邻里的娱乐和服务设施，位于便利距离每栋住宅的步行范围之内……"

任务 4：发展目标与指标

发展目标与指标，为发展提供了明确的基准点，也是发展收益的参照点。它们将形成发展的标准，也将灵活回应市场状况的变化。目标与指标在附录 B（可持续性记分卡）进行了概述，它为可持续城市设计的可量度性，提供了一个模板。

任务 5：发展原则

规定地段的规划设计及发展原则，为整体发展过程提供重要的指导。与一个可持续邻里发展规划相关联的原则，应该是一体化的，包括以下方面的考虑：重复利用、能源的高效利用、资源及废物管理、增强自然力、绿色基础设施、绿色建筑、可负担的住宅、多样的户型选择、步行为导向、接近服务和就业、遗产保护。（参见第十一章卡里森柯新案例研究中的一个详细表格。）

任务 6：土地利用程序

一个包括物质环境、文化、市场要素等在内的、有潜力的土地利用程序：
·　住宅：数量及规模、再利用的潜力、类型、所有权、市场及非市场特征；
·　娱乐：室内与室外的规模、再利用的潜力、类型；
·　商业：规模、类型、所有权；
·　设施：学校和教堂的需求（核实区级和地区；级的需要）；
·　产业 / 高科技：重工业、中型工业、轻工业。

任务 7：程序图表

用图表表示不同规模及不同类型土地利用的相互关系，并详细表示出具体地段的土地利用。

任务 8：初步的市场对策

在发展程序基础上，形成一个详细的市场对策。这个对策首先要针对未来的卖家或租赁者等关键信息，描绘出邻里的生活与工作质量，特别是场所中的感知以及健康生活方式的价值、步行范围内的设施状况等。

C 部分　邻里方案 / 地段方案的形成

在 C 部分探讨的是不同物质和经济方面可供的选择性及其相应对策，呈现的不同概念和程序性方法。通过计算机图像分析和草图分析，阐明现状和拟建建筑 / 地段的相互关系，最终成果至少包括 2 个选择方案，并附加一个推荐的方案（通常是 2 个方案中最好要素的组合），推荐的邻里方案 / 地段方案吸收了以下的要素：土地利用规划，历史保护 / 适应性再利用规划，拟建设地区与集聚区，停车与通畅性，行人与自行车流线，公共交通，娱乐设施，一个总体性的景观概念包括：行道树、公园和绿道。这个方案还包括服务 / 基础设施规划、分期实施规划及更小地块细分的规划。

任务 1：邻里方案的选择

在地段规划过程的开始，会形成土地利用和建筑的初步概念，之后形成概念图与可供选择的密度分配构思。这些构思和概念可与先前确定的目标、指标、原则进行对比，也可以与在清单和分析步骤中的机遇与制约条件进行对比。

任务 2：服务设施、路网布局、景观网络

与任务 1 相结合，邻里规划可以整合到设计过程中的内容包括：

· 服务设施规划（水文、岩土方面的市政工程师，也包括景观师）；
· 街道规划（市政工程师和景观师）；
· 景观与休闲规划（景观师）；
· 遗产保护规划（遗产建筑师）；
· 建筑原型（建筑师）；
· 土地经济（经济师）；
· 学校、就业场所、文化活动（社会学家）；
· 可持续性（可持续规划师）。

任务 3：初步细分地块和开发阶段分期

确定细小地块的土地开发和阶段时序以及方案的选择，相关可开发土地概述参见 A 部分，程序需求参见 B 部分。

任务4：对细分地块的检验

认真检验建筑现状，确认每个地段真正的发展潜力，特别在那些布满现状建筑，适合再利用或需要重新安置的地段，应该做重点考虑。建筑单元规划包括其布局、高度、体量和建筑剖面。与可能的开发商讨论，提早探求潜在的和现存市场需求相关的可行性概念。

任务5：初步的邻里设计方案

明确推荐的初步邻里方案。该方案是由设计团队成员、委托方、社区共同商量通过的，符合法定程序。方案包括如下详细的内容：

· 开发模式与空间结构：包括入口、道路格局、建筑肌理、建筑物的后退、开敞地带；
· 公共服务等基础设施；
· 视情形而定的住宅单位的数量、人口密度、建筑密度、容积率等开发潜力；
· 开发地块的格局与开发程序。

下一步的详细方案还包括有：
· 建筑与街区的布局；
· 服务设施与基础设施的布局；
· 景观与休闲设施的布局；
· 适应性再利用的布局（保留、移动、置换）；
· 详细地块的划分与开发步骤；
· 公共休闲的布局（娱乐、绿道、入口、地标特征等）。

任务6：社区优化

提升社区的"公众利益"，是超出一般开发意义界限的战略。开发应该增强和优化社区环境的特性。设计导则、社区娱乐和对自然的保护策略是创建优良社区的三大要素，这三大要素如同市场战略一样，对开发商与其他社会团体同等重要。

· 需求评估：评估社区的需求以及开发潜力。
· 公众利益内容：概述开发将给社区带来什么贡献。这些贡献可以是公共设施，例如幼儿日托所、社区娱乐中心、街道改进、公园发展、艺术表演中心以及为公益机构提供的可租赁空间。

任务7：方案公示

对社区的初步方案进行合法的公示，让公众进行方案的评估。

D 部分 邻里地段的方案：城市设计文件编制

D 部分的目的是展示邻里方案的详细信息，该信息既能被授权机构理解或评估，也关系到受影响的周边社区居民等的相关利益。邻里规划方案，用幻灯片、公告墙、小册子进行展示。方案包含了总体方案和其他的辅助方案，如 C 部分所列出的一样，辅助方案为评论提供更加必要的详细说明，文字和插图是每一组方案的要素。

任务 1：规划许可文件
完整的区划批准文件，这个文件包含了城市、城镇和乡村必须服从的规划方案与支撑性文字。

任务 2：公示墙
做出一个大篇幅的公示并裱在泡沫板上，除了主要方案图纸之外，应包括方案介绍和相应的结论。

任务 3：PPT 演示
为各方面的参与观众进行 PPT 演示，整体上解释规划的方法、方案及实施内容。

任务 4：公示及文件的复审
与委托人和咨询团队一起认真复查相关文件和公示内容，使文件及公示内容紧密保持一致性。

E 部分 沟通与营销

沟通是渗透在全过程并且是特别重要的要素，因为邻里方案将呈现在授权当局和其他受影响的团体面前。方案从一开始就要考虑市场战略，首先就集中在营销和沟通上。反应发展意图和为审批创造支持的，诸如图像、主题、命名以及与沟通相联系的营销、会议通告、信息发布、展示中心等要素就十分重要。

任务 1：启动营销和沟通战略
- 建立一个潜在客户的数据库，利用媒体与他们分享邻里规划方案；
- 为不同的观望者，包括周边的社区居民、公职人员、市政委员会、潜在的购房者，展示方案。
- 利用系列的关键信息和展示材料，不断地完善邻里方案的图像、命名和开发主题；
- 创建网站并通过主页引起注意，方便上网者浏览；
- 使用社交媒体，如"脸书（Facebook）"和"推特（Twitter）"，吸引不同的观众；

- 利用关键的信息，加强与媒体的联系；
- 通过回顾项目的问询记录、媒体报道、潜在购房者的资料，监控和评估营销的进展情况。

任务 2：审批机构会议

- 确保项目团队与审批机构会面，并当面提出对需求、程序等多方面要求的申请；
- 确立项目会议的计划及审批机构预先审批的计划，对审批时间和内容进行预期管理；
- 对于每次会议中已经确定的规划内容，应该响应和履行。

任务 3：其他团体

- 通过网络与媒体,确保邻近邻里同步了解项目规划进程,同时要保持与重要成员(居民协会、学校机构等）的电话联系；
- 与当地的社区服务机构（俱乐部、自然保护机构等）保持沟通；
- 邀请其他的文化团队和原居民（或者土著居民文化机构）进入规划流程，并满足一些特别的需要，例如语言、习俗及饮食习惯等；
- 邀请任何对方案感兴趣特别利益团体（需要提供公共住房的团队、年轻人、环境管理部门等）。

任务 4：公众会议和工作坊

- 安排公众会议的地点、议程、出席者、意图和预期结果；
- 确保场地和设施适应出席者的人数和活动特点，创造一个舒适、温馨的氛围；
- 拟定活动的顺序、规模和程序，使与会者适应多重的观众，如有需要应该考虑到不同的语言习惯；
- 至少提前两周时间邀请参会者,附有议程的邀请函,可以让他们知道做些什么准备；
- 与项目团队评估会议议程，界定好角色和责任，包括组织、接待、登记监控、专业技术人员、清扫会场团队等；
- 提供适当的灯光照明或餐食，保持与会者的体力，让他们感觉到受到重视；
- 利用一些简单的调查方法得到反馈信息，或利用附有特别意向或工作坊内容的问卷，获取相关信息；
- 在相关建议基础上，评估反馈的信息，并改进下一次的公众会议或工作坊。

可持续规划流程和实施要点

以下列出了一个将可持续社区发展纳入城市设计的通用方法，开始将需要的自然因素和持续管理因素融入可持续发展社区的城市设计。

过程中的动态反馈

- 自然主题。识别场地特性和地表地貌特征。
- 关注社区。与社区合作，体现社区价值观和社会环境。
- 特定的场地规划。根据下列顺序进行场地规划：自然 / 文化、住区、工作区、步行系统和车行道。
- 环保施工和当地技术。使用树和景观 / 土壤侵蚀性低的施工技术，运用当地经验以及相应材料，减少浪费。

物质生产：持久和融入

- 适当的重复利用和集约利用。首先关注创新城市基础设施重复利用，如建筑物、停车场、道路，以及将不必要的道路改造为新住宅、商业建筑、清洁工业、绿道、自行车道和排水沟。
- 联系地区和区域生态环境。考虑场地、生物区域、当地自然植被、水系、地貌特征和景观的联系。
- 多样化的空间组合模式和位置。鼓励多样化精密的建筑形式、尺度和使用期，以及混合主动和被动娱乐活动的开放空间。
- 街道使用效率。最小化街道表面，并创建一个功能和位置合理的交通系统。
- 行人和自行车专用道路网络。安全、方便和可达是创建地区流动性的基本条件。
- 公交优先和服务连接。保证 0.25 ~ 0.5 英里(400 ~ 800 米)的住区间交通联系。提供包括自行车存储、高效服务设施和支持性服务设施等必要的交通连接设施。
- 密度设计。多样化组合形式和使用期，平衡工作和购物，以及维护社区自然绿地系统等质量设计的实施，可以帮助提高规划便利性和集约性。
- 景观设计。合理配置并利用节水植物，80% 种植区域和 20% 草坪，尽量使用维护量少的当地植物和常青植物。如果可能的话进行废水循环利用，并保留自然景观。
- 绿色基础设施。鼓励绿色屋顶，自然水系替代管道，池塘替代水库，并且赋予开放空间和休闲空间多用途和多功能。
- 城市水系。开放，公开，扩大、修复并活化自然河道。
- 能源效率。通过使用当地材料、建筑朝向、能源热电联产、固定设备等实现。
- 当地种植的食物。在适当情况下，创建社区花园、牧场和市场花园，同时将农业融入开放空间系统。
- 建筑材料。考虑材料生命周期、维护成本、耐用性、毒性和原生特性。

过程管理的责任和演化

· 组织。创建一个管理资金、维护社区和保证街道可持续自然进化的组织。

· 环保职责。使废物容易回收，采用节水景观。

· 规划实施。确保遵循环保标准和指南，应对变化并且及时修正。

· 活动。在社区建设过程中，培育活力、归属感、责任以及互动教育。

社区和街区在本篇文章中交替使用。社区可以被定义为包含大型商业区、工业区和公服区的一组街区，而街区通常强调一个居住区，是相对较小的单位。下一个部分将探索如何通过聆听住区居民和企业的过程，获得街区或社区的支持。

与利益相关者的互动过程

"你好，迈克尔。我只想让你知道，你所有的努力工作得到了回报，我们不仅得到了完整的项目审批，而且我们也得到了委员的一致认可。"这份反馈标志着一个项目以社区为基础的过程设计的成功，这个项目在 2011 年 2 月新斯科舍省哈利法克斯自治地区，最后获得涉及超过 13 个社区团体社区的全力支持。这份结果并不容易，其公众参与流程持续了一年多（与其他类似规模的项目相比时间较短）——哈利法克斯最大的城市再开发项目之一。这个项目在第十二章将进一步分析。

并不是所有项目以获得当地政客的充分认可和社区的广泛支持的这种方式完成。城市设计中公众参与过程变得更具挑战性。对于多个利益相关者甚至赞助者，一般公众只是对项目感兴趣的一小部分人。公共利益的规模和强度通常取决于项目的位置、大小和规模。简单地说，更大意味着更复杂。然而，并非总是如此。根据我的经验，相对较小的细分项目在某些情况下可以吸引所有的住区居民。因此，小项目也同样复杂，也要花同样或者更多的时间。

城市设计过程中咨询和交互最好通过一个有组织、有建设性的方式。我以前的作品在这方面进行过深入探索。[1] 当前受欢迎的一种方法是"设计专家研讨会议"，一系列密集的、实践的研讨会，涉及多种专业人员和利益相关者定义设计选项和策略。我自 2002 年以来探索有效的设计专家研讨会议技术和流程项目，涉及各种尺度的市区城市设计、大型项目计划（最大规模至 14000 公顷）。如果使用得当，设计专家研讨会议可以是一个在与利益相关方密切合作中有效的工具。专家研讨会议也基于希望获得本地开发支持而在很短一段时间产生的想法。记住，设计专家研讨会议只是一个全面公众参与过程的工具，使真正的"公众"（许多不同的非正式和正式的组织）进行参与。这些组织需要信息来了解项目的范围和应用，并随时告知他们，有助于他们在项目中贡献其价值。

十个最佳的公众参与实践

以下采用与西尔维亚·霍兰共同编著的公共流程手册（2007），十项最佳公众参与实践列表和一系列需要定制计划应考虑的问题。[2]

1. 过程规划兼顾综合性和特殊性

- 在不同阶段使用不同种方式（如：在特定开放空间的规划阶段运用识别问题，而不是直接做出最后决定）；
- 针对不同问题选择合适过程（如：利用设计专家研讨会形成突破性想法）；
- 仔细挑选各个阶段动员会的场地（如：在第一提议被委员会拒绝后，选择委员会会议室作为发展工作组场地是错误的）。

2. 包容性的参与过程

- 不仅仅是邀请业内人士，并且通过涵盖老人和年轻人 / 已有社区领导和新移民等强化参与。
- 做多元文化推广（如：温哥华的城市规划材料被翻译成五种语言）。

3. 过程中及时应对公共景观变化

- 随着过程的深入，使它时时对了解情况的公众的反馈做出调整。

4. 在过程中获得决策者的赞成

- 在初始客户咨询时明确规划公共参与的基本原理和好处，从而保证过程中的资源获取。
- 获得决策者的同意，使用之前项目审批的相关研究资料和建议。

5. 过程中关注告知意识

- 虽然一致同意是一个理想状况，它很少是一个现实的目标。保持专注于如何决定，而不是纠结一个特定的结果。即使一些参与者仍然不同意某些选项，但他们知道这个选项为什么最终被通过。
- 在反馈机制外，规划中应构建学习步骤、计划。

6. 在决策过程中遵循原则导向

- 共同制定作为设计前导的规划指导原则。

- 基于客观标准和事实信息达成协议。
- 对特定的社区需求定义特定的社会福利（见第七章对于位于卑诗省尤克卢利特的惠好土地开发项目的案例分析）。

7. 接受公众意见并保证反馈

- 记录并归档所有公众的想法，即使这并不是最终设计的一部分。
- 在验证流程和规划方向完成后，尽快向利益相关者和有关团体报告调研结果。

8. 在过程中培养能力建设

- 帮助参与者加深他们对社区的理解，从而提高他们的规划能力。
- 通过设计活动和工作小组培育新的联系和新的伙伴关系。
- 指导参与者如何促进并帮助他们提高团队合作技巧。

9. 在开始时就参与规则达成一致

- 在进行实际设计前，利益相关者建立"如何规划"的相关协议（包括规划过程本质的使用方法，合作基本规则等）。
- 制定一系列具体规划阶段目标，并规定各项时间节点。
- 明确提出什么环节将会完成／什么环节有可能不会完成。

10. 项目流程整合相关社会因素

- 通过将娱乐／食物和奖项融入"正常"编制过程，使它成为一个杰出的规划。
- 通过规划整合当地习俗并考虑托儿服务等扩大公众参与（图5.2、图5.3）。
- 鼓励社区成员命名该项计划。

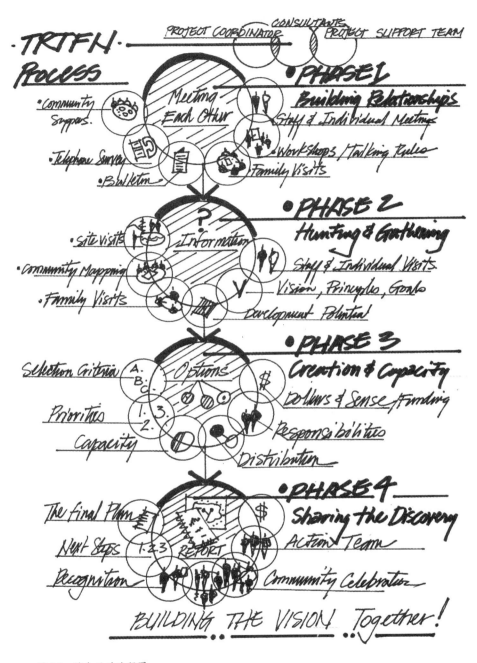

TRTFN Process

PROJECT COORDINATOR   CONSULTANTS   PROJECT SUPPORT TEAM

Meeting Each Other

- Community Suppers.
- Telephone Survey
- Bulletin

PHASE 1
Building Relationships
Staff & Individual Meetings
Workshops / Talking Rules
Family Visits

? Information

- Site Visits
- Community Mapping
- Family Visits

PHASE 2
Hunting & Gathering
Staff & Individual Visits
Vision, Principles, Goals
Development Potential

Options
A. B. C.
1. 3. 2.

Selection Criteria
Priorities
Capacity

PHASE 3
Creation & Capacity
Dollars & Sense / Funding
Responsibilities
Distribution

The Final Plan
Next Steps 1.2.3. REPORT
Recognition

PHASE 4
Sharing the Discovery
Action Team
Community Celebration

BUILDING THE VISION Together!

图 5.2 综合互动流程图

在与卑诗省阿特林农村社区的原住民的互动过程中，使用原住民熟悉的语言和多样化的方式，包括电话调查、社区晚餐、组织研讨会、家庭访问、社区地图、"民主"练习（每个人都在列表中把问题、挑战和行动项目点出，确定优先级）、篝火讨论、讨论规则的教学、前辈讲故事等。

图 5.3　决策互动树形流程图
这个城市公共参与过程包括一系列的互动社区工作小组、设计专家研讨会议和开放参观等形式，将多个选择减少至一个受整个社区支持的选项。

十个关键问题帮助你制定公众参与计划

1. 问题、挑战或机遇各是什么？

2. 利益相关者都有谁？

3. 利益相关者如何参与，他们在项目中潜在的角色和职责是什么？

4. 做出明智的决策需要哪些信息（与提供意见）？

5. 这个过程作为"摊在桌面上"的一部分是什么（如：改善人行道还是建设新的城市中心）？考虑多种团体持有的不同意图和设想，并确保项目的适用范围清晰。

6. 谁是最终的决策者？他们在流程和批准紧急建议时必须知道什么信息（如委员会要求）？

7. 委员会需要哪些资源去正确地完成工作（资金、人力、物力）？

8. 各利益相关者咨询之前和之后应有什么过程？

9. 什么客观标准可以用来确保即使在特定情况下最终决策依旧是公平的？

10. 你的参与后流程将如何进行？（谁将是接下来的团队成员？哪些工作涉及项目实现和后续管理？）

任何真正的公众参与的目的都尽最大努力邀请公众参与到流程中。城市设计中公众参与可以更为复杂，为政治驱动。因此有一个公众参与城市设计的专家团队和一套管理程序是极重要的。否则公众参与过程往往成为幻灯片放映会，产生的公共决策和共识规划是无效的。

本章研究了各种任务，包括场地分析并讨论了哪些过程的方法可以使城市设计更可持续、更有效。文章也涉及复杂且关键的公众参与领域，提供最佳实践和指导问题。下一章解决设计方案的基本原理。那些伟大的城市设计背后的创意火花从何而来？我们可以遵循什么步骤以确保最终的规划有效、敏感？最重要的是，能否持续？

第六章　规划编制理念

为城市发展考虑，设计师心中必须对于潜在影响城市建设的相关流程以及设计结构有一个清晰的概念。

——埃德蒙·N·培根，《城市设计》

1980 年代末，我还记得当走进在渥太华的加拿大国家美术馆时，画廊还在施工，我的设计组成员都着迷于建筑的结构和细节，而我此时关注的是空间和地点，即文脉和画廊如何融入渥太华的城市肌理和附近的加拿大战争博物馆和梅杰斯山公园中。当我沿着斜坡走到画廊充满自然光线的中庭处，我注意到一个男人坐在中心挑高空间的椅子上，正专注地看着周围刺眼的光。再仔细一看，让我感到惊讶的是，这个人是我认识的建筑师摩西·萨夫迪——国家美术馆的建筑设计师。

当我进入哈佛大学城市设计专业学习的时候，摩西·萨夫迪正是这个项目的导师，所以我很轻易地将他认出来。当同去成员走出画廊的一条通道时，他们似乎对其他事物更感兴趣，没有人注意到他。而我决定走过去并充满敬意地做了自我介绍，希望能从这位设计过高品质空间的建筑师那里，得到对空间最直接的反应。在愉悦的介绍之后，萨夫迪充满疑惑地抬起头对中庭空间设计评论，"你知道，"他说，"我曾经还怀疑它是否可行？直到现在。"

他的话正好为我总结设计的巧妙、相关的实验以及发展演化。同时，这个讨论让我直接意识到设计魔力，告诉我哪怕是最伟大的设计师，都不能在建造之前完全知晓所有答案。作为一个设计者，我们就是要不断超越自我，这个信念也不断带来新的可能。

处理复杂信息：“制作”过程

一个好的设计者的标志并不像是拥有一种非常的能力的科学家，而是能够在缺乏必要信息的情况下做出决断的能力，因为有时候很难获得所有信息。

——道格拉斯·凯博，《公共场所：面向邻里和地域的设计》

城市设计中的“设计”是一件显得难以捉摸的东西，超出了许多规划者和设计师的预计。少数人认为它是某种“神奇的时刻”，就如一个伟大的建筑师在清晨的启示。“愿景”以及图像画就在一个酒店的餐巾纸上，此刻正是方案的转折点，一个好的创意可以来自基地的一些小物件或标志物。当然一个城市设计项目也可用这种方式，但是会具有内在的风险，包括缺少重要的文化、物理和经济形式的参与等，这些对设计的持续成功至关重要。

马尔科姆·格拉德韦尔在他的书《临界点与瞬间》[1]中指出，微小的事物也可以制造巨大的重要性，以及“不假思索的思索”的力量。换句话说，有道理相信，当我们有足够的信息做出决定，并信任我们所训练的直觉，用最有价值的方式以应对挑战，这里的重要区别是训练反应。这灵感可能来自于丰富的经验和所训练的设计理念（称之为智慧）。果然，我已经在许多高强度的团队中见识到所谓的“大创意”，激发了整个城市设计项目的设计思路。这个大创意受某设计团队成员对场地的分析和观察所启发。在工作坊时聆听社区成员介绍，同样也能加强或提升对场地构想，并在其他成员的帮助下，更能激发整个设计思路的一系列想法。这是合成过程中的一部分，观测和社区数据的输入，创建了一套城市设计的组件，建立了一个基础的计划，由如图 6.1 A3 所示。

A. *Four Different Points of View*

1. *The Building Block Approach*
(step by step)

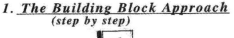
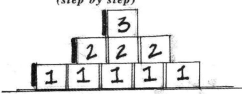

2. *The Puzzle Approach*
(fit)

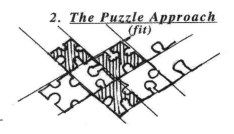

3. *The Round and Round Approach*
(feedback)

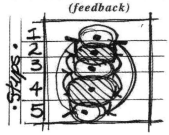

4. *The "Aha!, I Got It"* Approach
(inspiration)

B. *Side by Side Activities in the Process*

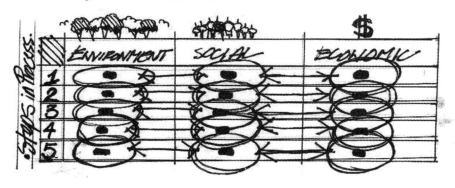

图 6.1 过程思考和解决问题的方法

图 A1 说明了逻辑思维和线性序列，每个组件的过程是分离和互相建立的。A2 展示的是拼图的方法，不一定遵循逻辑顺序的决策或一个线性序列。A3 说明了合成 / 过程的方法，以一个恒定的反馈回路，检查对早期工作的决定。A4 描绘了鼓舞人心想法的方法，发现这个想法不全面的过程（基于智慧）。最后，B 描述结合合理的线性思考 A1 和 A3 描述的每个社会、生态（环境）、经济（SEE）循环的流程，以及横向交叉连接。

这个城市设计方案过程好比准备一顿饭。首先，成分是约定的（库存和分析部分），没有正确的成分，这顿饭就没有成功的基本要素，它不符合客人的情绪和口味。必须注意平衡短期的愿望（政治动机）和长期的愿望（社区的需求）的选择，这可能意味着保留重要的遗产建筑，取代其他对社区重要性并不相同的建筑。

第二步是混合原料和开始做菜（合成工艺）。正如我们所知：人多误事。设计团队（合格的专业人员）设计方案，因为他们具备技能、知识和能力。在食物的制作过程中需要抽样，这需要更广泛的社区认知（输入）。味道测试（或临时设计审查）使社区有机会修改成分（流动性、建筑形式和使用、一定程度上的发展等等），厨师（设计团队）调整成分、数量和香料，这顿饭准备完成，晚餐可以开始（公众展示）。这个交互式和协作过程，通常结果是使晚餐的客人高兴，然后社区（晚餐的客人）建设性地回应，提供进一步改进菜单、配料和制备方法，完全支持总体的方向。细节是重点，而不是计划背后的概念框架或分析。

形态设计者和"规划体系"

现在让我们看看输出（即设计产品）的合成过程，专注于以特定的组件构成"家庭计划"的全面城市设计方案。通过基地分析（见第五章），设计团队收集广泛的数据（及数据的解释），这些信息形成一个综合的城市设计基础，这些信息构成了主要元素或"造形者"。这些造形者可以包括自然和文化特性、传统建筑、地标、土地使用、交通模式、太阳方位和其他方面。一起共同分析时，造形者开始形成在物质、社会和经济条件下的规划。

设计过程将这些重要的元素转换为许多不同的规划，每一个都有重点，共同形成了"规划体系"，构成了城市设计方案。这些规划可能包括以下内容，但不限于此。（每个项目需要不同的规划，取决于它的位置、大小和复杂性。）

- 开发容量规划。列举现有元素应该保存什么，可以更换什么，以及在基地承载能力方面的开发程度或强度（平衡社会、经济和生态因子）；
- 开发领域的规划。应该在哪发展，相关土地使用，应该允许发展多少？都体现在这个规划上；
- 建筑形式的规划。探索基底建筑形式、体量和特性；
- 出行规划。公共交通、行人、自行车、货物和小汽车五个层面的流动性分析；
- 实施规划。发展顺序、时机、组织、资金和分配责任；
- 可持续规划。社会、生态和经济以及政府因素，都被总结在规划中，应该作为实施的一部分，形成可持续的指导手册；

· 社区规划修正：政府指定新的土地使用、政策、目标或密度；

· 区划细则修正：综合开发区域；

· 设计导则修正：与开发协议相关联的特别设计状况的一般导则，或直接面向未来建设者权利的约定事项。

本章说明了城市设计的过程，从详细目录到最终产品。第五章中概述的 SEE 技术，以迭代的方式被运用于结合了社会、生态和经济信息的整个过程中，城市设计策略才能富含物质和文化形式和持久的经济基础。整个动态的城市设计过程，在本质上是迭代的，其间来回检查、分析和合成而获得最佳的解决方案。发现的分析信息包括目标、原则和指标，以及技术数据，支持和合成了最终、最佳的城市设计方案。

五步综合城市设计过程

五步的城市设计过程，从定义场所开始，通过过程分析和合成进展，得出一个城市设计方案，解决了建筑、生活和遗产的需求。逻辑线性过程，是一种对建造形式到分析市场信息的复杂检测手段（图 6.1 A1）。合成过程（图 6.2）是一种选择，每一步都是回应前一步，以确保没有失去原始的设计意图。当然，结果是一步一步变化的，都会根据特定的需求和项目的范围而有所不同。

步骤 1　清晰的愿景和目标作为基础

1995 年，加拿大按揭房产公司展开一项对全国 12 个社区进行的研究，透露一个主要共同的成功因素——最成功的社区有一个清晰的愿景和目标来指导他们。这里是一个未来愿景的例子：这个项目将是一个独特的多元化的、促进周边繁荣的社区，有利于健康成长的地区，建立在保留基地内丰富的文化遗产。这将是一个负责任的发展模式，旨在尊重自然环境，联系邻里，提供住房的可选择，以及一些当地的就业机会，在尽可能的情况下重用现有的建筑和自然元素。

城市设计师必须小心定制特定的愿景。太常见的愿景通常太普遍，也太一般，他们可能适用于许多社区而不是本项目。

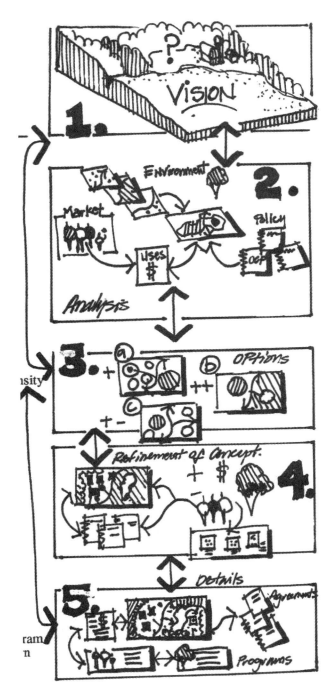

图 6.2 场地设计的五个步骤

这些步骤提供了连续的概括：从详细目录与分析，到特定场地的概念与设计。

这里有 12 个场地设计目标案例，涉及各个方面（如：住房、道路）。设计目标与愿景类似，作为城市设计过程的最终结果，还应具体到场地整体的适应性和可持续性。

- 独有的特征：形式反映场所的感觉来自于景观、建筑、文化以及当地鲜明的特征、独特的边界、视觉连续性、良好的公共空间。
- 连接性：设计鼓励人们步行于各种区域，步行 5 分钟范围内是可接受的。
- 安全：设计提供了各种接近街道而没有围墙的住房、隔离的车库及大型公共建筑；混合使用的功能让人们感觉"有人在注意着街道"，就像传统的城镇空间一样。
- 本地服务和就业：居民在每天 5 分钟的步行距离之内获得他们所需要的，场地提供了各种土地利用类型，从服务提供者到大企业雇主与特定的居民。
- 多样化的住房：场地包括了不同类型和任期的住房，各种设置和密度，以适应与居民生活周期需求的变化。
- 适合的道路尺度：在住宅区行人优先，不同道路类型适应街道具体规范需求。
- 综合停车：长期性停车场是在建筑的背面看不见的地方，在可能的情况下分解成小簇（停车庭院），以提供行人丰富的景观和自然视觉连接。
- 混合使用：场地提供了一组用途相似的功能，将上文提及的强度、邻近、多样性、活动等并整合一体。
- 公共文化设施：设计特色的市政性公共建筑，包括文化和休闲空间、消防和警察设施、学校与市民广场、绿地以及会议等场所。
- 全面开放空间的系统：场地的多用途系统，包括步行路径、自行车道、操场和自然区域。
- 生态基础设施：以下是整合到场地的，包括：回收、水道、排水、森林和树木保留 / 种植修复、野生动物、食物生产、节能和农业。
- 可持续的生活方式：场地特性的交通定位，先进的建筑材料和节能。它还包含食品采购和增长、固体和液体废物管理、水的利用和回收、在资源 / 住房分配方面的公平 / 公正。

步骤 2 　场地分析

这一步通过场地分析收集场所的思想和数据。分析汇集了冲突及和谐元素，确定开发或再开发的能力，这个阶段是很重要的，不要错过任何一个可能削弱未来发展关键方面的概念。发展约束可能包括土壤污染、野生动物栖息地、近期或即将重新规划、公众情绪或特定的土地利用市场饱和段。

重要的一步是迅速"扫描"场地的关键因素，关注生态（环境）、经济和社会因素等限制场地的潜力，随着时间和预算许可，这个过程可能包括：

· 如果可能的话，在日、夜的不同的时间观察场地；
· 检查场地的历史演变及其文脉；
· 回顾当地政策和现在 / 过去的开发程序；
· 从不同的角度绘制地段速写；
· 通过照片分类场地特征。

分析过程的总结

A 环境扫描：自然的容量

i 所有的自然空气、大地、水、植物和野生动物元素等发展关键；

ii 涵盖约束和机会的场地潜在土地使用能力。

B 生态扫描：市场力量和本地规划的需要

一般地区和地方人口趋势和偏好的分析、历史和商业展望、土地利用模式、土地交易价格和租金 / 空置趋势（供应 / 需求分析）。

C 社会扫描：政策地位和社会缺陷

i 区域规划、市政计划、地方规划、区划状态；

ii 其他联邦和省级政策；

iii 社区服务和设施（消防、警察、学校、图书馆、开放空间 / 娱乐、日托、艺术及文化设施）。

D 重要总结：关键因素限制了发展

i 总结挑战和机遇；

ii 合作和创新解决方案的机会；

iii 高、中、低的发展潜力。

步骤 3 场地概念规划

场地概念规划的信息集中在步骤 2 并转变成开发或是城市设计的策略。这些插图或"泡泡图"（图 6.3）可用来说明设计思想与土地利用关系的初步探索。在下一步详细设计之前，概念规划给人们提供机会，对项目的假设和可能性提出意见和建议。有位同事提醒我："人们喜欢选择,那就给他们选择"。城市设计过程的根基是方案比对和权衡。我们需要权衡每个设计概念并根据设计目标和原则（步骤 1）对其进行测定。

基地概念规划的形成过程

A 落实土地使用：用泡泡图来画土地利用规划
ⅰ 用地的位置、可达性和周边环境；
ⅱ 开发密度和相互关系；
ⅲ 土地使用汇总与各用地占比 / 密度。

B 经济技术分析：土地使用和最低投资回报率
ⅰ 最高回报和最合适回报的土地用途；
ⅱ 投资回报目标和基础设施规划 / 分期；
ⅲ 融资和租赁 / 所有权结构。

C 设想：不同的设计响应
ⅰ 增强场所性的理念和设计原则；
ⅱ 用以体现设计原则的照片或影像；
ⅲ 自然和人为因素的组合。

D 流动性：交通、能源、水和废物
ⅰ 人、物资和废物的运输；
ⅱ 场地处理的概念和最低影响分析。

E 公共服务：平常的设施
ⅰ 公共中心和其他半公用的设施；
ⅱ 满足地方和区域需求的服务。

F 最低标准：设计标准和活动过程
ⅰ 特色化的理念（照片或图式）；
ⅱ 基础设施标准（道路、地块大小和其他规定）；
ⅲ 项目审查及批准程式（社区、买家、城市政府和其他机构）。

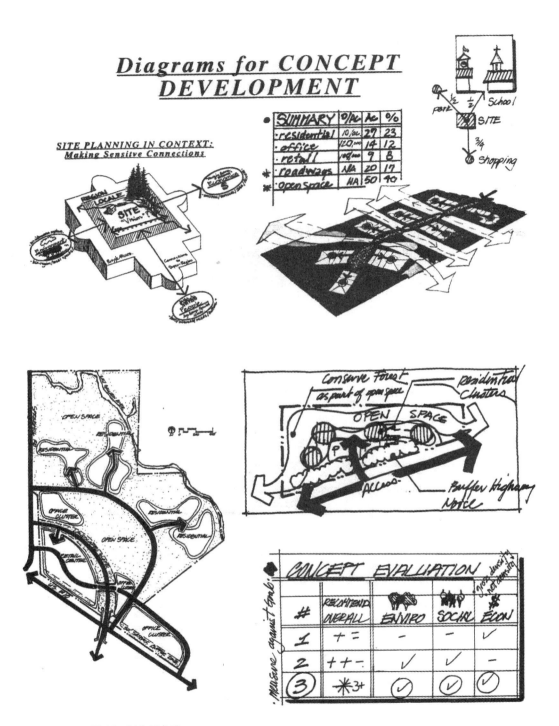

图 6.3 概念形成图

场地"泡泡图"用于简单说明土地利用位置和交通（流动性）情况，这样让公众，特别是阅读专业图纸有困难的公众，容易进行比较。

步骤 4　总体城市设计

总体规划从概念阶段的"泡泡图"开始，之后通过增加建筑和景观的细节逐步活化起来。以下方法帮助规划的"愿景"呈现出详尽的景象：

· 以标注尺寸和说明来反映建筑的基本形式；
· 公共利益通过绿道、街道、步行道和树木得到反映；
· 通过标注公交车站、公交线路、其他交通方式和交通要素等来反映交通系统；
· 生态绿色设施有详细的设计。自然系统的保护、强化和恢复放到了设计的核心位置，即使是市中心的设计也该如此；
· 社区设施及分期建设的明确。总体规划应该确定设施的实际建造时间和选址、财政（公共以及私人的）收益以及社会活动项目。

就像步骤 2 和 3 一样，这里也有一个汇总表，显示总体规划要考虑的各种元素，汇总表后还附有一个可持续总体规划的要素检查清单。

总体规划的过程

A 检视：形式、密度、土地利用及其内在关系

ⅰ　土地利用及周边关系；
ⅱ　建筑基底；
ⅲ　景观和建筑特色及风格。

B 城市设计深化

ⅰ　标注并说明建筑的基本形式；
ⅱ　通过绿道、街道、步行道和景观等来体现公共利益；
ⅲ　通过公交车站、公交线路、人行道、自行车道、街道分级来体现交通系统；
ⅳ　展现自然系统保护和完善的生态基础设施；
ⅴ　社区设施和分期建设，包括社会和文化设施及其他相关的公共设施和改进计划。

C 真正的冲击：分期建设、项目投资和组织

ⅰ　分期和总的投资回报分析；
ⅱ　投资结构（服务、公共设施和私人物业）；
ⅲ　所有权和租赁，以及其他潜在的物业权；
ⅳ　合作关系（娱乐、社区设施、和其他服务设施）；
ⅴ　公众和环境的净收益分析。

D 政策变化：方向性的选择

ⅰ 考虑现有政策文件的修改；

ⅱ 讨论其他方面的影响和利益。

E 对目标、原则和愿景的衡量

ⅰ 首先，对照项目目标来衡量设计；

ⅱ 其次，对照项目原则来审查设计；

ⅲ 最后，对照项目愿景来评估设计。

可持续总体规划要素检查清单

总体规划检查清单是以一种建立归属感和认同感的方式去看待城市设计和可持续城市发展的方式。可以把它看成是可持续城市设计的另一种工具。

1. 以自然为主题，反映场所、能源节约、资源管理，建设适合社区环境的负责人的居住和工作场所。

2. 通过综合的交通和路径网络联系周边社区。

3. 制定详细的反映和提升周边环境的建筑设计导则。

4. 制定包括街道、植被、标识系统等在内的详细的景观设计导则。

5. 利用低矮的栅栏、街道家具和灌木种植，而不是墙等设计手法，界定公共和私人空间。

6. 通过建筑形式和景观设计，在特殊的土地利用方式之间，比如低层联排与单栋别墅用地之间，建立积极和协调的转换关系。

7. 借助于建设被动和主动的户外休闲体系，增强土地的自然"福利"特性。

8. 保存场地最好的自然特色，包括风景区、典型林区、自然水道和环境敏感区域，提供秩序感，保证区域性的联通。

9. 通过入口的特殊设计，反映社区的特色、主要及次要功能。

10. 不同发展区块和发展阶段应尽可能实现自我满足，体现自己的特色。

11. 为未来新的发展诉求留有空间。

12. 规整土地，尽量减少地块之间的项目干扰并降低挖掘多余土料等的成本。

13. 根据设计导则，设计街景和街道家具，包括：照明、邮箱、工具箱、长凳、标志、围墙和栅栏等。

14. 充分利用场地或周边已有的设施，如文物古迹、学校操场、绿地系统等。

15. 实施集约和高密度发展来保护自然环境特色，做好场地规划设计。

16. 通过改变道路、地块形状和房屋选型或是通过强调景观特色等来反映建筑集群的特征。

17. 通过街道宽度及相关特征的设计使人能够直观感知社区中主要道路和居住区道路的区别。

18. 保证总体规划有一系列突出的设计特色，并在一些地方有某些非常独特性的设计。

19. 规划设计中要考虑社会和文化方面的内容，比如考虑房屋的多样性、公平性、产权性，以及租赁的可选择性，考虑各类人群能够参与到规划的过程中。

20. 通过考虑创造就近的工作机会、住房的可负担性等，在总体规划策略方面提供繁荣经济等方面的内容。

21. 新能源、废物管理、太阳能、节约用水、当地建材以及其他资源节约的战略应考虑作为总体规划的组成部分。

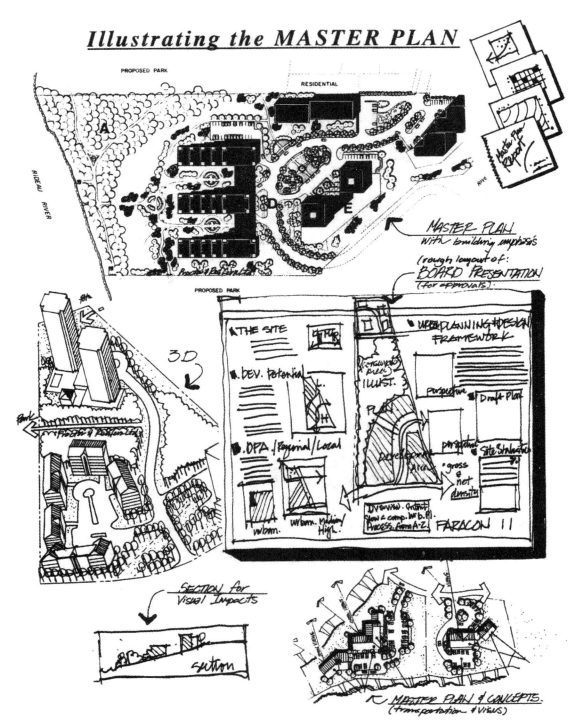

图 6.4 总体规划的范例性表达
该图显示了总体规划图式表达的不同侧面和要素，也反映了下一步规划的意图。

1. DETAILED DESIGN

• Overlays: relationships

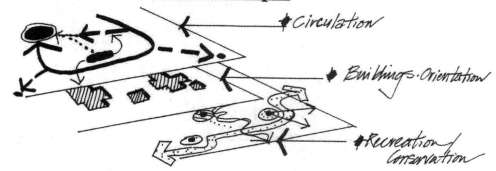

• Templates: repetitive elements

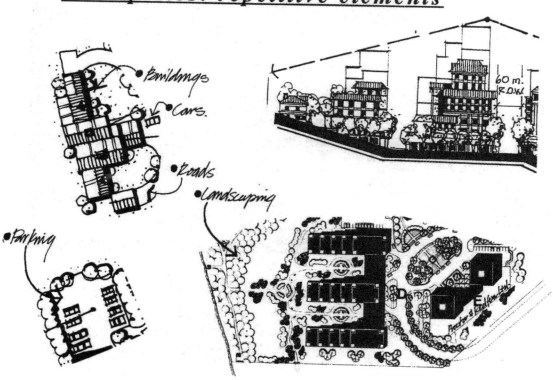

图 6.5　总体规划的要素和模板

这些要素提供了有关总体规划在各个方面的更多细节。模板可以应用到总体规划
（比如停车）的各个方面。

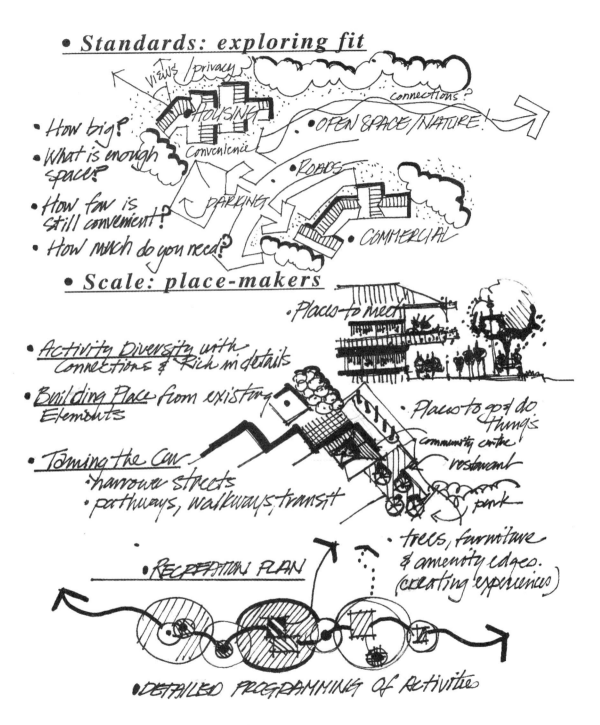

· Standards: exploring fit

Views / privacy

connections?

HOUSING

· How big?

· What is enough space?

· How far is still convenient?

· How much do you need?

Convenience

OPEN SPACE / NATURE!

ROADS

PARKING

COMMERCIAL

· Scale: place-makers

· Places to meet

· Activity Diversity with Connections & Rich in details

· Building Place from existing Elements

· Taming the Car
  · narrower streets
  · pathways, walkways, transit

· Places to go & do Things
  community centre
  restaurant
  park

· trees, furniture & amenity edges. (creating experiences)

· RECREATION PLAN

· DETAILED PROGRAMMING OF Activities

图6.6 总体规划的编制细节
该图反映了涉及规划中与土地利用相关的各类不同的活动（例如：娱乐活动）。

步骤 5　最后的场地规划

通常情况下，场地规划不包括在城市设计方案中，因为它是在项目的开发和建设阶段使用。然而，许多调整区划的申请则需要这种级别的细节跟进，并承诺满足发展理念和总体规划的要求。场地规划在验证总体规划基础上的详细设计是非常重要的。

最终的场地规划要提供所有确切的场地设计细节以满足实施的需要。这些细节包括建筑平面、街道设计和行人 / 自行车通道、停车设施、休闲和公共设施，以及景观设计示意图，包括照明、种植、路径、广场和庭院。该场地设计是项目详细建筑设计图纸的技术基础，同时满足了区划和用地细分的规则。

本阶段进一步的细化内容还包括：公共设施规划、财务预算（现金流）和分期开发计划。

场地设计过程

A 最佳选择：土地使用汇总基础上的详细规划

i　土地使用、建筑平面及建筑物的三维特征；

ii　建筑和景观的恢复及保护策略；

iii　景观设计，包括种植、照明和材料；

iv　街道设计和停车安排；

v　公共交通、自行车和行人系统设计；

vi　休闲规划；

vii　供水、雨水、污水管道和其他设施；

viii　娱乐、开放空间和公共设施的规划；

ix　能源和废物处理规划；

x　居民和企业主实施可持续发展的手册，其中包括运行、维护和能源、废物，及自然系统的管理。

B 公司回报：投融资的回报

i　详细的财务计算，包括回归分析和现金流预测；

ii　与分期实施、合作方式 / 采购协议等衔接的融资策略；

iii　营销策略：包括售前、定价、推销和定位。

C 公共收益：好处和净收益

i　公共福利计划与开发协议；

ii　环境恢复和娱乐联动；

ⅲ 交通和其他基础设施的联动和作用。

详细的尺寸和比例

图 6.7 ~ 图 6.9 显示场地规划阶段的细节，并提出重点的规划问题。作为场地详细设计的最后阶段，场地规划是各专业详细的建设文件的集合。如前所述，在许多情况下，它不是常规的城市设计过程的一部分，在此进行表述仅是为了显示我们应该对设计结果做到心中有数。

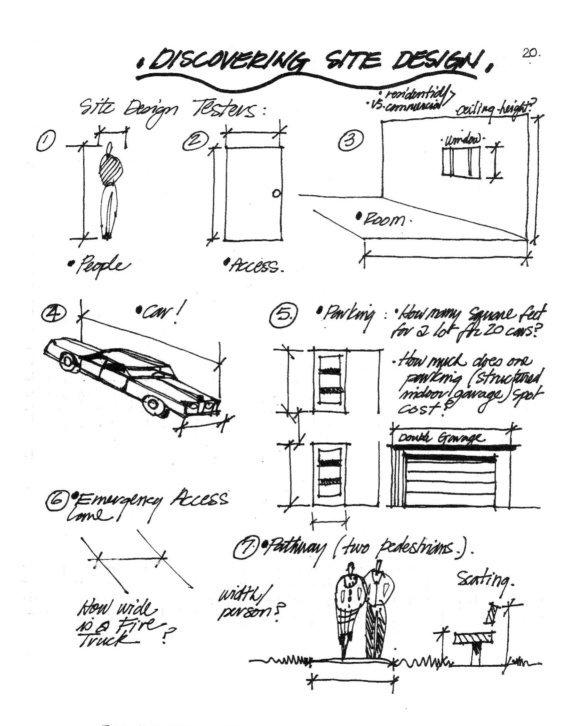

图 6.7　场地规划核心尺度的探索
设计应从人的尺度层面开始，适应"自然"以找到最佳的形式。今天我们大部分的城市设计是由紧急通道、汽车和卡车的尺寸所驱动。我们该如何改变这种状况？

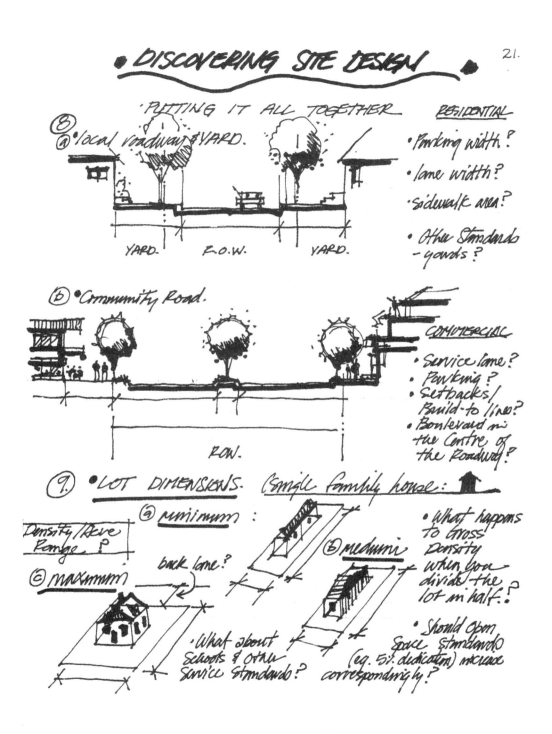

图 6.8 地块和街道设计尺度的探索
需要明确汽车或卡车的尺度是如何影响我们大多数的城市设计尺度的。

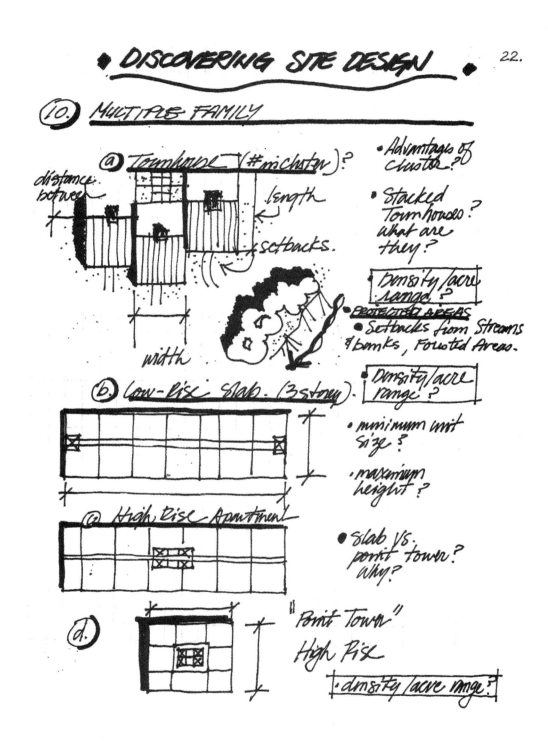

DISCOVERING SITE DESIGN 22.

(10.) MULTIPLE FAMILY

(a) Townhouse — (# in cluster)?

distance between

length

setbacks.

width

• Advantages of cluster?

• Stacked Townhouses? what are they?

Density/acre range?

• PROTECTED AREAS
• Setbacks from Streams & banks, Forested Areas.

(b) Low-Rise Slab. (3 story).

• Density/acre range?

• minimum unit size?

• maximum height?

(c) High Rise Apartment

• slab vs. point tower? why?

(d.) "Point Tower" High Rise

• density/acre range?

图 6.9　家庭住宅设计尺度的探索
住宅的基本尺度来源于建筑规范和居住的标准，但本图反映的问题也值得思考。

CASE STUDY
案例分析

概念总体规划

新艾丽塔，克拉斯诺雅茨克，俄罗斯

我很荣幸可以继续在俄罗斯工作。这是一个有着丰富的文化历史和大量的自然资源的土地。俄罗斯也是一个有着极端气候和独特当地文化的国家。克拉斯诺雅茨克位于南西伯利亚中部，是一座自然资源型工业城市，有超过 **100** 万的居民。在夏季和冬季之间，温度范围可以超过 **130** °F（**50℃**）。新艾丽塔的新建社区坐落在 **1366** 英亩（**553** 公顷）的土地，距离克拉斯诺雅茨克的西北部约 **7.5** 英里（**12** 公里）。图 **6.10** ～图 **6.19** 说明了经验证的新艾丽塔概念开发和连续的过程，以"家庭"为支持性的详细计划完成。[2]

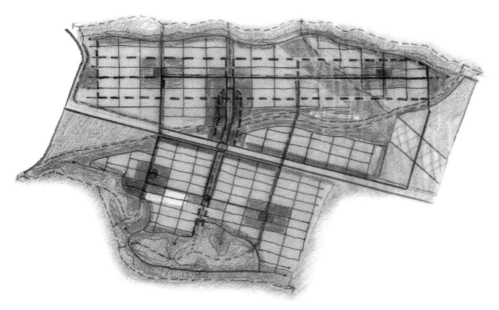

图 6.10 社区中心和城镇中心的概念 1，新艾丽塔
概念 1 显示了一个城镇中心和四个社区中心通过一个标准的街道网格连接。（由保罗·图尔绘制）

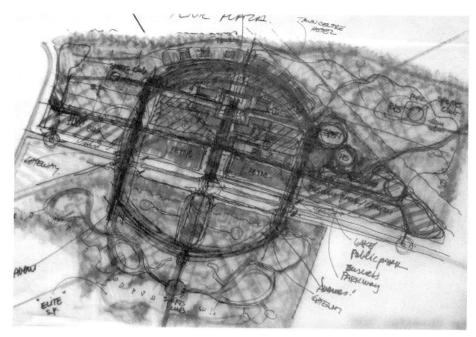

图 6.11　城市广场的概念 2，新艾丽塔

概念 2 说明了一个大城镇中心周围的社区内由圆形大道连接。（由卡鲁姆·斯里格利绘制）

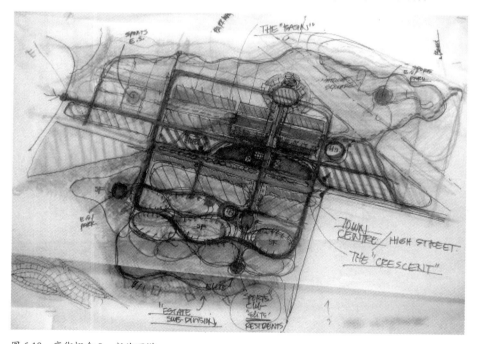

图 6.12　高街概念 3，新艾丽塔

概念 3 创建一个中央大街,横跨一个城镇中心,以及周边道路网络和多个土地利用区。（由卡鲁姆·斯里格利绘制）

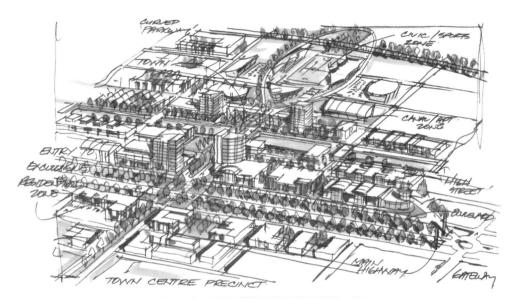

图 6.13 城镇中心和中央管道概念草图，新艾丽塔
镇中心将成为新艾丽塔商业和文化集聚区。混合商业和住宅使用将提供一个活跃的、安全的、一年四季每周七天的动人地区。（由卡鲁姆·斯里格利绘制）

图 6.14 运河广场概念草图，新艾丽塔
中央管道设施将在夏天为人群降温，在冬天提供滑冰等娱乐，以及为新社区提供雨水管理。（由卡鲁姆·斯里格利绘制）

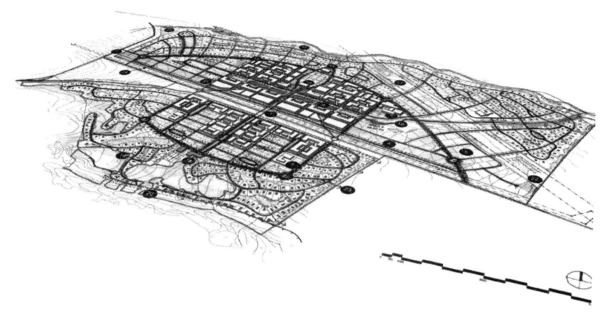

图 6.15　空中透视的工作草图，新艾丽塔
一张透视工作图为精细设计提供了基础依据。（由多恩·沃里绘制）

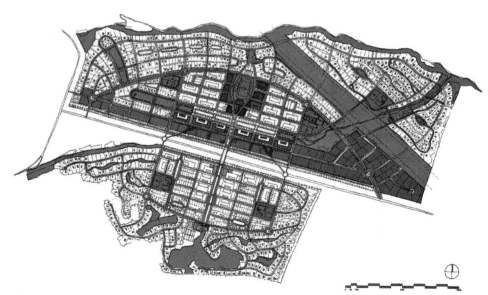

图 6.16　商业、工业、和娱乐网络分区，新艾丽塔
该计划提供了一个多样化的土地用途，包括工业和商业使用为当地提供就业机会，鼓励一定程度的自给自足。这个概念是让许多居民在附近生活、工作、玩耍。（由多洛雷斯·阿尔丁绘制）

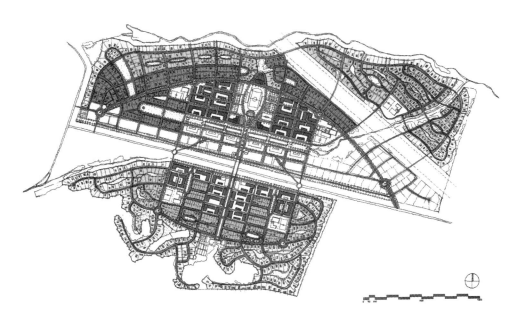

图 6.17　住宅分区图层和变化用途的弹性地块，新艾丽塔

住宅小区是建立在弹性上的。居住区具有一定的多样性，中央地块可以用于独栋，小镇的房子或公寓使用以应对人口结构的变化和市场需求。（由多洛雷斯·阿尔丁绘制）

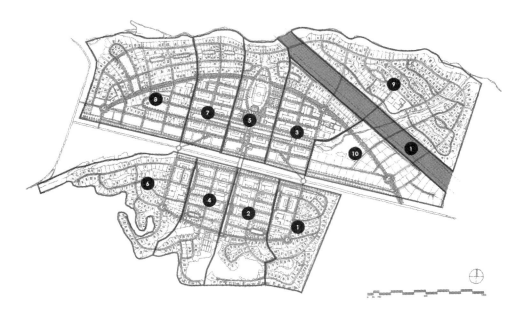

图 6.18　阶段图层，新艾丽塔

新艾丽塔社区的构建被分解为小的操作步骤，分阶段提供适当的服务。（由多洛雷斯·阿尔丁绘制）

图 6.19 新艾丽塔空中透视草图
最终空中透视草图说明新艾丽塔融入了周边环境，保存并增
强了自然特性。（由卡鲁姆·斯里格利绘制）

本章介绍设计过程的五个步骤：

1. 在一开始就建立一个清晰的愿景和目标。
2. 分析总体环境，包括关键因素。
3. 形成"泡泡图"式的场地规划概念。
4. 建立有建筑和景观细节的总体规划。
5. 用项目实施所需的全部设计细节，创建一个
   最终的场地方案。

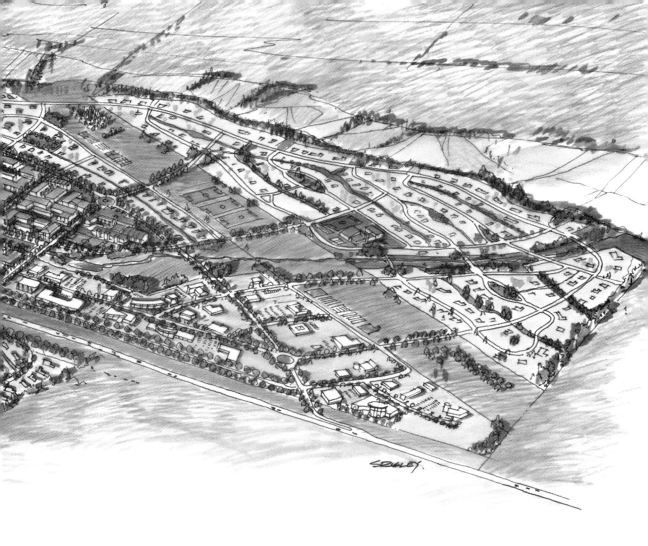

AL VIEW · LOOKING NORTH
IN · MASTER PLAN

新艾丽塔是中西伯利亚南部的一个全新的社区规划案例。当然，规划设计师不会总是有机会在一张"白纸"上勾画他们的理想。但是，无论在哪里或是面临什么挑战，当我们遵从"综合"规划的过程时，规划就会取得成功，后面章节里提到的两个例子就是证明。

第七章 规划实施过程

推进可持续发展变革的机构往往在组织设置上起作用，而权力则可能是决定可持续发展成败的决定性因素。看到和认识到权力是什么，是很重要的。

——艾伦·阿基森，《ISIS 协议》

第六章你们读到了俄罗斯社区的案例,本章则提供了两个案例来展示成功的规划过程，这两个案例都是在我的家乡——加拿大卑诗省。这些案例来研究检验与社区及市政府层面的社会权力机制工作的过程。第一，新威斯特敏斯市的城市设计方案，是名副其实的"城市"规划的升级、提升和更好地利用重建区的土地。第二，尤克卢利特的沿海社区的私人土地开发规划，是整合度假、娱乐和住宅用途的一个比较有争议的尝试。首先，让我们来看看规划的过程。

启动设计

你如何开始你的规划设计过程？你坐在你的电脑，然后打开计算机程序，从另一个类似的地段和一系列土地用途的模板，开始您的设计过程？或者，你用一张草图、从记忆或灵感开始设计？你分析数据和背景资料吗？你访问过设计场址并与住在该地区的人交流过吗？这些方法在启动项目时都有作用。我喜欢使用的是组合方式，这取决于一个项目的尺度和规模，我把这种方法叫作："在合适的时间使用合适的工具。"

在合适的时间使用合适的工具意味着我可以用我的速写本，初步捕捉建立现场观测和信息的想法。我在设计过程早期就对基地进行踏勘，我去基地不只是一次，而是在一天的不同时间，如果可能的话在不同季节去踏勘。我的相机和速写本，通过不同的方式和"镜头"去捕获基地的各个方面、系列的实地考察，在其后通过航拍照片进行详细的计算机分析、普查数据和地理信息系统分析，并通过绘制工具，在绘图板上画出来，然后覆盖在地图和航空照片上，通过描图纸勾画出自然特征和建筑、各种元素及其相互关系，以及它们的背景。之后进行土地使用分析，区划、运输和交通、方位和地形分析，自然特征和生态系统分析以及其他的分析。

本阶段的成果，可以是一系列翻译成电脑图的手绘图。图纸有二维和三维的表达。二维图纸是平面的布局，不考虑垂直方向，仅仅反应水平尺寸和关系。像切割蛋糕一样的截面图反映垂直和水平的关系。这些图在显示场地特点、建筑物和街道在水平和垂直方向上的差异方面很有价值。例如，剖面图可以很容易地说明一个重要的建筑适于放置在位于山脊的街道上方以保护重要的景观。平面图不能表明垂直关系，除非是建筑物与街道相邻。透视图和模型是三维的，尽管只是一种表现手法，但大众因此可以对场所有更好的体验。

最终的设计文件可有各种不同的表达方式，结合手绘图纸和技术报告。这些表达方式可以是视频、PowerPoint 演示，也可以在网站上或基于网络的互动社交媒体如推特和脸书上发布或打印。何种表达方式取决于具体的项目需求和观众的需求。

在所有城市的设计过程中都有两个基本要求：首先，你需要一个关于未来的经历的故事，第二，这个未来故事需要用图片、规划图、地图和手工草图等表达出来。这个故事是未来经历的集合，图像使得故事生动，手绘图呈现出未来的可能性。草图代表概念性的想法，特别是在项目的早期阶段，当然草图会随着设计的进展得到优化。相对应的是，计算机生成的图像更应该是最终成果的表达。同样，"在合适的时间用合适的工具"始终是我在资源、设计目标和时间限制条件下决定何时、使用什么工具的信条。

规划图纸的表达方式、比例和朝向必须与反映的"故事"一致，这样它们才可以容易地被理解。一致的表达方式意味着所有图纸的大小和平面表示都是标准的，一致的比例意味着各要素的尺寸，在图纸与规划说明中保持相同。然而，在区域、地方和地块层面可以有不同的比例。一致的朝向是指北针总是放在图纸的顶端，并指向同样的方向。总的来说，图纸的表达方式、比例和朝向是任何项目碰到的首个挑战。组织好这三要素是项目的基础，否则，规划就会让人产生混淆，导致被误解，受到挫折并浪费时间。

两种方法的结合

需要一个系统的方法，来帮助实现成功的城市设计理念，因为城市设计理念本质上是复杂的，还涉及很多因素，如果再考虑到社区的可持续的发展，那就会更为复杂。上一章回顾了产生和组织城市设计理念的各种方法，从逻辑积木或者拼图方式到更具创造性的方法（图6.1）。不同的人有不同的方法。偏逻辑和理性的思想家更多地使用左脑，也就是通常考虑用工程方法来解决问题，这种方法是基于科学数据和仔细的测量观察。比较有创意的人使用右脑，通常把建筑创意、创新和艺术看成是解决问题的方式，这种方法趋于直觉，往往来源于其他的先例和（或）激励性的想法。

无论哪种方法——逻辑和创意，都是正确的，但两者相结合，在可持续城市设计方面会创造更多的可能性。在分析数据和事实方面，工程性的方法是合适的，但在扩展思路和从另外的维度看待项目方面，建筑或是艺术的方法则更为合适，虽然一些建筑师很实际，会采取工程的方法去解决问题。这两种方法是从不同的角度来思考问题，当这两种方法相结合时，会产生强大的化学反应，带来更全面的信息，产生创新性的解决方案。

CASE STUDY
案例分析

社区协同的过程

"下十二街"城市设计，新威斯敏斯特市，卑诗省

在这里我分享温哥华的外围城市——新威斯敏斯特市的"下十二街"规划项目经验，我们的设计咨询团队从2003年8月开始，至2004年4月结束，成功完成了这个城市设计项目，同期完成的还包括支持性数据信息、社区传统步道、反映社区信息的网站和新闻端口等。我们的团队还完成了一个为期四天的设计研讨会，并积极组织居民和企业参与，来共同塑造自己的未来。该规划是通过社区和当地政府的积极参与，在互动和开放的过程中形成的。任何对权力变动以及社区失控的担心都在灵活和受尊重的公众参与条件下，得到了消解。从由当地历史学家提出保留历史传统步道，到社区解决方案的工作坊、公开演示、社区问卷调查，或到最终的公众开放日，社区努力提供各种形式的公众参与形式。[1]

许多的城市设计项目，元素的融合往往放到设计过程的最后阶段，这时设计团队的成员会忘记很多细节。为了避免这种情况的发生，在这个项目中，我决定在主要的公众参与活动后，在设计过程的中间阶段就先勾画整个城市设计的框架。该框架是我在墨西哥回温哥华飞机上勾画完成的（我在墨西哥有一个可持续发展的规划项目）。勾画这个框架花了我三到四个小时，我通过一系列图纸来表现整个规划设计过程。该框架奠定了"下十二街"这个获奖项目的基础。

本案例位于新威斯敏斯特的一个过渡区域，该区域以汽车经销商为主，西南部边缘是一条最繁华的街道。该场地为西南朝向，地形从较为陡峭过渡到一般的坡度。该处的位置很适合开发和重建，但目前的土地用途和现有感观限制了它的发展潜力。该地区的发展愿景是改造成一个丰富街景的高密度住宅社区，并与附近的服务和公交换乘相衔接。

尽管实质内容始终是任何规划的重要部分，但本次案例研究的重点是整合各个部分的过程。在这里我想重申我在本书的其他部分已经讲过的精髓，规划的本质在于其制定过程，而不是内容。我分享下面的十二街图纸有三个原因：首先是激发你尽早在规划制定过程中相信自己对于场地设计的直觉。根据我的经验，如果不在流程早期以放松的心态探索进行构思和探索，你往往会限制创新理念的探索和生成。第二个原因是要证明,逻辑和创意相结合的方法可以把一个可持续城市设计的"故事"讲得更有力量。最后一个原因是要表明，如果场地规划分析的功课做得足够，那么你最后整合的过程就不必花太多时间。相关的图纸共同构成了一系列的规划图并形成规划的"大家庭"，讲述了一个丰富多彩的项目的"故事"（图 7.1 ～图 7.5 ）。

你将会发现,特别是在最后的城市设计框架阶段,早期分析方法(逻辑方法)与一些"创造性"的方法会结合起来。每张规划草图都描绘了具体的特殊信息，成为思考未来可能性的基础。

例如，建筑物覆盖规划图（图 7.1 ）阐明了如何利用不足的基地进行潜在的开发。暗区代表建筑，其余区域是白色的，代表空地和街道。发展潜力规划图（图 7.2 ）阐明了如果只有少量业主控制主要的地块，那么该项目更容易进行更新利用（相对较高的发展潜力在图中被标记"H"）。相反，如果该地块有很多业主，通常更难以考虑重建，地块较小也会限制再开发的可能（相对发展潜力低的图中被标记"L"）。坡度图和方位图（图 7.3 ）显示了弗雷泽河的潜在景观以及坡度、河滩地，同时也显示了地块的光照等优势条件。特别的区域和土地利用现状图说明了应该在重建中注意的各种土地用途和不同特性（图 7.4 ）。这些规划图是最终方城市设计方案和土地利用概念的关键因素。土地利用概念是通过整合所有的分析并在尊重现有特色和重建可能性的前提下进行优化而形成的综合性规划（图 7.5 ）。

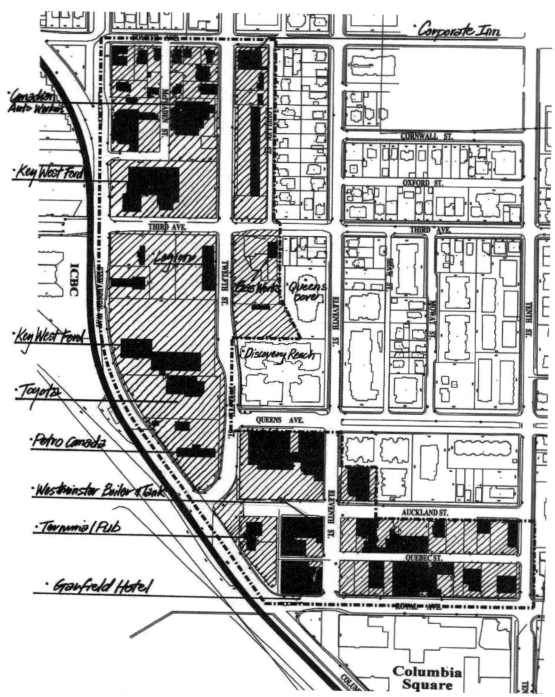

图 7.1　建筑物覆盖规划，下十二街，新威斯敏斯特，卑诗省

低建筑覆盖率表明未充分利用土地，具备紧凑开发和高密度重建的机会。

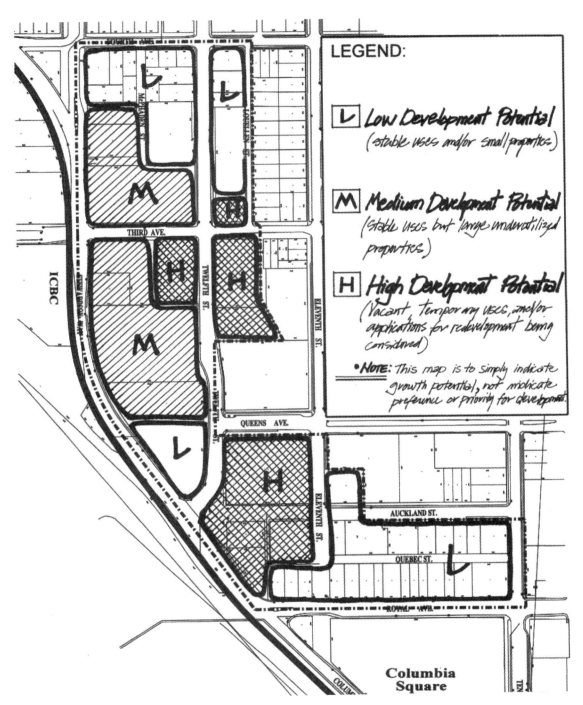

图 7.2 发展潜力规划，下十二街，新威斯敏斯特，卑诗省
对重建后的社会、生态和经济情况，如位置、人口、历史和市场潜力等，应优先告知重建区居民。

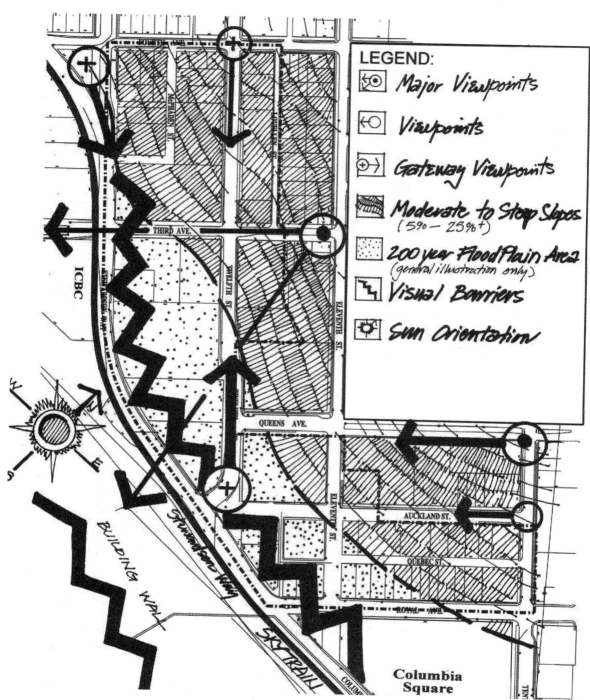

LEGEND:

⊙→ Major Viewpoints

←○ Viewpoints

⊕→ Gateway Viewpoints

▨ Moderate to Steep Slopes (5% – 25%+)

░ 200 year Flood Plain Area (general illustration only)

⌐⌐ Visual Barriers

⊛ Sun Orientation

图 7.3 地形、景观和方位图，下十二街，新威斯敏斯特，卑诗省
该场地的物理条件，如视野、坡度、微气候和漫滩的位置，表达发展的挑战和机遇。

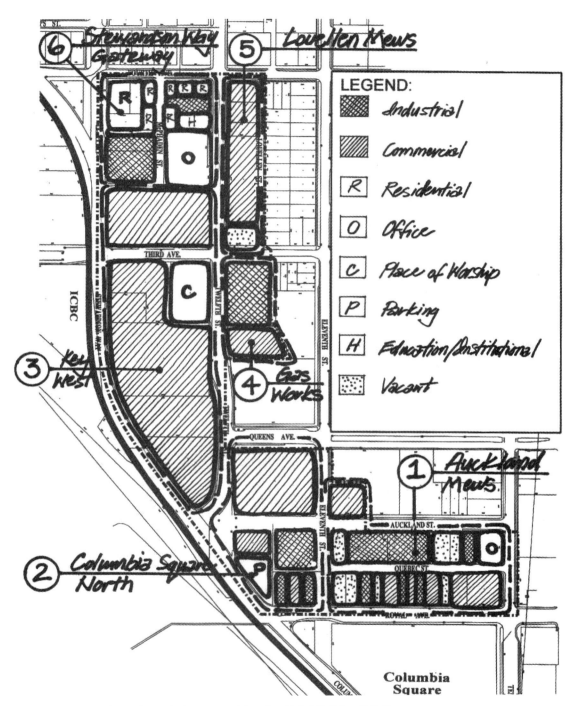

图 7.4　特定区域和土地利用现状，下十二街，新威斯敏斯特，卑诗省
这个社区的独特元素，如块街区大小、方位朝向、历史、土地利用现状以及街道类型，塑造该地的特性。

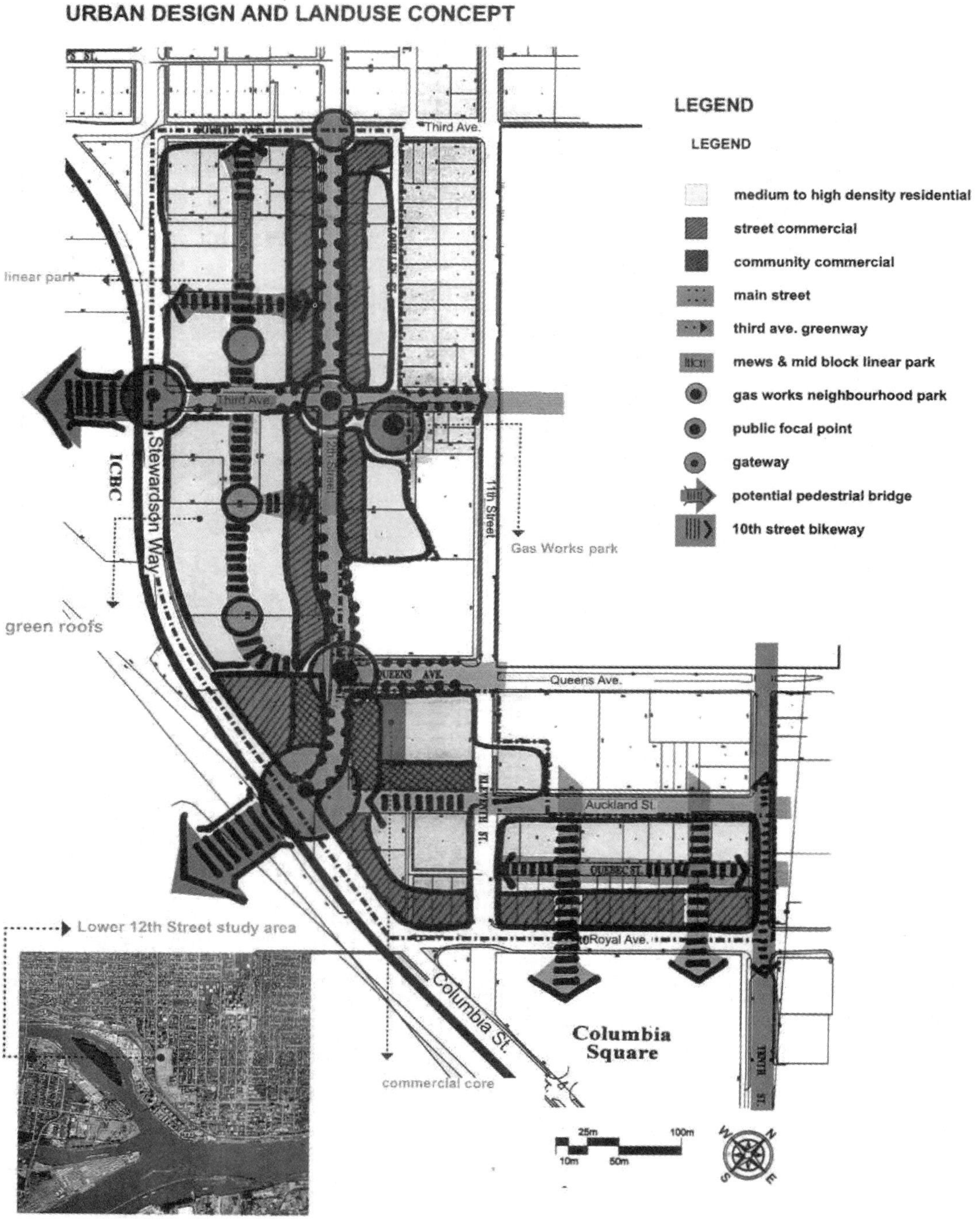

图 7.5　城市设计和土地利用概念，下十二街，新威斯敏斯特，卑诗省

最终的土地利用概念综合了各类要素，如地块大小、土地利用现状及规划性质、位置、方向以及重建能力等。(道勒斯·阿尔丁绘制)

CASE STUDY
案例分析

度假村和住区发展

惠好土地开发项目，尤克卢利特，卑诗省

接下来的案例研究对世界范围内许多的度假区正在发生的事都有所启示，因为那些度假区的开发商往往忽视地域特征、文化和地形地势。在酒店标准化和配置设计规程的驱使下，酒店或度假区往往好似预先装配好再放到世界各地去一样。我曾到过很多这样的度假区，不知为什么，我去了之后就想回家。原因包括食品安全和人身安全，还有就是一点不新奇地按国际标准设施建设的住宿环境。毕竟，你造访这些度假村的目的最重要的是舒适，也就是放松和享受。大多数情况下，我更偏向那些与社区景观和文化相辅相成的"自然"的度假村。

本案例研究将度假村规划与当地社区的需求和愿望进行了结合。度假村的建设建立在社区的特色和健康发展基础上。这种健康发展不仅是凭借社区的财政能力，更是由社区利益和相关政策促使产生。具体而言，可持续城市形态的八个策略（见后文）是这个卑诗省西海岸温哥华岛的城镇尤克卢利特的规划框架。[2] 这个方案把我们从一个地方议会一开始就否决的项目转到了一个在不可思议的 6 个月的短时间内就获得议会一致批准的获奖项目。而通常情况下，这些过程需要三到五年！

我有一句口头禅："如果客户没有烦恼，我将没有工作"。这个案例中，我遇到了不小的波澜。首先我必须先评估自己是否会得到这个项目。规划部负责人费利斯·马佐尼曾是我以前在卑诗大学和西门菲沙大学的学生。我清楚地记得当他第一次在一个规划会议后向我走来的情景。他说，"我想我们可能需要您的帮助。"我的脑子立刻闪现一幅医院或墓地的场景。我最初的想法是这艘即将沉没的船能被救回吗？或者我们应该放手让它沉没？正如费利斯所描述那样，该项目的情况并不被看好，所有的现实似乎都对项目的未来不利。该项目已在当地议会被全票否决。前任开发商已经忽略了地主——惠好土地公司，以及议会、政府工作人员和社区的建议。社区对前开发商的信任似乎消失了。

当看到这块 376 英亩（152 公顷）的土地的航拍照片时，我的心情立刻改变了。位于太平洋边缘的尤克卢利特半岛的这个地块看起来十分壮观，它与日本岛之间除了海洋没有任何间隔。巨大、徘徊不去的波浪和海岸线吸引我不禁想象它未来的潜力。我开始深入探究相关信息，我首先拜访了项目的负责人兼土地业主——惠好公司的查尔斯·史密斯。作为国际森林资源企业的惠好公司已经拥有该土地多年，最初也是因为看中了这里的森林资源。我需要了解该公司是否愿意遵循可持续发展原则并依照我制定的进程来做规划方案。

对我来说与公司第一次会议是一个真正的考验。查尔斯·史密斯是惠好公司加拿大地区的会计师兼负责人。他告诉了我以前同惠好签订合同的项目开发商做了一份很少考虑当地社区的规划方案。他还告诉我说，在他的指导下惠好将是该项目的主要开发商。换句话说，惠好需要自己进行申请开发许可并开发土地和进行销售，而不是交给工程承包商。我很快发现惠好公司一直与当地议会和政府工作人员有良好的关系。规划部负责人费利斯·马佐尼和镇长杰夫·里昂非常支持惠好公司重新规划该地块。他们打算留下遗产。这一切都进行得很顺利，直到查尔斯告诉我，他们需要在接下来的议会选举之前——六个月内完成审批。我不仅需要一个奇迹，使这个项目获得批准，并且这个奇迹应该在前一周发生！尽管面临政治、历史和时间的挑战，但我仍坚持了对此工程的希望。

我告诉查尔斯，采用符合标准的战术是将航船快速调好方向并驶回航道的唯一方法，而在社区各阶层中重新建立起信任是成功的关键。一旦信任得到重建，我认为，项目团队就能够用敏锐的设计技能与社区共同工作，创造出一个为所有人着想的土地利用规划和设计方案。我告诉查尔斯，我们需要创建一个能同本地接洽的本地咨询团队。在整个过程中，查尔斯都是活跃的贡献者，他也是我们最终取得成功的关键要素。我还发现，这块地产没有任何已经完成的生物物理调查，换句话说，没有基于实际信息的环境性机遇和挑战方面的总结。与此同时，太平洋野生步道，一条沿西海岸线旅行的重要网络，在过去的规划过程中没有得到恰当的考虑，这让社区和议会都很不高兴。

Stremline 环境咨询公司很快完成了对这一地产的生物物理学评价。我知道我们可以使用这些数据和对现场的理解去设计出一份有良好基础的规划。我们建立了一个本地团队，其中包括帮助进行公众咨询的 Shine On 咨询公司、一个本地的建筑师（韦恩·温斯托夫）和 Stremline 环境咨询公司。我们最大的胜利是留下了当地太平洋野生步道专家"牡蛎吉姆"（吉姆·马丁）。吉姆拥有一个牡蛎养殖场，他帮助我们赢得当地社区的信任。牡蛎吉姆是太平洋野生步道的发起者，现在仍旧是太平洋野生步道发展背后的推动力。

2005 年 6 月 22 日，我们带着我们的生物物理信息成果参加了社区研讨会，以确定关键的机遇和挑战，以及基于社区价值、经济变动性和环境容量等条件下该地块的开发概念。我们已经识别出了一些挑战，其中包括土地用途、可支付房型、住宿和酒店类型，以及开放的空间与路径。我们试图找到能解决每一个挑战的方案。其中一个主要挑战是保证太平洋野生步道 100% 沿太平洋的目标。我告诉我的团队，我们必须超越他的期望。团队成员问："那怎样才能做到呢？"我们最终达到了目标。我们通过在该地块内创造一系列环线和保留临水 80% 的路径让路径长度达到原来的两倍。我们还开发了一个政策，即要把更实惠的地段首先提供给当地居民。这些只是讨论中的让步和社区利益中的一部分。我们朝着正确的方向前进了。

咨询团队经过一系列会议和公开讨论，提出了 5 个不同的概念，它们最后成为最终方案的基础。该规划方案的主要部分锚定在响应当地需求和发展容量的八个发展策略上。这些策略以考虑社区利益作为补充，延伸到改善城市和它的娱乐与社会基础设施。现在，我们可以寻求社区和议会层面的批准了。我们能感觉得到航船已经回到正轨。我们有一个由三个土地使用概念精炼成的第四个概念方案，最终该方案在公众参与后的夏天形成了最终的第五个概念方案。在 7 月 7 日公众开放日，许多与会者提出了进一步的想法和信息。我们还在 7 月 23、24 日的 Ukee 节（一个地方节日）期间设立了展台以求获得更多的公众意见。最后，又在 8 月 4 日和 8 月 16 日这两个工作人员和委员会审查我们申请的日子同步增加了两个公众开放日，以确保公众能够获取精确的开发概念（图 7.6、图 7.7）并给出意见。

是否有一场可能造成再度沉船的大风暴还在酝酿？我们到公众听证会之前都并不确定。它于 2005 年 10 月 5 日在当地的娱乐中心举行，近 300 人出席，有大约 25% 城镇居民参加了会议。人们排列整齐地坐着，对面的议会成员坐在房间前方的长桌后。我觉得像是参加一场不知道会提交什么样的反对证据的审判会。我坐在靠近查尔斯·史密斯前面几排，旁边就是社区成员发言台。市长黛安·圣雅克宣布会议开始，审议惠好土地项目议题。你可以感觉到空气中的紧张气氛。惠好财产的未来将取决于接下来的几个小时。

公众听证会的内容应该是接受公众意见，并在当晚由公众谈谈他们的想法。意向中查尔斯和我说了什么，我不记得了，因为那天晚上的记忆只是公众说了什么而不是我们说的。这次会议是我最棒的民主经历之一。每个人站起来以公民身份分享他们对发展的看法。建议集中在太多的开发、发展的特色、交通以及与其他现有城镇的竞争带来的影响等。我真的不知道结果会是什么。对话好像跷跷板一样，从负面到正面回来反复，没有任何明确的解决方式。

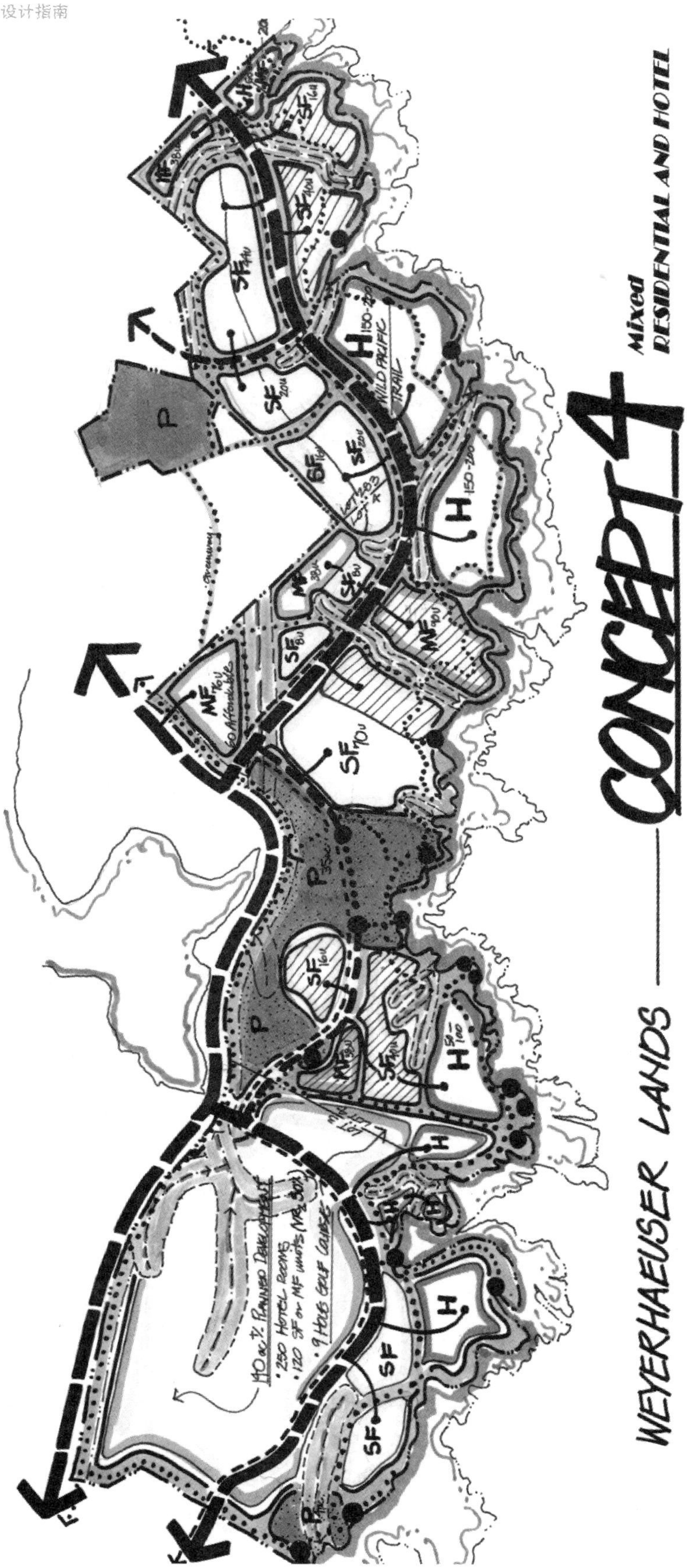

图 7.6　土地利用概念，惠好土地公司，尤克卢利特，卑诗省

该规划图说明了总体土地利用、街道和步行系统。

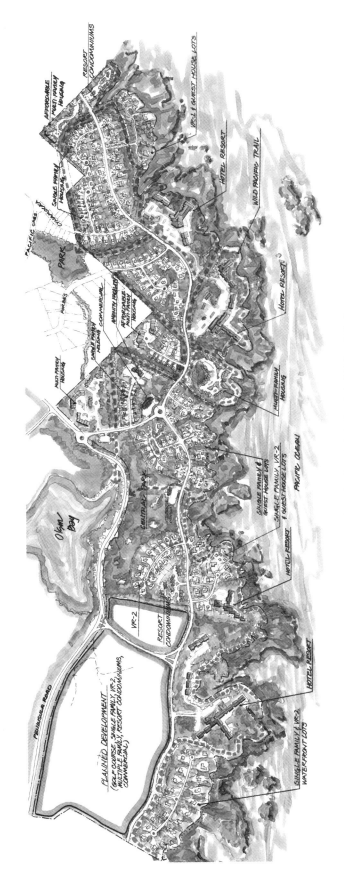

图 7.7 说明性概念规划，惠好土地公司，尤克卢利特，卑诗省

该规划图比图 7.6 更加细化，显示了包括建筑设计，从酒店店到房屋、街道、停车场和开放空间等更详细的场地规划。

最后，在感觉像两个小时的演讲后，有人站起来，说："我们选出你们（指议会）做这些艰难的决定。"经过几个小时的耐心等待，似乎，议会已经询问是否还有人想要发言。一位社区成员来到讲台，重申了他对发展问题的关注。对于完成一个重要事项来说，这并不是一个好兆头。牡蛎吉姆最终站起身来发言支持批准这似乎正在动摇的提案，但结果仍是不确定的。房间里的气氛很安静，因为每个人都在期待接下来会发生什么。这是一个不止我，也令所有出席者吃惊的结果。

每个人都集中到房间前面，议会成员在整个会议中专注地聆听。令我惊讶的是，他们都显得沉着冷静。接下来需要议会衡量并谨慎做出回应。议会成员一个接一个做出点评。我知道第三个议员曾谈到有关空气的承诺。每个人都准备了关于该项目风险和回报的具体意见。他们明白这个过程和最终的发展规划，但是也许最重要的是这个项目会为社会做出什么贡献。该规划是有它的价值的。它与以前的提案有很大区别，并且伴随尤克卢利特很特有的社区价值观将会产生更大的不同。船最终平安返航，太阳在此时升起。最终议会表决是五比零赞成该项目。奇迹就在这个时刻发生了！

惠好土地开发规划于 2005 年 9 月完成（现在也被称为大洋西部规划）。该规划提供多样性可选择的住房以提高房屋可负担性，保护周边环境，并适当发展旅游和娱乐。重新进行区划的目的是在不伤害环境的前提下，完成一个各类土地使用和景观相融合的综合性发展规划。

具体来说，该规划：

· 保护珍贵的生态和视觉敏感区域，把 56 英亩（22.5 公顷）的土地，包括空地、步道、公园和一个有助于把奥尔森湾连接到太平洋的占地 22 英亩（8.9 公顷）的中央自然公园，作为开敞空间加以保护；
· 提供应对农村住房扩张的替代办法，保护当地自然资源，提供各种必要的集群式住房，包括经济适用房、小型单元和多户住宅、酒店职工住房、集镇住房、市场单户型住房；
· 把扩展度假酒店作为当地经济多样化的选择之一，促进休闲度假和旅游发展，帮助地区就业；
· 扩展尤克卢利特社区，延伸其发展形式和特征，并连接太平洋野生步道、其他娱乐设施和周边交通通道；
· 提供了一个毗邻尤克卢利特社区并适合农村特色景观的独特集群设计；
· 引入了一个定制的开发框架，以尽量减少对景观的影响，并强化当地的农村特征（例如，尽可能保留树木和自然雨洪管理）。

惠好土地公司的提案包括以下的土地混合利用方式：

- 236 个单户住宅地块；
- 225 个多户住宅地块；
- 700 间酒店客房；
- 120 栋度假公寓；
- 10 个宾馆地块；
- 108 个员工住宅单位；
- 90 个完全开发的经济适用房单元；
- 30000 平方英尺（2788 平方米）用于商业用途；
- 56 英亩（22.5 公顷）用于规划公园或开放空间；
- 场地西北面的高尔夫球场和超过 650 英里（9 公里）的太平洋野生步道；
- 68 套度假公寓。

可持续城市形态的 8 大策略

为了推动可持续城市形态，城市设计和规划的战略需要植入到区划和开发协议等法律文件中。这些法律文件是开发许可和施工图纸所需要的。如我们所知，法律文件不是实现可持续设计的唯一手段，它们是各方之间有约束力的协议，目的是确保开发遵循公众的意图并满足社会的期望。这样的话，即使业主改变想法，这些文件也将继续规范地块的开发。

在惠好土地公司的这个案例中，八大策略保证了该规划的政策和指引得到落实。当然，土地用途和其他方面还遵循了官方社区规划的政策和指引。

Strategy 1

满足尤克卢利特的自然扩展的需要。

- 延伸滨海大道和西那莫卡路以满足支路和紧急通道接驳的需要。
- 扩展太平洋野生步道区，并建设环路和接驳点满足停车、观景和科普的需要（图 7.8）。
- 沿半岛路（太平洋沿岸高速公路）衔接自行车道，同时沿规划的内部道路提供次级的自行车道。
- 沿福布斯路和相关的娱乐设施联系到运动场所。

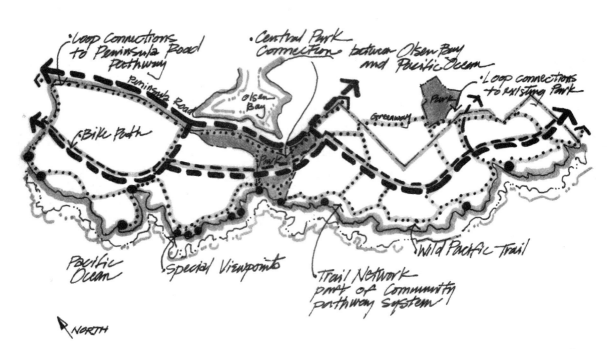

TRAIL NETWORK OF LOOPS CONCEPT　　MVH '05

图 7.8　步道系统概念，惠好土地公司，尤克卢利特，卑诗省
通过沿海及一系列连通内部的环线步道构成完整的太平洋野生步道网络。

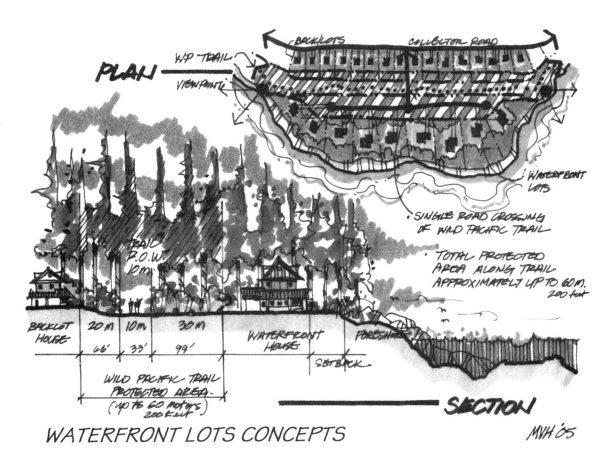

图 7.9 海滨地块概念，惠好土地公司，尤克卢利特，卑诗省
太平洋野生步道区范围为 200 英尺（60 米）宽，包括 33 英尺（10
米）的步道区域和 164 英尺（50 米）的自然区域。

Strategy 2 最大可能保护环境敏感性。

- 强化、延伸太平洋野生步道，包括控制一定宽度、建设观景点、登山口和讲解区（例如特殊雪松标本区和北部海滩地区）等。
- 通过建立自然公园、缓冲带、保护区、特定区等场所在可能开发的区域保留树木。
- 在适当情况下减小道路的宽度和长度以减少对环境的影响，并最大限度地提高土壤通透性。
- 集群发展成紧凑的形式来保护重要的绿色空间。
- 适当的建筑后退来保护河流廊道。

Strategy **3** 提供丰富多样住宅。

- 在大约 7 英亩（2.8 公顷），毗邻城镇的两块用地上建设可负担的多户型房屋。
- 在靠近度假区和酒店的地方建设员工住宅（图 7.10）。
- 在毗邻已开发区域建设多样化的小户型独立住宅（图 7.11）。
- 建设可选择的混合型的多户型住宅（镇屋、排屋和其他类型）。

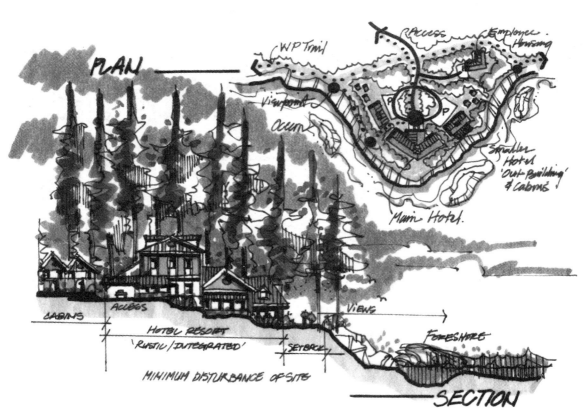

HOTEL RESORT CLUSTER CONCEPTS

图 7.10　酒店度假集群概念，惠好土地公司，尤克卢利特，卑诗省

酒店的场地设计在保证西海岸体验最大化的同时，保证了海滨地区的职工住房。

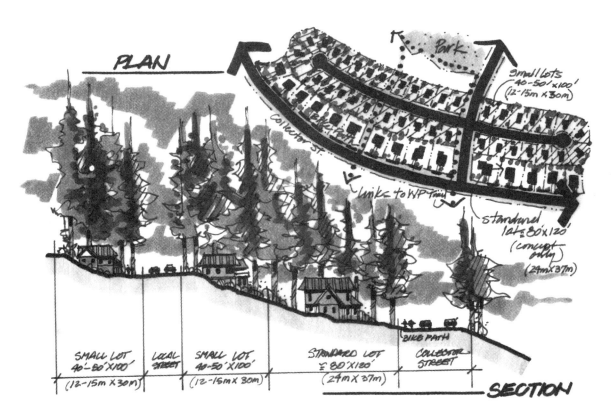

PLAN

Park

Collector St.

Bike Path

small Lots
40-50'X100'
(12-15m X 30m)

links to WP Town

standard
lots 80'X120'
(concept only)
(24m X 37m)

SMALL LOT
40-50'X100'
(12-15m X 30m)

LOCAL
STREET

SMALL LOT
40-50'X100'
(12-15m X 30m)

STANDARD LOT
± 80'X120'
(24m X 37m)

BIKE PATH

COLLECTOR
STREET

SECTION

POSSIBLE SMALL LOT UPLAND CONCEPTS

MVH '05

图 7.11　地块概念，惠好土地公司，尤克卢利特，卑诗省
该规划图提供了一些更小更实惠的地块来保证当地居民第一购买的权利。

131

Strategy 4 促进经济多样化。

· 保留沿着海岸线、符合尤克卢利特西海岸特色的建设大或小型度假酒店的机会（图 **7.12**）。

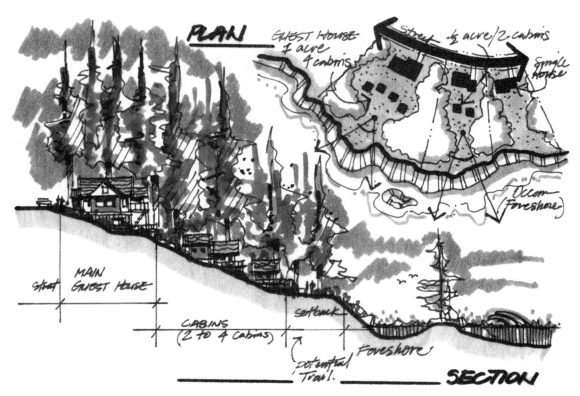

GUEST HOUSE CONCEPTS

图 7.12　宾馆的概念，惠好土地公司，尤克卢利特，卑诗省
提供和当地的住房形式相结合、具备创新并具多样化的宾馆。主体建筑位于路边，
独立小客房则藏于背后。

Strategy **5** 改善流动性。

- 建设独立或路边的步行道和自行车通道系统，保证步行和自行车出行的方便和安全（图 7.13）。
- 把野生太平洋步道和太平洋沿岸公路自行车道作为整个行人和自行车道系统的组成部分。

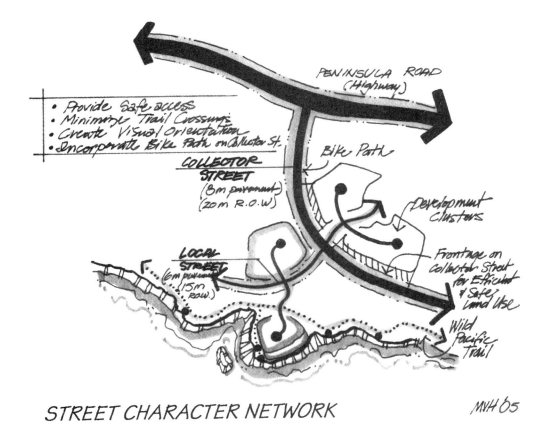

STREET CHARACTER NETWORK   MVH 05

图 7.13　道路网络，惠好土地公司，尤克卢利特，卑诗省
主干道作为中央脊柱，配有自行车道，并与较小的当地支路衔接，便于到达更多的住区和酒店区。

Strategy **6** 融入灵活和创新。

- 在综合开发区内提供住房的多样性，包括单户住宅、多户住宅、酒店单元，以及小宾馆等。
- 确保度假性质的出租区域仅限于特定区域，并与邻近区域有缓冲隔离。
- 在中心区域预留商业空间，允许社区内发展适当规模的邻里商业。

Strategy **7** 节约能源，减少浪费。

- 在该场地朝南 / 西南的前提下，使朝阳最大化。
- 鼓励节能设计和在适当的地方保留树木，最大限度地使用太阳能。
- 尽可能鼓励使用替代能源（热泵和地热），减少常规能源负载，特别是在大型酒店和集中管理的开发区等容易获得规模经济的区域。

Strategy **8** 创造持久价值。

- 分阶段开发，保证在未来 10 ~ 20 年的时间里，给水和排水能随时满足需要。
- 确保建筑选址和设计能尽量减少风暴的破坏，最大限度地保护树木和自然环境。
- 协调 230 万美元建设的尤克卢利特社区中心和其他社区设施的关系，最大限度地提高设施的使用效率，减少重复建设。

给社区带来的额外好处

项目还为尤克卢利特社区带来了以下贡献：

- 完善太平洋野生步道，保留 56 英亩（22.5 公顷）的开放空间，以及建设了公园和步道。
- 提供 7 英亩（2.8 公顷）用地开发保障性住房（共 90 个开发单元）。
- 为西海岸社区资源协会，尤克卢利特地区从事林业高等研究的尤克卢利特学生（作为奖学金）和尤克卢利特地区关爱儿童协会各提供 2.5 万加元的资助。
- 提供 2 万加元用于购买高速公路救援卡车（高速公路事故紧急救援服务），10 万加元作为尤克卢利特的社区储备基金。
- 捐赠 10 英亩（4 公顷）土地为社区服务使用。
- 限制尤克卢利特居民的任何小于 7000 平方英尺（650 平方米）的小型地块的市场交易。

总之，惠好土地公司的土地利用规划规定了一系列独具创意的土地集约使用条件，保护了周围景观的敏感，实现了住宅和酒店的组合动态利用。太平洋野生步道将结合开发得到扩展并形成网络系统，以更好地服务当地社区和来访者。在土地开发的同时进行并完成了更加详细的生物物理研究和有关民族起源（原住民）的考古研究。

该规划整合了配套商业服务和职工住房，使它们在规模合理的前提下最大限度地在邻里范围内兼容。还有教育服务设施，如建议中的贸易学校将配合现有的尤克卢利特高中，集中设置在镇上。如果没有惠好公司捐赠的 230 万美元，这一设施将不会建成，它无疑是镇上的活动中心。

此外，该规划提供靠近城镇且更加实惠的经济适用房，这些小型地块毗邻已开发地区。大型海滨独户地块的开发保证为太平洋野生步道保留足够空间，多户型住宅则面向不同的买家，并集中布局在环境较不敏感的区域以便保护敏感的景观特色。在未来的 10 ~ 20 年，我们还需要更多的措施来保证惠好公司土地规划的实现，但现在已经有了一个全面的框架和一份 100 页的开发协议，可以帮助规划目前的正确实施。

以上两个案例说明，做规划是复杂且考虑地域性的任务，但还是有一个在整个规划中从头到尾的可持续性原则和方法。关于可持续城市设计的十项原则，请参阅第四章。即使总体规划已经敲定，它仍然只是一个规划。下一章会讨论实现城市规划设计的策略、指引和政策。

第八章　政策与指引

无意中，……律师、测量师和工程师通过地方性分区管理条例和街道模式的组合确定了美国城市的基本设计方向，而这些并不是根据设计原则来确定的。

——乔纳森·巴奈特，《作为公共政策的城市设计》

正如第七章所说，城市设计师或咨询顾问通常只被雇用做附加草图的城市设计方案和特定的场地规划，而不是规划应当附有的详细的设计政策、指引、法规和行动计划文件。这也是城市设计过程中时常缺失一个真正全面而可持续的设计方案的原因。没有这些基本的实施要素，规划就会成为所谓的"架子艺术"——一个放在架子上收集灰尘的美丽规划。

行动的催化剂

在前期分析和组织过程之后，应当有两个清晰的步骤作为实施的一部分。第一步是制订规划实现所需要的政策，设计指南和法规。这些政策构建了一个规划的文字框架，包括目标、设计要求和具有法律强制性的管理规章。第二步是制订行动计划，将规划落实到物质环境的改善上。行动计划应当将组织、资源和评价方法反馈到前期分析过程中建立的愿景和目标中。在第十四章中，笔者将对此做进一步的阐述。在这一章节和下一章节，我们将重点放在政策框架、设计指引和标准上，从一般性的设计意图提升到具体的设计要求。

本章节的第一部分描述了城市设计所需要的相关政策。这部分陈述，从总体城市设计、遗产保护到住房和公园的开发等各个维度，设定了城市设计需要达成的基本目标。接下来第二部分的设计指引是实现这些目标的更具体的指令。

指引中应包涵创新的可持续性要素，例如：

- 总体规划和建设方向，包括鼓励步行、骑行和运输使用的紧凑设计，以及社区内部更好的职住平衡；
- 混合用地作为更紧凑的土地使用形式的一部分，可以促进社会互动，支持当地服务，提高交通活力；
- 为不同年龄和家庭规模考虑住房的多样性；
- 雨洪管理提高水质和减少洪涝灾害；
- 节约能源，减少不可再生能源的利用，同时增加可再生能源的利用；
- 在材料的选择和购买方面，使用对环境感应性更高的当地材料；
- 增加社会文化项目和社区设施，以构建社区凝聚力，提高安全性和归属感；
- 在建设过程中再利用和尊重基地的环境和社会因素。

此外，指引中涉及的更多基本设计要素还包括建筑形式和体量、遗产保护、公园和开放空间、街道、停车、装卸、仓储、运输、交通循环／流动、学校／社会设施以及园林绿化。

设计"指引"被认为是灵活性的解释和另一种说法。设计指引并未在法律上获得议会正式批准，但却被议会正式采用。这意味着设计指引不具备法律强制性。指引的措辞中有"应当"和"必须"的差别，"应当"是一种可取的选择，而"必须"则是一种要求。

指引的使用和效果依赖于地方政府员工的知识、技能和能力，目的是确保开发申请人遵循规则。相反，管理条例（见第九章）通过了议会的法定化认可，也被称为"标准"。管理条例设定了强制性的具体要求，只有当工程难以实施时才可能具备有限的灵活性（例如，10% ~ 15% 的上限）。在这种情况下，特定程度的灵活性通常由一个正式的多样性文件进行说明，其中考虑客观环境或经济上特定的标准和困难，明确每一种情况。积极的设计指引通过相互参照的要求帮助申请人及议会将政策、指引及规章联系起来。比如，设计指引可参考法定分区或土地利用条例（根据你所处的区域有所区别）或类似的法定文件（经议会批准可执行的）。这样，指引中要求的条件都能在政府的法律文件中找到参考。如果有冲突，以管理条例为优先。

至于城市设计持续受到质疑的原因是它们被认为过于主观或过分扩张公共领域而侵占了私人财产利益和权利。许多城市选择把设计指引作为"要求"，而不是可有可无的，并在审批时根据指引来评估大多数开发的申请。为了强化追求高品质设计的这一趋势，城市设计审查小组开始出现在美国北部，以便向议会提出对开发申请的建议。

CASE STUDY
案例分析

中心区总体规划

兰里，卑诗省

下列政策、指引和管理条例是从一个成功的中心区总体规划中得出来的，这个规划包括了所有这三个要素。兰里的城市设计方案，融合了自然、社会和经济因素来支撑这个位于弗雷泽山谷中央，温哥华以东 27 英里（43.5 公里）的大约 20000 人的社区的再发展。我的咨询团队和其他公司联合，在 2009 完成了总体方案，还完成了随后的经济可行性分析和公共领域发展规划。事实证明，城市设计工具对项目的成功很重要。兰里项目的成功要归功于规划过程的合理引导和这三个城市设计要素以及相关建议。商业保留策略不仅保护了现有的企业，同时还邀请新的企业加入。

总体规划获得议会一致通过后，很快我们的团队完成了七个关键地块的再开发经济分析。我们想检验这些经济因素，如建筑成本、区位、密度和用途，会如何影响这七个地块，尤其是基于土壤条件来考量只有十五层的建筑高度和一层地下车库的局限性。我们还检验了建筑形式和停车场的选择，以及土地的用途，因为它们涉及投资回报。检验的结果证明了这些再开发地块中大多数具备经济吸引力。这项研究还表明需要进一步考虑放松某些地块的高度限制。

总体规划和经济分析的结果是，有了社区的支持，密度、高度和停车要求的变化可以让再开发更具吸引力。随后是公共领域规划的编制。"灰色转绿"的策略建议将坚硬的地表覆盖改造成林荫道路、绿道和广场，以提升在市中心走路和骑自行车的体验。公共领域规划中的人行道设计指引成了适用于任一新发展区的强制性要求，并建立起整个城市应当遵循的模板。公共领域规划的其他重点要素是自行车和行人与周边邻里的联系，以及门户景观、座椅、照明、铺装和徒步旅行的标志等。

市长彼得·法斯本德、城市规划和发展服务主任杰拉尔德·明楚克都很拥护这项规划的实施。一份由本市主办的介绍和推广该规划的早餐会，在温哥华城市发展研究机构所支持的所有早餐会中获得了有史以来最高的出席率。这座城市欢迎企业进入，更是通过支持性的审批流程来吸引企业。这一过程成效显著，自 2010 以来，随着这些

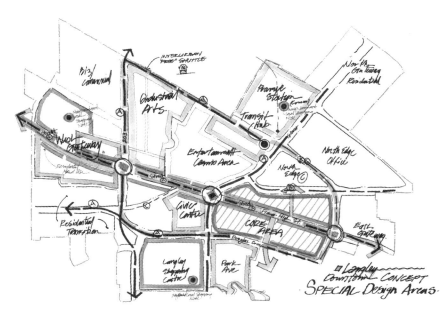

图 8.1　兰里的特殊设计分区
这个概念性的"设计分区"规划受到了议会和其他利益相关者的青睐，因为它允许考虑备选方案。

倡议的批准，价值 1.6 亿加元的发展许可证已颁发，项目正在建设中。这些总体规划、经济分析和公共领域规划、让兰里市的城市发展潜力变得可视和可衡量。

大量奖项都认可了这项规划和设计以及相关的经济战略。兰里市的议会和政府职员真心地拥护这个城市的规划愿景——"一个必游之地"。规划政策、指引和管理条例随之成为实施的框架文件。

这些政策、设计指引和管理条例不只是作为一个城市设计方案，也是项目成功的决定性工具，这也在兰里市得到了验证。这些可以通过不同的形式应用在其他的项目中，但需要因地制宜才能获得良好的效果。

图 8.1 显示了兰里市区的 8 个设计分区。有趣的是，虽然我们的设计团队已经完成了详细的总体规划图，但设计分区规划却成为项目的首选方案图。比较各个规划的详细程度,这个论证就更加清晰了。详细的总体规划图（未显示）是非常具体且明确的，相反，设计分区规划是一个概念，在总体规划政策、设计指引和管理条例的框架内有许多可供选择的余地。它的灵活性使得它对社区、议会、政府职员和开发商们更具吸引力。

设计政策实例

设计政策是对目标的明确陈述。在兰里的案例中，这些政策被分为九个主题范畴，每一个都附带特定的城市设计要求：

· 城市设计；
· 遗产保护；
· 住房和重建战略；
· 公园、绿廊、自行车道和联系通道；
· 服务、街道、停车场和交通循环；
· 环境和市区的绿化；
· 商业和市区的核心焦点；
· 学校、社会设施和社区设施；
· 商业 / 轻工业活动和"好邻居"计划。

在每一个城市设计中，每一个政策的细节应当是精炼并且 / 或者不同的。政策应该先有定义，然后是阐述目标、概括期望的效果和总结实现的方式。以下是细化的兰里市的规划政策。

城市设计

关注公共和私人开放空间，以及构成开放空间的建筑物，定义中心区的特征和标识。

目标：

通过复兴街景，提升步行导向，以及引入强化市区特色的可兼容的建筑形式，提升地区整体安全性、标志性和吸引力（图 8.2 ~ 图 8.4）。

政策：

1. 通过美化、绿化和清晰界定主要街道，在当前的核心零售区域集中专业的零售业，创造一个非机动车的更安全的步行环境。

2. 通过建设混合使用的沿街住宅，实现地区的多样性，同时注重满足街道朝向以及通过引入门廊和眺望台强调沿街的住宅入口。

3. 使用阻止犯罪的环境设计（CPTED）技术提升公共安全性，包括以下方面：

- 对场地不干净和涂鸦的住房强调执行标准；
- 要求街道入口和居住商业单元增加"街道可见性"；
- 考虑通过"街道园艺"计划升级区域人行道，来提高地区的主人翁意识；
- 通过减少隐蔽地方，提升景观和安全性，以及隔离特定区域来紧密联系已有建筑和新增建筑以打击犯罪；
- 改善区域照明，包括行人照明和安全照明，特别是在通行量较大的区域。

4. 以人为本的设计
- 使用多样化的材料；
- 在行人可视的地方（比如建筑物的一楼），采用更高质量的材料；
- 通过不同的窗户或开敞空间打造沿街的通透感；
- 限制建筑物体量；
- 设计建筑物之间的最短距离；
- 限制沿街建筑高度为 3 ～ 4 层；
- 所有的构筑物从建筑后退线起后退一步。

5. 使用建筑形式来定义公共空间（庭院、袖珍公园、广场），同时强调建筑形式，屋顶倾斜度和建筑材料的多样性，通过当代的演绎方式反映城市的历史。

6. 通过景观、街道小品、活动人行标识来强化地方门户、车道、主要交叉口和望点，通过设置车辆减速设施来强调该地的行人优先。

7. 采用优化公共景观并可减少对周边视野干扰的建筑形式和高度。

8. 保留和提升公共视野（例如，街道尽头和向周边山脉的视野）。

9. 用招牌打造丰富的街景主题，强调公共艺术的协调作用。通过茂盛的行道树和景观设计将照明、特殊的人行道、长椅和垃圾箱协调统一起来。

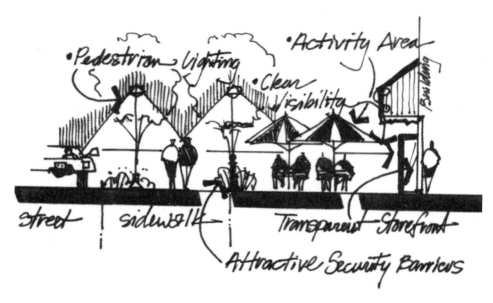

图 8.2　通过环境设计减少犯罪，兰里，卑诗省
清晰的可见性和改善的行人照明是提升公共安全的两个方式。

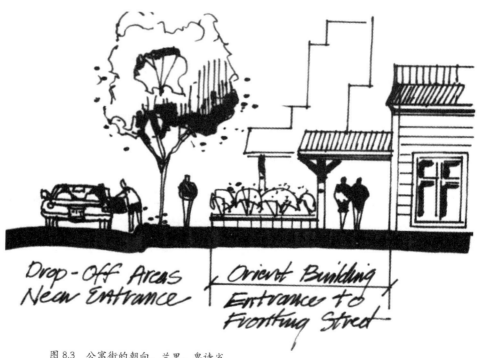

图 8.3　公寓街的朝向，兰里，卑诗省
住宅建筑朝向街道可以给人易于接近的感觉并产生一种地方感。

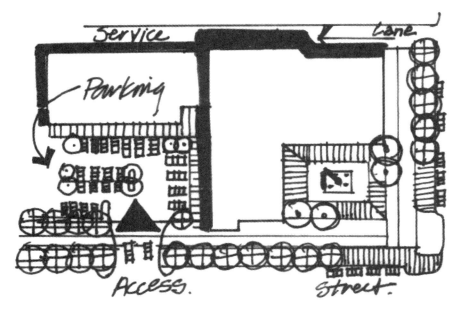

图 8.4 通过建筑形式构架转角公共空间，兰里，卑诗省
转角处的建筑物可以构建街道转角，并沿街伸展公共空间至活泼的南向庭院。

遗产保护

社区的灵魂可以从历史的参考书中找到并追溯到它的起点。市中心区没有很多的历史建筑，然而核心商业地带的遗产内涵为中心区历史遗产的延续奠定了基础，而核心地区以外则可采取一种更现代的特征。

目标：

鼓励重要遗产建筑的保护和风景名胜作为社区资源的活化和实现再利用（图 8.5）。

政策：

1. 必要情况下，识别并完成市区重要遗产建筑或名胜风景的遗产名录。

2. 鼓励再开发尊重地区历史，反映传统材料、建筑色彩和样式。

3. 在公共开放空间和再开发中鼓励继续使用历史名称（包括个人和建筑）。

4. 把建立在城市历史根源上的历史参照物融入徒步旅行线路和公共艺术设计中。

图 8.5　在公共艺术装置中识别遗产，兰里，卑诗省
人类的尺度相比史诗般的装置和标识更有助于鉴赏当地历史。

住房和重建战略

市中心区的建设，特别是核心商业地带的周边区域的建设是为了满足未来的
10 ~ 20 年显著的居住增长需要。住房的多元化、多样性、灵活性和经济适用性是
中心区规划的重要部分。

目标：

鼓励多样化的住房形式和租期，最大限度地提高质量、灵活性和经济适用性。

政策：

1. 引导居住密度与《中心区土地利用和发展规划》以及相关专项设计(图 8.1)相协调。
   提升居住开发的多样性，尊重和支持邻近地区的居住和商业形式，特别是市区核
   心地区从商业用途向混合用途居住社区的转变。

2. 鼓励居住单元多元化，适应包括单身、年轻家庭以及空巢老人的需要。

3. 鼓励住宅区的家庭式商业毗邻核心区。

4. 提升经济适用房的内涵，包括小型单元和弹性设计的单元。根据加拿大住房抵押组织（CMHC）的定义，经济适用房的花费不应占到购房者 30% 以上的收入。（备注：各市可定义各自的负担能力或者提升住房的多样性和选择以提高负担能力。住房负担能力是一个综合问题，它要求有周全的措施，以及政府和私人开发的配合以确保落实。）

5. 鼓励为有特殊需求的人提供一定比例的住房（比如，5% 的单元应当符合更高的设计标准并要求密码进入）。

6. 在市区设计中高密度的沿街住房，设置直接朝向街道的入口和门廊、眺望台，窗户和其他设计要素要凸显建筑立面，促进友好的邻里规模和舒适的街道的实现。

7. 保证住宅与街道尺度的和谐，街道边缘的建筑最高为 3 ～ 4 层，之后的建筑物按需要逐渐向更高层过渡。

8. 不鼓励没有庭院的长条形住宅。

9. 使用经典而不过时和简单明亮的大地色。

10. 鼓励设置私密、半私密和公共开放空间作为居住开发的组成部分，就近提供游憩设施。

11. 提升和拓展当地巷弄和院子作为通过某些特色地区的公共入口和开放空间系统的一部分，打破围合，提供街区内必要的行人通道。

12. 在社区推广使用"绿色屋顶"，增加公众和私人开放空间，提升邻近地区的绿色景观。

13. 要求开发商说明规划对毗邻住宅的遮阳影响、视线分析和对临近住户的视野影响，制定包括街道提升和城市行道树种植计划的公共领域规划和绿色屋顶景观规划。此外，还要提交一份完整的反映未来愿景的景观图集。

公园、绿地、自行车道及其衔接

通过综合的绿道网（人行道）和自行车道系统，重建规划提供了把现有的公园和开敞空间系统扩展到市中心区的机会。公园和开敞空间的数目、类型、位置、资金保障、维护等都面临挑战。

目标：

建造一个与时俱进的以行人为导向的公园、自行车道、人行道和开放空间系统，为所有年龄阶段的市民提供的丰富的绿色景观（图 8.6）。

策略：

1. 结合现有的步道、自行车道和跨加拿大步道系统，建设预计的公园、自行车道和人行道。
2. 在中心区北面建设一个主要的公园。
3. 制订一个行道树总体规划，明确树种和分布，以及主要行人道路的行道树种植要求。
4. 鼓励提供额外的公共可达开敞空间和沿街公园（例如，庭院和广场）。
5. 鼓励建设绿色屋顶，包括公共和私人的，为邻近居民提供最大化的休憩空间。
6. 公园和开敞空间应朝向阳光充足的南面，创造有魅力的景点供坐卧、散步和其他娱乐活动，同时提供可选的遮阳处和避雨点。
7. 保证公共和私人开敞空间的区位、规模和维护，适合开展各项活动。
8. 结合试点项目推广植树计划，包括在现有核心商圈的西侧。

图 8.6　袖珍公园可增添集会和休憩空间，兰里，卑诗省
在中心区设计绿色空间和公园应考虑南向、遮阳、舒适的座位、开阔的视野和充足的设施等。

公用设施、街道、停车场和交通循环

公用设施要求能满足污水、道路、给排水的预计增长。从初步审核来看，需要更深入研究污水和给排水公用设施的容量以满足预计的增长需要。

目标：

通过提升基础设施能力，改善街道设计，包括停车、车辆出入口以及行人通道，完善市中心区的基础设施服务以及行人安全和交通功能。

策略：

1. 把新开发地区的交通循环和街道设计规划，作为中心区综合交通分析的一部分加以考虑。

2. 完成新的街道设计和其他潜在的街道美化试点项目，可以包括：
   - 降低交通噪音（设置道路凸起带和中央绿化隔离区）；
   - 行人控制的道路信号；
   - 门户入口设计（例如，适当景观化的特殊凸起、公众艺术和标识）。

3. 制定一个中心区停车的结构性规划，作为市区重建战略的一部分。停车设施不向当地街道敞开并限制接入点。停车场出入口所在的地方，应适当美化和设计成正常建筑立面的样子。

4. 创建可能延伸步行道绿化带、减少车辆与街道的衔接宽度的"停车口袋"（parking pockets）。[1]

5. 提升下水道和给排水系统。

6. 研究引入并形成中心区环线的巴士系统（或有轨电车）的可行性（图 8.7）。

7. 鼓励智能电源（能源智能化）的开发和使用相关保护措施。

8. 提供必要的光纤设施服务，以扶持需要先进的网络支撑服务的家庭式企业。

9. 尽可能地实现居民和货运交通的人车分流。

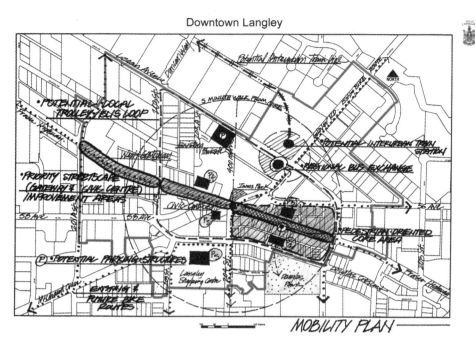

图 8.7　流动性规划的理念，兰里，卑诗省

本规划为高速巴士和本地穿梭巴士、现有和潜在的自行车和行人路线、行人聚集点（集散地）和交通节点（主要交叉点）提供了一个换乘枢纽。

插图 8.8　在停车场最大限度地增加景观和步行的联系，素里，卑诗省

通过简单的方法，甚至把停车场——传统意义上的"灰"空间，变成"绿"色。

市区环境与绿化

市中心区的再开发，为中心区的自然化和街道的绿化，以及清除由于过去的商业和工业活动而引起的土壤污染提供了一个机会（图 8.8）。

目标：

针对重建提出具有可操作性的土壤污染消除要求，并保护长期的公共利益。

策略：

1. 确保开发区域的相关研究和论证已完成，并符合省级土壤污染法规。

2. 鼓励建设易维护的自然景观，利用浇水量少的本土植物并提供鸟类栖息地。

3. 如果可能且适当的话，鼓励在重建过程中保留现有的树木和其他植被。

4. 在公共和私人领域最大限度地提高绿化面积，提高自然排水和地下水补给的能力。

商业和市中心的核心焦点

特色零售、娱乐、行人导向的餐饮，以及公共用途应当集聚在市中心的核心区。

目标：

通过采取特殊的街道处理等措施,在行人友好的核心区集中特色零售业和互补的娱乐、餐饮，以及其他公共服务业（图 8.9）。

策略：

1. 通过限制专业零售，强化现有的步行购物区（核心零售区）的功能。

2. 在城市设计确定的三个重要节点限制主要商业（办公和零售）的发展。

3. 优化特色街景，使用包括特殊的街道铺装、人行横道信号控制和必要的交通降噪等手段。

4. 在核心区鼓励商业和住宅的混合使用（最多四层）。

5. 要求商业再开发的内容应包括装饰性的人行道、适当的街道家具、行道树，以及提供树木和其他景观植被的种植计划。

6. 包容并扶持与沿街住宅开发相结合的家庭企业(在一些特殊设计区,如图 8.1 所示)的发展，家庭企业的面积不超过基地面积的 **20%** 并预留在地面层。

7. 对每个主要开发项目进行交通影响分析,确定转弯处、人行横道、信号装置、接入口、服务设施和停车场的设置。

8. 限制街道和建筑之间的路外停车，要求所有路外停车进入地下停车场、停车楼或建筑背后的地面停车位。车辆应停放在建筑后方不引人注目且不阻挡公共视野的地方。

9. 经过有资格的工程师进行交通研究论证后，允许提供共享停车场。

10. 在公众视野以外或是处于景观缓冲的道路和地区，应限制商业开发。

11. 整合新商业发展的同时应尊重现有的工商业活动。

12. 鼓励多样化门面、通透和吸引人流往来的商业发展。

13. 鼓励户外咖啡馆和其他类似户外场所，在人行道和毗邻的庭院区域创造行人活动。

14. 支持保险和安全防范计划，提高商业物业的安全性。

图 8.9　包括宽敞的人行道、树木和照明的特殊街景，兰里，卑诗省。
这些元素为专业零售、娱乐和餐馆提供了步行友好的环境。（卡鲁姆·斯里格利绘制）

学校，生活服务设施和社区设施

在未来 10 ～ 20 年及以后，市中心区的新居民会显著增加。

目标：

提供足够的社区设施和相关的社会服务设施，与地区的住宅发展需求相协调（图 8.10 ）。

策略：

1. 研究随时间推移和住宅的开发，当地学校扩招的能力和潜力。

2. 鼓励核心区其他文化设施的发展(例如,表演艺术和文化中心、儿童博物馆和公园)。

3. 改善周边地区的行人和交通设施，方便居民使用当地的服务设施。

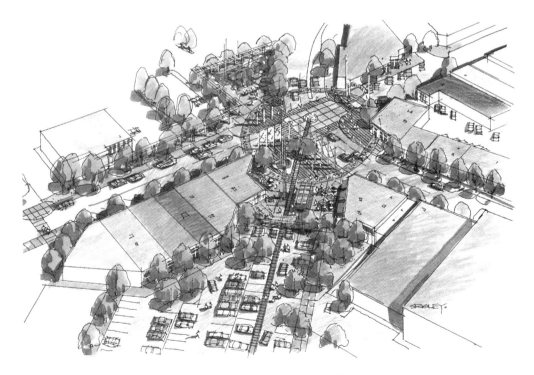

图 8.10　增加重要的公共设施作为中心区重建的一部分，兰里，卑诗省

作为一个区域性枢纽，兰里市准备在接下来的二十年里承载更多的人口。(卡鲁姆·斯里格利绘制)

商务/轻工业活动和"好邻居"计划

市区西北侧的工业发展有一定的传统。它将可能以不同的形式存在（由重到轻工业）或转变为住宅及商业用途。在城市的转型过程中，现有的工业应当被支持。要注意的是工业在住户增加的同时可能产生的潜在危害以及住户对工业的投诉。

目标：

最大限度地减少地区现有工业和新建住宅之间可能的冲突，同时支持现有的工业发展（图 8.11 ）。

策略：

1. 创建一个"好邻居"计划，促进地区住宅和现有工商企业之间的沟通，以减少或消除相关的问题（例如，卸货时间和载货交通）。
2. 在转型期间支持现有的工业用途。
3. 鼓励结合新的开发和地区的总体美化要求，清理和优化现有的工业物业，包括对停车场和装载区的遮挡和整体的景观设计。
4. 通过在现有工业物业上凸显自然景观特色，推进现有工业融入"绿色和安全的街道"的创建。
5. 支持保险和安全防范计划，提高工业物业的安全性。

图 8.11　商业用途微妙地融入社区肌理，兰里，卑诗省
园林景观能美化和"自然化"工业和商业楼宇。

设计指引范例

设计策略制定了实现城市设计要得到的目标，而设计指引明确了开发的具体设计要求。从建筑体量到街道和景观的处理，设计顾问，包括建筑师、景观建筑师和工程师，都必须密切关注与指引相关的细节。许多新的设计指引都具有可持续的设计特点。下面的这份兰里市市区总体规划设计指引强调了从头开始而不是最后考虑可持续性的需要。该定位为其他随后的设计要考虑的要素提供了要求。

当在其他地方应用这些设计指引时，选取其中适用的部分很重要；否则，该指引会因为不现实、不适合当地习俗，或者难以实现而被摒弃。因为天气条件或资源条件的不同，在不同的地理位置的城市设计也就需要有针对性的对应。

本土建筑是最好的可持续发展指引，因为这些永恒的建筑即便没有上千年，也经历了数百年的考验。这些建筑的历史形态、景观，以及相关的供水、下水道和其他基础设施等都对具体的可持续城市设计指引具有启示意义。这些指引通过目前的技术来推进创新是可行的。例如，新德里贫民窟具有其独特的空间形态和治理结构，试图彻底地改变其形式可能会是灾难性的。采用符合当地居民风俗习惯的更为温和的更新方式更为有效。这允许居民在他们的背景环境中改善他们自己的家园和社区。许多城市对贫民窟的"连根拔起"式的处理方式，就像 20 世纪 50 年代纽约一样，揭示了这些策略的短视（参考第三章城市更新的讨论）。

接下来的城市设计指引应当放到兰里市的特定背景来看。它们的目的是提出一个框架、格式和内容，可能对其他世界各地的城市中心区具有指导意义，但也强调需根据当地情况进行调整适应。具体的社区可持续发展策略与之前的政策,被分为几个主题范畴，即可持续性;市区建筑形态;公园、开放空间和设施区域;以及街道、门户、停车和交通。每一方面的设计指引都由几个明确的目标开始，并提出相关的政策。

可持续性

目标：

1. 在市中心区的规划设计中考虑可持续发展原则。
2. 为不同类型、年龄和身体条件的住户提供住房以促进社会可持续性。
3. 便于步行、骑自行车和公共交通使用的中心区。

总体可持续性要素

· 市中心应该是一个适宜步行的、混合用地的发展区，并在居住和就业附近提供居住、工作、娱乐和学习的机会。

· 提供混合类型的住房，包括面街的联排住宅、叠排住宅，以及低中层和高层公寓。

· 在建筑设计和开放空间、公园和公共设施的设计上，应考虑无障碍设计。

· 如有可能，建筑设计应考虑使用当地的可替代能源，例如太阳能使用、太阳能发电和地热能源。

· 建筑和场地的规划，应考虑采光、废物回收、水的循环利用、低耗水的园林景观、低耗水装置、节能照明和节能材料等因素，以减少能源和材料消耗。

· 在场地规划中应考虑雨水渗透。

· 为了鼓励汽车的替代选择，每个开发项目都应当考虑适宜步行、自行车出行，并方便地连接到交通换乘和当地服务，同时考虑汽车共享计划以进一步降低汽车使用。

具体的可持续社区战略包括以下内容：

基地环境战略

· 通过围墙、栅栏等方式减少规划区（树木保留区）的施工干扰。

· 指定浅色、高反射的屋顶材料，尽量减少"热岛"效应。

雨水

· 在适当可行的停车区域使用透水性的路面铺装。

· 在适当情况下使用植草洼地。

· 适当要求就地雨水截留管理。

水

· 选择抗旱的本地植被绿化以减少水的使用。

· 采用 2 英寸（50 毫米）深的覆盖式种植池以减少水分损失。

· 使用回收水或雨水灌溉（例如，雨水收集计划）。

· 景观区内草地的最大面积限制在 50%。

· 在建筑和场地内强调节水作用（例如，灰水回收系统和安装低流量装置）。

能源

· 通过节能设计和控制建筑朝向提高能源效率（例如，节能 LEED 标准和南向建筑）。

· 建筑内使用节能装置。

- 使用遮阳的树木在夏季遮蔽建筑物，减少太阳辐射升温。
- 在私人住宅或商业单元中使用可编程的恒温控制器。
- 安装节能冰箱和洗衣机。
- 内部照明和外部照明均使用节能灯。
- 使用可再生能源，如太阳能和地热能。

建筑材料和废物减少
- 在可能的情况下重复利用现有的建筑材料。
- 在可能的情况下使用含可回收物质的建筑材料。
- 尽可能确保建筑废弃物的回收。

健康建筑、景观和实施
- 使用减少废气排放的地板和油漆材料以改善空气质量。
- 设计可打开窗户保证新鲜空气流通。
- 每个公寓单位要求一个安全的自行车停车位。
- 每个下水道安装净化器或水／油分离器。
- 在景观设计中提供野生动物栖息地。
- 在设计和单元可达性上灵活通用，以适应占用方式的随时变化（例如，生活／工作单位、残障人士）。
- 为每一位新的居民提供"住户手册"，说明对环境有影响的行为。
- 在居住区规划中考虑社区花园。

中心区的建筑形式

目标：

1. 确保建筑物和街景都是高品质的设计。
2. 确保中高层建筑具有相对小的底层面积以允许增加地面开放空间，维持视线通廊，缓解不良微气候。
3. 最大化太阳光照，避免因风和阴影造成不良的微气候效应。
4. 通过提供有吸引力的街景、活跃的店面和多元的门窗等赋予街道生气。
5. 确保最高的高层建筑作为具有鲜明建筑特征的地标符号。

指引：建筑高度和体量
- 开发应考虑建筑高度和体量与周边社区和用途的协调，实现建筑到毗邻商业区或轻工业区普遍的四层或更低层的过渡（图 8.12）。

· 较高的建筑物应位于核心商业区以外的指定地点。

· 高层建筑的用地面积应相对较小，以增加底层开放空间，维持视线通廊，减少不良微气候影响。

· 建筑物应以以下方式选址：最大限度地增加太阳光照，避免场地内因风和阴影造成的不良微气候效应。

· 高度感和体量感应该通过以下方式实现最小化：高层建筑后退、建筑朝向调整、屋顶处理和外墙材料色彩的选择等。

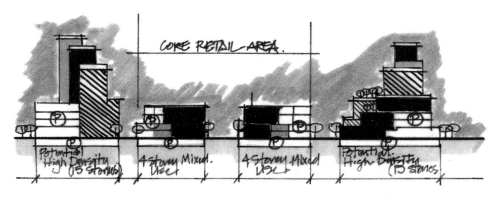

图 8.12　建筑密度的过渡，兰里，卑诗省
这张概念草图表现了建筑密度的鞍形过渡，中层位于中心，高层位于外围。

建筑艺术处理

· 所有建筑外墙应采用兼容和谐的外部装饰材料。

· 建筑色彩应提供视觉趣味。

· 任何建筑物的屋顶机械设备应通过装入建筑物内，或通过与外墙装饰风格一致的遮挡物进行隐藏。

· 高层的标志性建筑应该有包括顶部设计的鲜明建筑风格。

· 应慎重考虑从更高的建筑视角可看到的屋顶部分的设计。尽可能采用天台花园、"屋顶绿化"技术，露台设计应考虑提高屋顶使用率、外观和可持续功能（图 8.13）。

· 住宅和其他开发要素应进行选址研究以尽量减少对其他住宅的影响，注重考虑其采光、日照、通风、安静、视觉隐私和景观。

图 8.13 高密度建筑形式和屋顶花园，温哥华，卑诗省
温哥华市要求所有屋顶尽可能通过景观处理并得到有效使用。

建筑与街道关系

- 为了给地面层提供积极、吸引人的街景，建筑物应该在地面设有门面、门廊和窗口，以及天气保护装置，如遮阳篷、挡雨篷和拱门（图 8.14、图 8.15）。
- 沿街立面较长的大型建筑应设计细节和连接处，以创造有吸引力的街景。
- 建筑上层停车场应与周边的商业或居住区衔接，避免外墙的空洞化，维持有活力和有魅力的街景。
- 高层住宅建筑应与联排房屋、叠排房屋或低中层公寓相结合，以提供步行街的尺度以及好的高低过渡效果。
- 任何低中高层建筑应该设计友好而有趣的沿街形象 / 入口，以及有吸引力的临街立面。

图 8.14　沿街开发的多个出入口，温哥华，卑诗省
多个住宅入口面向街道可创造一个更安全、更有活力的街景。

图 8.15　清晰的街道入口，温哥华，卑诗省
街道入口的特殊处理有助于增加步行的尺度感和街道的正面细节。

公园、开放空间、和公共区域

目标：

1. 提供一个安全、宜人的行人环境以鼓励步行和自行车出行。

2. 建设强大的连接通道网落，把场地和市区的交通换乘设施以及其他社区设施联系起来。

3. 提供各种各样的开放空间和公共区域。

4. 确保大多数的开放空间对非本地居住或工作的人开放。

5. 确保高质量的活动规划和设计也融入地区中去。

6. 尽量减少用于车辆通行、进入和停泊的地面面积，以增加开放空间和娱乐设施的使用面积。

设计指引：

行人通行

1. 在市中心及周边社区的不同用地之间，应提供安全且有吸引力的行人通道（图 8.16）。

2. 内部街道系统应预留从市中心不同区域到交通中转区和未来换乘枢纽区的连接点。

3. 步行通道应包括行人道和仅限于急救和服务车辆使用的通道以及作为道路路权的一部分的人行道。

4. 在开放空间、公园和公共设施的设计中应考虑通过环境设计预防犯罪（具体细节请参考前文所述）。

5. 基本的行人空间应当光线充足，可视性好，行人通道尽可能相互连通。

开放空间、公园和公共设施区域

· 开放空间、公园和公共设施区域应该是多种多样的，包括如广场、庭院、步行街、绿化/公共空间和依据四季而设计的社区园林等。

· 安全的内部庭院应成为周边居民的活动焦点。

· 开放空间应当具备举办高水平活动的特色，有着高品质的功能清晰、安全和令人愉悦的景观建筑。这些空间包括有不同季节色彩的植物、丰富的街道设施和当地的公共艺术。

· 场地的入口和边缘的设计应特别留意,以确保为场地提供一个安全的、有吸引力的、独特的沿街面。

· 内部街道应该有成排行道树和夜间行人照明。

· 开放空间、公共区域和公园的设计应能减少消极的犯罪活动（图 8.17）。

图 8.16　某项目的步行通道，素里，卑诗省

步行通道应当有清晰可见的出入口和适当的照明以确保安全。

图 8.17　中央公园和公共区域，温哥华，卑诗省

一个在住房建筑群中的中央公园，可以为嬉戏玩耍提供一个安全的空间。

街道、门户、公园和交通换乘

目标：

1. 提供场地内部、交通设施和核心商业区域的高度连接性。
2. 提供一个安全、愉悦的行人环境，鼓励步行和自行车出行。
3. 设计高效的机动车辆，包括服务和急救车辆的出入口。
4. 为新的住宅和商业建筑提供充足的停车位，同时鼓励使用公共交通和步行。

指引：

街道和停车

1. 在设计中采用交通降噪措施和设置行人专用道（只限于服务和急救车辆使用），以创造一个安全的、有吸引力的步行环境。
2. 街道设计应考虑自行车的使用，自行车停放处应充足明显。
3. 多元的停车选择，包括建筑背面、多层停车场、地下车库（最可行的是负一层）和沿街停车场，应当在市中心区尽可能地提供停车的多种选择和方便性。
4. 应继续提供短期停车场。
5. 在可能的情况下，停车场应为有错峰时间需求的用户所共享。
6. 服务和急救车辆应当有明确高效的通道通往市区。
7. 停车、装载和乘客上落区应当方便可达且经过设计，以尽量减少人车冲突（最好是位于建筑侧面或背面）。
8. 由于开发造成的对相邻道路的潜在交通影响，应预先设计并尽可能减少。

整合现有和未来的交通换乘枢纽

- 在市中心不同分区和邻近社区之间构建明确的有吸引力的行人通道，以提供通往公共交通、无轨电车和主要中转站的安全且有吸引力的路径。
- 考虑寻找机会引入"城际列车"以在未来中长期连接其他城市。

门户

- 要突出这些门户，首选的设计是在两边种植长青的树木，并在地面树立标志，同时种植灌木或当地的多年生花卉作为背景。
- 这些地区应当有特殊的铺装和人行道处理，作为到达的提示。一个特殊的路面"减速带"也表示通过本镇中心应降低速度至 30 英里每小时（50 公里 / 小时）。

市中心的政策和指引为下一章的具体规章设定了框架。兰里市官方社区规划（总体目标、分项目标和政策规章）以及法定分区（土地利用、建筑后退、密度和其他特殊规定）指明了市区具体政策和指引的整体方向。中心区总体规划是官方社区规划和法定分区的一个子集或更详细的实施计划。

第九章 开发管理条例

没有任何规则可以预测出最终发生的所有状况和冲突，防止坏事情的规则也往往阻止了好的事情。

——理查德·赫德曼、安德鲁·贾斯维斯基,《城市设计的基础》

跟政策和设计指引相比，开发管理条例不具有弹性的要求，除非有客观存在的阻碍开发计划实行的理由。在这种情况下，城市设计可以偏离管理条例。正如前一章节所说的，北美地区的议会，例如规划调整或变动小组，将对有问题的申请进行审核。有时候可以有最多 10%～15% 与条例的偏离容差。这适用于特殊的案例。这些案例包括由于特定的场地条件导致的建筑后退或高度偏离，例如重要树木的保留、现有历史结构的维护，或是棘手的场地配置等。管理条例中的"应当"一词强调的是普遍适用的不可变动性。

前一章提出了指导设计实施的整体策略和设计导则。这一章将用两个管理条例的例子来说明设计意图实现的下一步动作。除非有其他说明，这些条例都是强制要求。第一个管理条例是作为前面政策和指引的延伸，适用于卑诗省兰里市的中心区。第二个管理条例适用于阿尔伯塔省梅迪辛哈特市的房屋建设管理。

梅迪辛哈特市的管理比兰里市更加严格。梅迪辛哈特市的管理条例要求与特定土地用途的地区标准（分区要求）相一致，而兰里市主要通过创造性的解决方式回应条例的意图。梅迪辛哈特市的严格管理是可以理解的，因为这座城市经历了无法满足市民期望的社区重建计划。任何密度和强度的增加都要求适应街区的特征。由于地块的大小存在不同，为了使新的开发融入现有地段的特征，特定的建筑后退和高度要求就是必要的。因为任何管理条例的背离都可能导致一个更大型的或者多户家庭的建筑，同时距离已有房屋过近，或是远高于邻近建筑。这些事情都非常敏感，因此管理条例必须非常明确。

相比而言，兰里市则在市区核心地带以外鼓励更高密度的有限制的发展。市区核心地带的历史特征将会被保留，而核心商业区以外，建筑密度和强度则不是特别显著的问题。高质量的设计是强制性的，同时要求一个适应周边背景的方案。因此，管理条例在大多数情况下是明确的，但有些时候当管理条例不能满足或者另一个同等的设计选择可以匹配条例的管理目的时，"鼓励"或是"可能批准"等措辞也就出现了，用于保留部分的灵活性。

市中心综合开发区

以下条例适用于第八章所介绍的兰里市区总体规划，同时也是中心区建设的更多的举措。当我们考虑将这些规定应用于世界上其他城市时，要记住规定的格式、内容和范围必须变通。最开始是一个表格，用于说明市中心九大主要区域的土地利用和建议密度（表 9.1）。其次是市区开发条例，从一般到具体。[1]

表 9.1 土地利用和增长计划，兰里，卑诗省
（本表概述了兰里市中心九区各自的具体特点、土地利用和允许的居住密度。）

分区	特征	土地利用	居住密度
核心地区（主要街区）	围绕某个艺术文化主题的特定商业和居住功能	商业和居住	中等－四层开发
市民中心	市民中心、办公楼和酒店	行政（公共用途）和商业办公/酒店	只有西侧的酒店用途
娱乐赌场地区	商业、娱乐和酒店	商业、娱乐和酒店	中等长期潜力
节庆公园和工业艺术区	休憩、教育、商业和轻工业	公共用途，商业和轻工业	无（提供部分工作/居住单元）
西出口	商业	商业	中等
普雷里公交	居住	居住/商业混合用途	中高
公园林荫道	高品质住宅	居住/商业只位于道格拉斯新月区	中等
兰里购物中心	短期商业；中长期中层到高层居住	道格拉斯新月区短期商业点，长期居住/商业混合用途	中高等开发的中长期潜力
居住地区换乘（市区以外地区）	居住	居住和商业	中等（邻近街区换乘）

EXAMPLES OF
DEVELOPMENT REGULATIONS

开发条例实例

核心商业区

兰里，卑诗省

一般要求

· 建筑设计和场地规划的形式和性质应与市中心相一致。
· 允许的用途包括市区商业区所包括的所有用途。
· 允许用于与邻近用途相兼容的各类学校机构。
· 学校机构应是多用途的，以最大限度地服务社区利益。
· 核心商业区的建筑高度将被限制为 4 层。
· 通过有效的建筑和景观设计，避免与相邻居住用地产生冲突。
· 在建筑和场地设计中提供残疾人通道。
· 停车场需要有良好的景观规划，以提供一个安全、有吸引力的行人 / 汽车环境。
· 要求交通影响研究对地区开发和相关的交通循环改善进行评估。
· 采用通过环境设计预防犯罪（**CPTED**）原则。
· 鼓励最高四层的混合使用建筑，地面层预留为商业用途。

建筑形式和外墙装饰

· 突出有吸引力的统一的建筑特色，在可能的情况下，提供连续的遮风避雨等装置。
· 避免商业零售单元之间过于突然的外观转变。
· 空白的建筑立面应通过材料或图形进行美化。
· 相关标志应配合建筑设计，并获得项目建筑师的认可。
· 应使用高质量的外墙装饰，以确保建筑围护结构的完整性，并呈现一个有吸引力的外观。

景观设计

· 景观规划须由卑诗省的注册景观设计师完成。
· 景观设计应符合卑诗苗圃行业协会（**BCNTA**）和卑诗景观设计师协会（**BCSLA**）标准，并配备地下灌溉系统。
· 所有的树木直径应至少达到 **2.5** 英寸（**6.0** 厘米），每 **6** 个停车位要求种植 **1** 棵树。
· 景观设计应将停车场掩蔽在邻近的街道中，"软化"开发的整体面貌。

- 景观规划应强调遮荫树种以缓和夏季气候。
- 入口应该是明显但不过于夸大的，同时通过使用地面标志、护墙和围栏，辅以丰富的景观设计来进行强调。
- 照明应注重安全和能见度，使用防眩和直接照明以减少对邻近住宅物业的影响，同时符合已有的室外照明影响政策。
- 行人区域应采用与车辆停放及装卸区明显不同的表面处理（混凝土、砖或石）。

通过环境设计预防犯罪（CPTED）

- 要求合格的 CPTED 顾问对城市发展项目进行审核。
- 在规划中应考虑防止非法闯入的目标强化措施。
- 避免难看的护柱和窗栏设计。

详细建筑设计

- 新建筑物应与现有建筑互相补充。
- 建筑物应具有独特的底座、中部和顶部，以及山墙和屋顶。
- 建筑应有沿建筑立面的大窗户，创造出通风的和宜人的体量，建筑入口稍微嵌入。
- 商业用途的地面层窗户应设计得更大，从地面开始，但不应延伸到二层。
- 建筑施工应使用高品质的材料和工艺，包括木质或其他合适材质的模型和屋檐细节。
- 基本材料应当是木头，有石质的细部、涂层材料、装饰玻璃、混凝土和金属壁板等加以辅助。
- 架空遮阳防雨装置应当和遗产保护相协调，最好是作为建筑物的外延门廊或拱廊，当然也可以是间断的建筑遮阳篷和挡雨篷。遮阳篷和挡雨篷应设计为耐用布料或木头材质的简单平面。玻璃或塑料材质是不允许的。

标识

标识是反映工商业者或各类活动的标记，应与所处地区的特色保持一致。

新开发地区的标识应该是：

- 建筑和场地设计不可分割的一部分，它的形式、材料和特征应补充说明其广告的活动类型；
- 木头（油漆、染色、喷砂或雕刻），金属（铸型、油漆、浮雕或上釉），织物，或描画 / 蚀刻在窗户或玻璃门面板上；
- 非塑料的、内部照明的、背光的遮阳篷 / 挡雨篷，电子或移动的信号板或霓虹灯；
- 主要面向人行道上的行人，除了门户林荫大道的标志；
- 隐蔽的具有历史遗产主题的固定装置外部照明；

- 符合标识设计法则，或者以下要求：遮檐 / 树冠下方的标识(净空 8 英尺，或 2.4 米；每个商家最大为 8 平方英尺，或 0.74 平方米；字母最大高度为 0.5 英尺，或 0.15 米)；招牌 / 遮阳篷和树冠标识（建筑物正立面每米的最大标志面积为 1.5 平方英尺，或 0.14 平方米)；突出的标志（最小净空 10.5 英尺，或 3.2 米；建筑物正立面每 3.5 英尺或 1 米的最大标志面积为 3 平方英尺，或 0.28 平方米)；入口标志（地面装置作为入口特征，配合景观绿化和围墙细节设计)。

中高密度的居住区管理条例

多户四层开发将被作为市中心的基本标准，混合使用集中在核心区，其中一层是商业零售，以上三层为住宅用途。并考虑未来可能的中高层开发。如本节所述，中层和高层开发（最多 15 层，特定位置可以更高）只有遵守这里所列的具体条例才能被允许。

密度、形式和特征

1. 中等密度的上限为 60 单元 / 英亩（150 单元 / 公顷），要符合分区规定且建筑不超过四层，第四层建筑从街道后退 10 英尺（3 米）（图 9.1）。

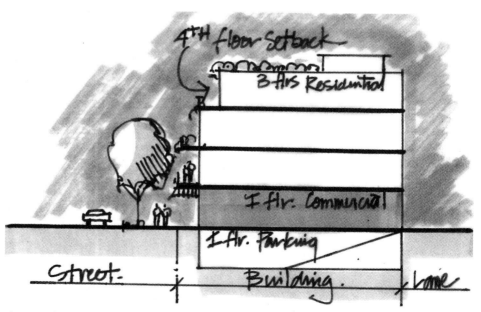

图 9.1　阶梯式后退的屋顶，温哥华，卑诗省
该特征可以减小多户建筑的体量。

2. 最大的密度为 150 单元 / 英亩（ 370 单元 / 公顷 ），层高为 15 层（ 高度限制 150 英尺，或 46 米 ），并需要符合机场的相关规定。

3. 正面建筑后退应反映街道的人行特征。城镇房屋的正面后退从走廊算为 6.5 英尺（ 2 米 ），从单元算为 11.5 英尺（ 3.5 米 ）。对超过两层的建筑，地面以上两层后退 13 英尺（ 4 米 ）甚至 20 英尺（ 6 米 ）的都可能获得批准。

4. 连栋房屋应该有明确的主入口和联系街道的庭院、特定的私人开敞空间。

5. 新的开发应与周边土地使用相结合，高密度的开发应逐渐缓冲到较低密度的现状。

6. 过渡区应尽量减少与现有的独栋住宅用地的冲突。

7. 建筑设计与场地规划应与邻近的多户住宅开发相协调。

8. 在建筑和场地设计中提供残疾人通道。

9. 采用通过环境设计预防犯罪（ CPTED ）原则。

10. 超过 100 个单元的项目应提供儿童游乐区，最小规模为 2691 平方英尺（ 250 平方米 ）。

11. 公共绿地（ 当地公园 ）的最小面积是 65×65 英尺（ 20×20 米 ）。

12. 除非另有批准，建筑物的间距最少应为 20 英尺（ 6 米 ）。

13. 居住区的开发应通过延伸的门廊、凹嵌的入口和沿街的首层单元（ 图 9.2 ）营造强烈的街景。

图 9.2 多户住宅开发的分离街道入口，温哥华，卑诗省
街道入口可以提高街道可见性，活化街景。

14. 任何建筑物屋顶的机械设备须通过嵌入建筑屋顶，或通过一种与建筑物的性质和外墙相一致的方式遮蔽隐藏起来。

15. 停车场应朝向两侧或后方（或地下／独立式），满足以下规定：不允许在主干道直接设置车辆出入口，临街道路或车道的出入口应统一设置。

16. 在街道一侧或两旁须提供额外的停车位，在整个开发中应均匀地设置访客停车位。

特殊的中层和高层建筑要求

1. 住宅塔楼应包括三个不同的垂直区域——底座区、中层区和顶部区（图9.3），并符合如下规定：底座区最高为3层，底座上方沿街面最小建筑后退为10英尺（3米），营造强烈的水平街墙形式。

2. 中层区（10～11层）应通过使用不同的建筑风格、立面衔接和建筑体量与底座层区分开。同时，应加强建筑的表达、细节和材料以保证连续性和统一性。建筑平面层一般不超过基地面积的90%。

3. 顶部区为1～2层。一般情况下，顶部区应明显地从中层区向后缩进，以构建一个明显不同的塔楼顶部。该区平面面积一般为中层区的90%，并在沿街面进一步后退。材料或建筑细节的变化可以用来强调和区分顶部区域，但不应占据整个建筑物。

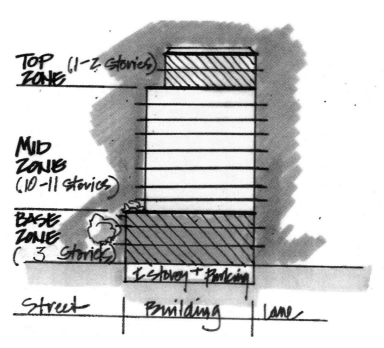

图9.3　高密度建筑形式示意图，兰里，卑诗省

该图清晰地表达了中高层建筑三种不同的垂直分区。

外墙装饰和围护结构

1. 应使用高质量的外墙装饰以确保建筑围护结构的完整性，并呈现出一个有吸引力的外观（图 **9.4**）。

2. 装饰材料应包括玻璃和玻璃窗墙系统，砖、石、建筑混凝土、预制彩色混凝土，灰泥板（最高占建筑外表面面积的 **15%**），或预加工金属。

3. 不鼓励灰泥粉刷，如果需要使用，应由合格的独立顾问检查并认证。

4. 屋顶材料应满足"建筑分级"要求，包括屋脊和阴影线。

图 9.4　高品质的外墙装饰和材料，兰里，卑诗省
一个经济的途径是将高质量的材料集中用于地面层，但保持顶层立面不同材料的连续性。

景观设计

1. 景观规划设计须由注册景观设计师完成。

2. 景观规划设计应符合当地景观／苗圃行业协会标准，并配备地下灌溉系统。

3. 所有的树木直径应至少达到 2.5 英寸（6.0 厘米），公共道路邻近处要求一个 5 英尺（1.5 米）长的景观带。

4. 出入口应以适当的低矮通透的围栏和高品质的功能来区分私人和公共空间。

5. 墙壁不允许贴近街道；鼓励低矮的不超过 4 英尺（1.3 米）的围栏，与临街树篱和地面植被结合，突出田园风格。

6. 如果在仓库区等需要设置安全防护栏，可结合围护材料使用链网（黑乙烯塑料覆盖）。

7. 景观美化应是丰富和环境友好的，不同材质的使用以及景观尺度的大小界定了公共和私人的空间。景观美化既反映了街道的景色，同时也优化了行人的步行环境。

8. 所有住宅区均须有明确规定的行人通道。

9. 开发商应提供特殊的小型公园和绿化空间作为公共社交和集会的空间。

10. 可从街道、车道或邻近居民区直接看到的停车场应进行遮蔽。

11. 成熟的树木和植被应尽可能保留。

12. 停车场和垃圾区应适当遮蔽，最好是采用常青的植被遮蔽。

13. 开发商应采用多样化的硬、软装饰元素。

14. 鼓励设置私人户外活动空间。

15. 鼓励户外庭院和花架的设置。

16. 所有户外木材应经过压力处理后方可使用。

17. 可能情况下，围栏材料应为铁、铝或经认可的替代品，挡土墙应保持在最小高度。

混合使用开发条例

1. 街面层单人商业单元面积不得超过 4844 平方英尺（450 平方米），并在每个单元设置私人居住空间。

2. 水平延伸的不间断立面长度应限制在 39.5 英尺（12 米）。

3. 至少 50% 的地面层的建筑立面应在临街正面的外墙使用玻璃以提供建筑内部的可视性，创造一个更宜人的步行环境。

4. 商业可以安排在居住／工作的混合区域，在视觉上居住用途应该和商业用途相统一。

5. 停车场应设置在街道上，并设置通往建筑物后部的通道，以便建筑更加靠近街道从而营造更好的行人优先的氛围。

6. 面向住宅和商业单位的停车出入口是不同的（例如，第三或第四层的住宅连接到建筑背后的住宅大堂，商业出入口则在建筑的前面，见图9.5）。

7. 很多场地的停车场的覆盖率可高达70%，应设置地下或独立停车楼来确保临街立面的连续性。

8. 住宅和商业的入口应该分开，除非工作和生活是混合的，这时入口可以结合在一起。

9. 遮阳篷和／或挡雨篷将为沿街道立面提供连续的天气保护。

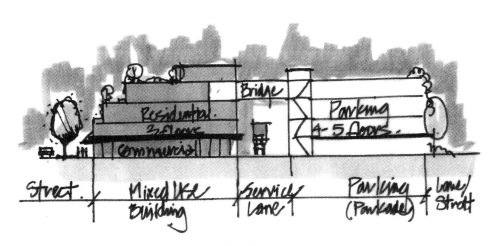

图9.5 联接住宅的机动车停车理念，兰里，卑诗省
机动车停车处与建筑分离但保持联系的理念为居民和商业提供了方便的停车。顶层作为社区花园／绿化屋顶。

CASE STUDY
案例分析

低配置住房填充建设条例

梅迪辛哈特，阿尔伯塔省

以下条例的目的是在现有居住小区内提供可供替代的住房形式。政府应当提供的是既符合已有街区的特征，又符合当地市场需求的恰当的住房。为此，需要提供多元化的住房选择以拓宽居民的可支付性和丰富住房的类型，并在已有服务设施和公共设施完备的街区提高建筑密度，优化环境质量。这些条例强调了八种仅限于居住填充开发的住房类型，最高为四层（表 9.2 ）。

再开发不可能单独进行。建筑形式与许多场地的组成部分都建立了重要的关系，包括邻近的街道、房屋、开敞空间和区域的总体特征。这些关系的成功将直接影响到街区的生活质量和特定的地方归属感。

这些指引是由 MVH 城市规划与设计顾问公司与阿尔伯塔省梅迪辛哈特地区共同提出的，针对的是城市平原地区的许多特定状况，目的是激发再开发的创造力和鼓励适应性。[2] 梅迪辛哈特人口将近 6 万，位于阿尔伯塔省东南部，加拿大 1 号高速公路横贯该地。这是一个天然气丰富的地区，被称为"天然气之城"。南萨斯喀彻温河贯穿市区，带来了风景如画的河谷环境。

市中心区西部平原地区开发条例旨在强化现有的特点，同时提供多样化的住房形式以进一步提高社区的丰富性（图 9.6）。每一个条例都由定义开始。

表 9.2 规划住宅类型的开发标准小结，梅迪辛哈特，阿尔伯塔省

（该表总结了梅迪辛哈特市内不同土地利用区（分区）的具体标准。第二栏的最小地块规模涉及特定的土地使用区要求。）

规划房屋类型	最小地块规模（平方英尺）	最大高度	最大容积率	前庭后退	侧院后退	后院后退	覆盖率(%)
大房屋	330-L 420-LCS 441-NL	2.5 层	0.60			18-24.5 英尺 （5.5-7.5 米）	
小房屋	535.5-NLCS						
后巷屋 （带大房）	225 450-L 540-LCS	混凝土地基上 35 英尺（10.5 米）	0.60 0.75	11.5 英尺（3.5 米）	5 英尺(1.5 米) 3.0-CS	后巷屋道路后退 8 英尺（2.5 米）	45
大套间 （带大房）	567-NL 630-NLCS			车库后退 18 英尺（5.5 米）		房屋与马车房之间 13 英尺（4 米）	
双拼式的 （2 单元）	450-L 540-LCS	2.5 层	0.75	11.5 英尺（3.5 米）	1.5 3.0-CS	18-24.5 英尺 （5.5-7.5 米）	45
四合式的 （4 单元）	567-NL 630-NLCS	混凝土地基上 35 英尺（10.5 米）	0.85	11.5 英尺（3.5 米）			50
联排房屋	225 内部 315 外部	2.5 层	1.00	11.5 英尺（3.5 米）	3.0 5.5-CS	11.5 英尺（3.5 米）	50
庭院连栋房屋		混凝土地基上 35 英尺（10.5 米）	1.00	11.5 英尺（3.5 米）		镇区房屋之间 33 英尺（10 米）	
庭院联排屋	930	3 层 混凝土地基上 39 英尺（12 米）	1.00	11.5 英尺（3.5 米） 3.0	3.0～7.5 或建筑高度的 一半	7.5-L 9-NL	55
3～4 层公寓	930	混凝土地基上 49 英尺（15 米）	1.50	6.0			

* 容积率（FAR）是建筑与基地面积的比例。例如，当一层的建筑面积覆盖了 100% 的基地，容积率就等于 1.0 FAR。或者，如果两层的建筑面积覆盖了一半的基地，容积率仍然是 1.0 FAR。其计算方式是建筑的总平方英尺（平方米）（即建筑面积）除以基地的面积。在某些行政辖区，FAR 也称 FSR，或占地面积比率。

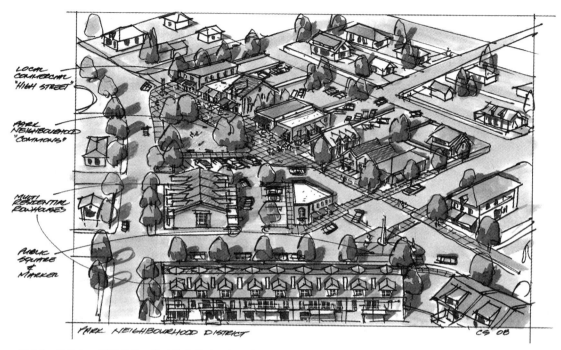

图 9.6　邻里中心区说明了可能的填充式再开发，梅迪辛哈特，阿尔伯塔省

该邻里中心区说明了可能的联排居住房屋填充，并与商业区相协调。（卡鲁姆·斯里格利绘制）

类型一和类型二：大型独栋住宅和小型独栋住宅

大型独栋住宅。位于一个大地块（60 英尺，或 18.3 米）的单户家庭住宅。大型独栋住宅可以包括带有车道入口和停车的套房单位或是后巷屋单位。这类住宅一般最小面积为 2150 平方英尺（200 平方米）（图 9.7）。大型独栋住宅可以拥有一个合法的套房单位或是后巷屋单位，但不可以两者都拥有。套房单位是一个独立的单元，位于单独的住宅内并带有独立的入口和后巷停车位。后巷屋单位也是一个独立的单元，位于后巷，通常建在车库或车棚上面，面积不超过 645 平方英尺（60 平方米）。独栋住宅单位的高度被限制在 2.5 层或混凝土地基以上 34.5 英尺（10.5 米）。这些住宅至少需要 5 英尺（1.5 米）宽的侧院。后巷屋应当从车道后退最少 8 英尺（2.5 米）。后巷屋可以为主住户提供两个内部停车位和一个沿街或套房单位停车位。套房单位允许每户一套，如果有单独的入口通往房子的侧方或后方的话。沿街每 25 英尺（7.62 米）应保留或种植行道树。

小型独栋住宅。一个单户住宅位于最小 30 英尺（9.1 米）的地块上（如右侧图 9.7 所示），带有单个车库和满足第二辆车停靠的后巷串联停车位。通常面积为 860 到 1300 平方英尺（80 ~ 120 平方米）。

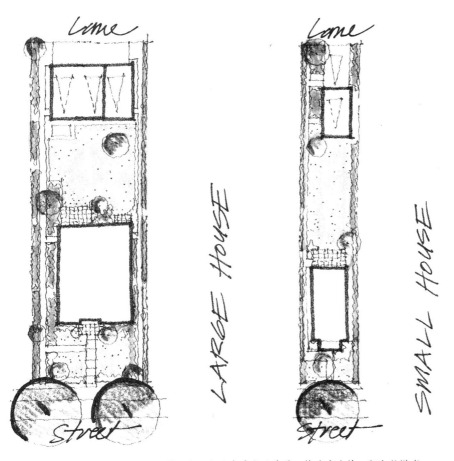

图 9.7 大型独栋住宅，小型独栋住宅，合法套房或后巷屋，梅迪辛哈特，阿尔伯塔省
左图说明了地块背部带有后巷屋的大型独栋住宅。停车设置在地面层。（卡鲁姆·斯里格利
和多恩·沃里绘制）

类型三：双拼住宅单元

两个居住单元并列且带有前方或沿街停车位（图 9.8 ）。

· 2.5 层 34.5 英尺（10.5 米）的高度限制；
· 最少 5 英尺（1.5 米）宽的侧院；
· 后巷 4 个车位的车库；
· 类似独栋住宅的建筑特征；
· 沿街每 25 英尺(7.6 米)保留或种植行道树。

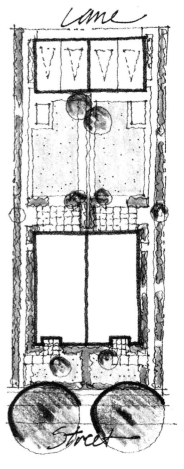

图 9.8　联排住宅，梅迪辛哈特，阿尔伯塔省
两个居住单元在一个带有沿街停车的地块上，以一个物业房屋的外形提供两倍的住宅密度。（卡鲁姆·斯里格利和多恩·沃里绘制）

类型四：四合式住宅

四个居住单元背靠背，带有沿街停车位或前后
封闭式停车场（图 9.9）。

- 2.5 层 34.5 英尺（10.5 米）的高度限制；
- 只可从后巷进入的停车场；
- 最少 5 英尺（1.5 米）宽的侧院；
- 类似独栋大型住宅的建筑特征；
- 沿街每 25 英尺（7.6 米）保留或种植行道树。

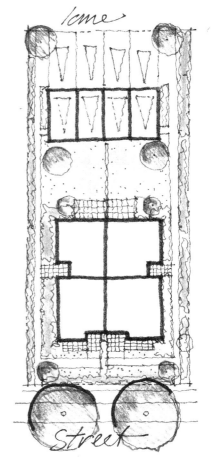

图 9.9 四合式住宅，梅迪辛哈特，阿尔伯塔省
四合式住宅包括公共墙壁与后巷停车位共享的前方两个单元和后方两个单元。（卡鲁姆·斯
里格利和多恩·沃里绘制）

类型五：联排住宅

沿街的联排住宅单元带有独立入口和沿街或前方停车场（图9.10）。

- 为地面层单元提供室外休憩空间；
- 最多6～8个单元一排（最多164英尺，50米）；
- 3层39.5英尺（12米）的高度限制；
- 最少5英尺（1.5米）宽的侧院；
- 提供单个车库和后巷停车位；
- 为每个单元提供大的后院；
- 沿街每25英尺（7.6米）保留或种植行道树。

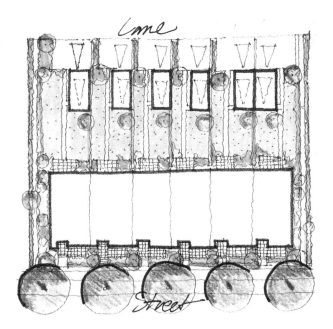

图9.10 联排住宅，梅迪辛哈特，阿尔伯塔省

这些最高3层的住宅并行排列，带有串联后巷停车位，以及更大的前庭后院。（卡鲁姆·斯里格利和多恩·沃里绘制）

类型六：庭院式城镇屋

沿街和庭院式的拼接住宅单元，带有独立入口和沿街停车位，高度限制在 2.5 层（图 9.11）。

- 为每个单元提供室外休憩空间；
- 最少 5 英尺（1.5 米）宽的侧院；
- 建筑的转角位要考虑能促进侧院的使用和减少空白墙面；
- 2.5 层 34.5 英尺（10.5 米）的高度限制；
- 地下层的停车棚设置（见规划）；
- 沿街每 25 英尺（7.6 米）保留或种植行道树。

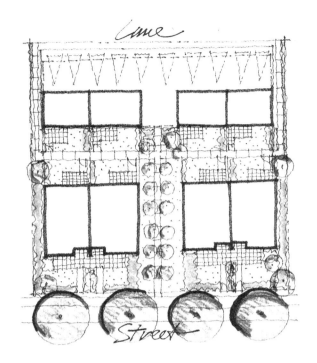

图 9.11 庭院式城镇屋，梅迪辛哈特，阿尔伯塔省
这类住宅为所有居住单元提供沿街停车场来最大化庭院空间。规划在房屋的前方和后方提供住宅单元，前方的双拼式（并排的两个单元）住宅类似大的地产物业。（卡鲁姆·斯里格利和多恩·沃里绘制）

类型七：庭院式联排房屋

沿街联排住宅单元，带有独立入口，内部庭院
和地下停车位，高度限制在 3 层（图 9.12）。

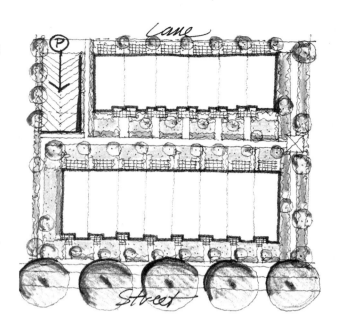

· 为每个地面层单元提供室外休憩空间；
· 用植被或遮蔽物遮挡地下后巷停车场出入口；
· 在侧院种窄塔形树木以缓冲相邻用地的冲突；
· 最多一排 6～8 个单元（最多 164 英尺，
  50 米）；
· 3 层 39.5 英尺（12 米）的高度限制；
· 最少 10 英尺（3.0 米）宽的侧院；
· 建筑的转角位要考虑能促进侧院的使用和减
  少空白墙面；
· 沿街每 25 英尺（7.6 米）保留或种植行道树。

图 9.12　庭院式联排房屋，梅迪辛哈特，阿尔伯塔省
庭院式联排房屋提供与单户家庭类似的前庭，同时在后院和地
下停车设计中预留背面地块的再开发可能。（卡鲁姆·斯里格利
和多恩·沃里绘制）

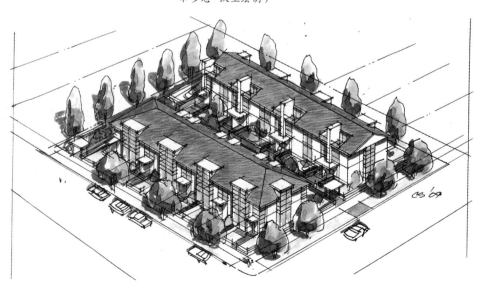

类型八：3 ~ 4 层公寓

3 ~ 4 层公寓带有后巷进出的地下停车场（图 9.13）。

- 建筑长度最长为 164 英尺（50 米）；
- 沿街住宅单元，在合适的地方设置独立入口；
- 为每个地面层单元提供室外休憩空间；
- 为上层单元提供公共室外休憩区；
- 用植被或木头遮蔽地下停车场入口；
- 沿街每 25 英尺（7.6 米）种植行道树；
- 在侧院种植窄塔形树木以缓冲相邻用地的冲突；
- 建筑的转角位要考虑能促进侧院的使用和减少空白墙面；
- 4 层 49.25 英尺（15 米）的高度限制；
- 侧院最少为 25 英尺（7.6 米）宽或建筑高度的一半宽；
- 在有后巷的地方设置地下车库出入口。

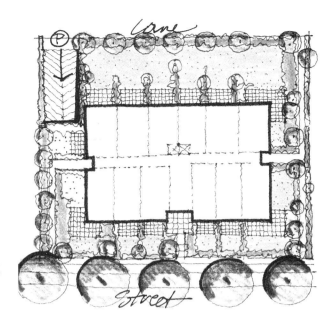

图 9.13 3 ~ 4 层公寓，梅迪辛哈特，阿尔伯塔省
这类 3 ~ 4 层公寓提供了填充开发中的最高密度。这类公寓通过地下停车场和地面层单元的朝向来强调街道，提高建筑和街道的联系度。（卡鲁姆·斯里格利和多恩·沃里绘制）

第三部分

评估与创新

第十章　城市设计的审查

可持续都市主义在关注人的居所是如何设计和建设方面是划时代的。在规划和建设都市主义过程中的众多群体应紧密合作来实现都市主义的高度特色化。

——道格拉斯·法尔，《可持续都市主义者》

本书到现在，已经论述了城市设计的整个过程，包括规划分析、综合汇总、政策研究、设计指引以及规则和规范等。同时，可持续城市设计也关注到了局部和不同的背景问题，社区也已积极参与到整个规划过程中来了，地方议会正式通过了城市设计这样的规划。似乎一切都十分顺利，我们大可通宵庆祝。

可是，第二天一早醒来，现实情况就开始"敲击"我们：我们承诺要实现城市的可持续发展，远大的目标、规划原则和发展方向都令人满意，但发展商似乎并不关心不同的开发方式对城市物业价格的影响。因此，在这个阶段对城市物业的结构和规划设计要求进行审查十分重要。这样的审查不是单纯与业主之间的一个协议。规划设计的细节往往很容易在传递给开发商和建筑商的过程中有所遗失，特别是当这些细节被认为是或者真的是提高了开发成本以及增加了审批时间的时候。在这种情况下，良好的设计意图会被"蒸发"掉，城市的管理者，包括议会和政府工作人员，将会很失望。这样的结果就是，越来越多的地方政府要聘用或培训知识型的雇员，细化城市设计审查的过程以确保城市设计实施的成效，尤其是当设计内容涵盖可持续发展理念时，因为涵盖可持续发展的实际情况往往更加复杂而需要特别地加以注意。

审查过程概述

以下是对设计审查过程的简要描述，涵盖审查的主要方面，包括设计审查的要素清单以及强调可能会忽略和遗失的重要因素。在本章最后一节作者提供了一个城市设计审查的模型，包括了审查要素的清单，其中特别强调了可持续性内容的要素清单。

审查所关注的细节和重点在从规划设计阶段转到开发建设许可阶段有了改变。城市设计最终还是要从彩色生动的规划转化到黑白的建筑图纸上。在这样的过程中，不同的专业参与了进来，潜在的业主和新的开发商也加入进来。由于这些改变的存在，对规划设计进行严密的审查以确保设计目标可以实现是非常必要的，否则，目标就很容易变动。

系统化的规划设计审查无论对大城市还是小城镇都是需要的，只是复杂程度有差异而已。越来越多的城市正在组织专业的机构来审查开发建设的申请。然而，尽管有着严格的程序性要求，但审查过程的好坏更取决于议会以及政府工作人员的审查水平。

首先，应建立一套相关联的设计审查体系来保证开发许可的申请不仅是要完成的一个过程，更是对设计目标的对应性进行的一个审查。预申请会议有助于明确在开发许可获得批准的过程中不存在大的障碍，这些障碍有可能是土壤污染、交通、公共服务的承载力等。如果预申请会议一切顺利，开发许可的申请人就可以向政府提交一个完整的开发申请。

每份开发申请都需要提交一定数量的技术报告以及规划报告，提交的数量与申请开发地点的位置、规模和项目的复杂程度有关。城市设计的申请可能涵盖多个街区的土地或者多用途的用地，申请要求也往往较为复杂。一旦申请要求得以满足，申请的过程就进入初审并确定申请文件是否有重要的遗漏需要补充。遗漏补充后，申请文件即在地方政府各相关部门，包括规划、工程、消防、警察、公园、社会事务等，进行交叉审查。随后，各部门的审查意见由专责规划师汇总并反馈给申请人。

申请人结合政府的建议和意见对申请报告进行修改后，提交给专门的审查委员会，申请过程即进入正式的审查。审查委员会是一个咨询机构，也就是说，委员会成员无权正式批准或拒绝一个开发申请，但是，他们的意见非常重要，会影响到申请过程的下一个阶段。规划设计常常会因为审查的缘故而进行调整甚至重新设计。

地方政府内部审查完成后，申请报告可能会由省（州）或国家的一些机构对关注的某些特别问题进行外部审查（如高速公路、环境敏感地区、水体、农地、珍稀野生动物、特殊公园等）。搜集完所有的意见后，地方政府的专责规划师把审批要满足的条件整理并交给申请人，审查过程就进入批准的阶段了。地方政府之后会和申请人合作来细分开发用地，把公共道路用地、市政休闲用地以及政府管理的公园、湿地和河流等环境敏感用地等分出来。之后地方政府再根据建设的分期阶段来审批具体的建筑许可。整个的审查时间，包括从最初的设计提交到最后的建筑许可批准可能长达5年，且会因为政府的要求和项目的复杂程度有所变化。在某些地方快的申请可能在一年内就会批准，但这是例外的情况。

设计审查的三个步骤

第一步：预申请会议

这是申请人和管理者的首次会议。在该会议上要充分探讨开发的限制条件，审批的时序以及申请报告的涵盖内容等。其他与审批相关的事宜也应该在此进行探讨，如社区、政府、议会的支持，审批的有利条件，项目对社区的贡献等。这次会议很重要的一点是要建立并管理这样的一个预期，即基于项目可能的支持程度、项目申请的条件和项目批准的时限等条件下的预期。

第二步：提交开发申请文件

开发申请文件包含以下内容：

1. 法律文件；
2. 现状测量；
3. 场址及周边的照片；
4. 俯瞰照片；
5. 现场及周边地区现有的服务设施；
6. 平面规划；
7. 简述形态及体量设计；
8. 景观规划；
9. 绿地管理规划；
10. 日照分析；
11. 视线、噪音、建筑形态和自然条件的场地分析（生物物理分析）；
12. 方案与区划要求的对比分析（现有或可能改动的区划）；

13. 如有需要，提供实体模型和材料样板；

14. 其他支持性的研究报告，如：

- 岩土分析报告；

- 场址污染分析报告；

- 交通影响评价报告；

- 基础设施图纸，包括供水、污水、雨水及其他设施；

- 场址环境要素的生物物理分析及相关管理或保护战略报告；

- 环境设计预防犯罪研究报告；

- 照明研究。

申请文件内容不全，申请就不会被接受。因为缺乏申请的文件，政府工作人员或规划咨询机构成员可能会错过重要的内容，忽略掉规划设计中存在的缺陷。

第三步：申请审查

初步审查：申请首先由地方政府的工作团队进行审核（一些城市，比如温哥华配备有项目协调员）。通过评估来确定申请文件的完整性，即提交了所有必需的资料。如果资料缺失，补充资料的清单会发给申请人。

申请提交和内部交叉审查：当初审完成并符合交叉审核条件时，即交由各相关部门，如规划、工程、公园、消防、警察和其他部门独立进行审核，并以书面形式提供基本审核意见。如果审核发现有重要的问题需要解决，申请人需要在该阶段予以解决。不存在问题时，专责规划师或是项目协调员会整理各部门的建议并为地方政府审批机构的审核做好准备，之后申请就进入专家审核阶段。

专家审查：专家组由专业人员，如建筑师、景观建筑师以及规划师、警察、残疾人代表、开发商以及政府指定的公共事务成员等构成。专家组通常提供"咨询"意见，并非法定的决定权。专家组仅为地方政府的议会提供建议。专家组的所有建议都是提交给议会的项目申请最终建议的组成部分。

通常来说，专家组对开发申请涉及的很多方面的问题进行公开讨论，因此其作用也很有价值。专家组审核是对政府审核的补充，并且有助于设计严谨性的提高。公众利益也在专家组审核过程中得以讨论，有益于公众利益得到保障。

外部交叉审查：由于地方政府的要求、项目的规模以及项目环境的敏感程度（如州或省高速公路、毗邻联邦政府用地以及水域或重要的动植物栖息地等）不同，外部交叉审核的部门层级也不同（例如可能是地区政府或州及省级政府）。交叉审核需要时间，因此在整个开发申请许可的过程中要考虑到这一因素。申请人应该提早预见在审批过程中可能出现的问题并预判申请的难度以及需要采取的措施（比如建筑后退河道等）。

审批的前提条件：涉及调整区划时，要充分理解审批的前提条件，因为这些条件涉及场地及周边地区基础设施的更新和分配、社区公共设施、树木的保护等的详尽的要求。这些条件需要仔细研究并在议会讨论之前的公开听证会或其他正式的批准过程中得到同意。开发商在公开听证会举办之前倾听并回应社区和公众的关注是明智之举。

设计审查概述

像上面提到的，在设计审查中可能会有许多重要的要素被忽视或遗漏。下面的清单强调了申请人和审查专家应该注意的问题。

申请报告的内容

1. 一开始没有考虑到设计原则和规程；
2. 树木保留战略没有优先考虑，而是放到了最后；
3. 行人和自行车出行的需求分析被忽略或者是最后才被考虑；
4. 现场照片不完整或者没有提交；
5. 日照分析不全面；
6. 交通影响分析不完整；
7. 公共交通在很大程度上被忽略；
8. 公共空间质量的提升计划（包括公共凳椅、路树、人行道设置、行人尺度的照明、自行车停靠点及公共艺术等）没有涉及；
9. 场址的污染没有提前充分地调查；
10. 供水和排水的容量和管网衔接没有充分调查；
11. 公园和环境敏感地区的控制要求没有得到正确理解；
12. 开发建设后退水体的要求没有落实；
13. 场址外的不利影响一直持续存在；
14. 社区便利设施的供应不清晰；
15. 没有满足消防要求；
16. 建筑材质样板没有提交或是没有做充分检查；

17. 可持续性的发展期盼没有得到清晰论述，审查过程也不清晰。

申请的过程

1. 由于收到公众建议太迟导致申请人对建议的回应不足；

2. 对申请时间长短的预期没有做出详细的解释；

3. 议会或是高级管理层介入的太早或是太迟；

4. 没有及早与其他政府机构进行沟通来明确项目的预期状况。

项目设计审查内容汇总表

下面的表格可以说是项目审查的总体指引，目的是确定设计元素并促进设计的改善。普遍情况下，设计讨论常演变成了个人"品味"的争论而不是功能和更基于现实的美学上的讨论。比如，可达性和道路开口在安全和功能方面有特别的要求；建筑的色彩应该和其周边的色彩相融合，特别是在历史保护地区；行道树的品种和位置应该与街道的形式相协调。

表 10.1 提供了审查特定设计要素的一个检查清单，包括环境、功能、次序、特性和意蕴等。表格还包括了社会、生态和经济可持续性的要素。这些要素借助于场址的建筑、公共服务和外部的连通和衔接等被认可的程度而得以衡量。表格中空白的地方是为了填写相关建议或做标记之用，即用以标注该要素已经得到适当的强调。

表 10.1 城市设计审查（包括城市设计和可持续城市设计的要素）

内容	场址的建筑物	公共服务	外部衔接和联通
周边地区：环境适应性			
视觉上			
生态			
周边的建筑			
活动区／游径／街道			
功能：用途			
安全性 （安全、可视性、隐私、活动）			
天气 （日照、风、雨、雪、其他）			
舒适 （身体放松、视线包围、材料、 家居摆设、友好）			
多样性 （选择、多样、活力）			
次序：理解			
衔接性 （入口、边缘、地标、街景、 天际线、地平面）			
清晰 （结构、接缝、收口）			
连续性 （系统、系列、节奏）			
平衡 （方式／重点）			
特性：独特性			
焦点 （视线或活动的交点）			
统一 （连续和重复）			
特色 （融合、简洁、控制、类型）			
唯一性 （历史性、象征性、名人特征）			
意蕴：吸引力			
规模 （人性尺度）			
适宜性 （比例、可靠性、熟知度）			

续表

内容	场址的建筑物	公共服务	外部衔接和联通
活力 （刺激、对比、紧张感、运动、幽默感）			
协调 （光线、色彩、材质、界线、声音、气味）			
社会贡献			
文化活动			
遗产保护			
场景及公共艺术			
社会住房			
公园及联系空间			
其他（社会品质）			
生态贡献			
保护水体（洪水和饮用水）			
能源保护（材料和循环）			
野生动植物栖息地改善			
大气质量改善			
植被改善			
社区花园			
保护生态敏感用地			
清除污染			
其他			
经济贡献			
物业价值贡献			
对场址外的贡献 （服务和基础设施）			
工作机会及安全			
其他			
整体的绿色设计 （LEED 或地方标准）			

设计审查在认识可持续城市设计中承担重要的角色。审查过程更加确保设计的意图能借助于详细的批准文件得以实现。通过开发许可，法定分区调整和建设监督等对城市设计的补充，好的项目意图能够在社区中得以实现。下一章节将以两个成功的可持续城市设计的案例来说明如何把如上所说的要素融合在一起，形成一个成功的模式。

第十一章 新都市主义和 LEED 邻里

在卡尔加里军事基地再开发中，加拿大土地公司发现新都市主义是通向社区建设和财务成功的道路。

——《新都市新闻》2002 年 7 月 /8 月

现在是衡量可持续城市设计落地效果的时候了。我们听说了许许多多获奖的项目没有达到预期的建设效果。但是，这里我要给出两个超过项目预期的例子。下面的两个例子，包括阿尔伯塔省卡尔加里的卡里森伍兹和卑诗省吉利瓦克的卡里森柯新。这些例子为我们提供了一个条件去比较和对照两个基于相同历史背景但又具有不同区位、特征和市场驱动力的社区规划。这两个地方都是加拿大的前军事基地，而且都由同一家公司来进行再开发。作为规划顾问公司之一，本人的公司有幸参与到了吉利瓦克的卡里森柯新规划设计工作。

什么样的邻里开发符合 LEED ？

LEED-ND，即基于能源和环境设计领先的理念，衡量可持续邻里设计的一系列认证标准。这个标准源于美国绿色建筑协会 (USGBC)，并由美国绿色建筑协会、新都市主义协会和国家防卫基金联合共同制定。该标准由相互关联的且可以量度的专门指标和分值组成。这些指标（分值或要求）分为五类：选址以及与周边的衔接、邻里交往的方式和相应设计、绿色基础设施和绿色建筑、创新及设计的过程、区域领先优势。该标准有 **44** 个打分指标和 **12** 个必要条件。不符合必要条件，不可能获得 LEED-ND 认证。打分项考虑的是总分值,根据分值高低分别获得白金级(分值在 **80** 及以上),

黄金级（分值在 60 ～ 79）和银级（分值在 50 ～ 59）认证。最低的认证分值应在
40 ～ 49 之间。[1]

要获得 LEED-ND 认证不容易，特别是在比城市地区有更低的相对开发强度的郊区
地区更不容易。如果项目位于农用地或者是位于有湿地及其他生态特质的土地上，
要想获得 LEED-ND 认证将要付出更大的努力。位于城市的高密度再开发的"灰地"
地区，由于基础设施和公共服务设施已经具备，往往能在 LEED-ND 认证中获得高
的分值。

其他和 LEED 相类似的衡量系统，在欧洲和北美地区还包括"绿色建设"（Built
Green），"活的建筑"（Living Building Challenge）和"Minergie 分级系统"
（Minergie Rating Systems）等。然而，上述系统着重于绿色建筑的标准，对整体
的邻里社区关注不多。零耗能、零排放提升了高性能建筑的标准，英国的 BedZED
零耗能住宅标准就是这类应用型标准的例子。

新都市主义协会[2]在推动对不负责任的开发模式的认识和选择新都市主义模式方面下
了大量功夫。新都市主义遵循 20 世纪早期的传统邻里开发原则，目的是消除郊区地
区的都市化蔓延带来的负面影响。新都市主义的原则包括更为紧凑、土地混合使用、
多样性的邻里社区，更体现行人优先、步行、安全和便利的社区，重视环境敏感地区
和社区公园建设，保护特色建筑和景观，鼓励公众积极参与社区的规划和设计等。这
些原则在第三章已经探讨过。

两个新都市主义项目的对比

回顾卡里森伍兹和卡里森柯新这两个的项目的目的在于：

- 说明和解释社区规划设计的内容及过程，包括 LEED-ND 和新都市主义在可持续
  城市设计中的创新。
- 探讨城市设计的多学科交叉特征以及在制定总体性规划中所涉及的很多不同的参
  与对象。
- 说明社区建设的效果。
- 剖析在两个不同的发展背景下，可持续城市设计的路径。

这两个项目是加拿大新社区规划设计的代表。它们既是常见的传统社区邻里设计的典
型，同时又是北美地区获 LEED-ND 认证的首批两个社区邻里设计项目。

这两个新社区代表了下一代的城市设计，因为它们：

· 把历史遗产看作是城市设计的着力点，突出唯一标识性；

· 更多考虑行人和公交优先；

· 充分利用已有的公共设施，建设活力和相互联系的公园系统；

· 在步行距离内安排便利的服务设施，如商店、学校、游憩设施等；

· 鼓励高密度混合使用和多样化的住宅开发；

· 在同一地块建设单户和多户混合的住宅；

· 建设更窄和更安全的步行街道。

上述案例也说明了区域发展趋向更明智和更可持续化。通过再开发或填充式开发，利用原有的服务设施，城市或郊区现有的土地利用得到了强化。

表 11.1 会简单描述两个项目，后面的章节再分别对其进行详细说明。第一个项目，卡尔加里的卡里森伍兹，首先是描述项目的概况，之后描述项目的特性和财务上的成功。第二个项目，吉利瓦克的卡里森柯新，将着重描述规划愿景、目标、原则、现状场址的条件和规划设计的内容。尽管对这两个案例的描述并不一致，但两个案例都对项目成功的因素以及如何从概念设计到项目实施等方面给出了有价值的信息。

关于加拿大土地公司

加拿大土地公司是一家财务独立的联邦非代理国有企业，致力于通过开发和销售多余的联邦政府地产来实现财务和社区价值的最优化。公司的使命是提升地产的活力，管理或出售地产，尽力为社区和纳税人提供最佳的利益。作为一家非代理国有企业，加拿大地产公司与其余私营公司的运营方式是一样的，需要向各级政府交税。[3]

表 11.1　两个项目的简要对比表

内容	卡里森伍兹	卡里森柯新
历史	库瑞巴拉克 （加拿大军事基地）	CFB 吉利瓦克 （加拿大军事基地）
用地规模	175 英亩（70.8 公顷）	153.5 英亩（62.12 公顷）
区位	距离卡尔加里市（100 万人口）中心 7 分钟	距离吉利瓦克（8 万人）市中心 10 分钟
再开发前的住宅单位数和密度	500 套 （3 套 / 英亩，7.4 套 / 公顷）	388 套 （2.5 套 / 英亩，6.2 套 / 公顷）
预计的住宅单位数和密度	1700 套 （10 套 / 英亩，24.7 套 / 公顷）	1700 套 （11 套 / 英亩，27.2 套 / 公顷）
适合重新使用的住宅	409 套	241 套
住宅多样性	409 套翻新的独立或双拼住宅，288 套全新的独立或双拼住宅，314 套全新沿街的联排住宅，646 套全新的公寓住宅单位	241 套翻新的独立或双拼住宅，400 ~ 800 套全新的独立住宅，200 ~ 1100 套全新的多户住宅单位
开发现状	1989 年开始开发，目前已经完成	2003 年开始开发，2004 年春开始住宅建设（10 年的建设期）
混合使用	67000 平方英尺（6225 平方米）的商业零售面积	85000 平方英尺（7897 平方米）的商业零售面积
公园	11.7 英亩（4.74 公顷）的公园和 16 英亩（6.48 公顷）保留的冰球场和军事博物馆	9 英亩（3.64 公顷）的公园和开敞空间
便利和舒适性	保留树木和公园，设施的合理再利用（如两个私立学校），军事遗产价值提升	保留树木和公园，奇姆社区中心，军事遗产价值提升
设计指引	有	有
公众参与过程	16 个月	12 个月

注：表中的数字可能不是绝对准确，仅用在这里做比较。

CASE STUDY
案例分析

都市复兴

卡里森伍兹,卡尔加里,阿尔伯塔省

1995 年,卡尔加里库瑞巴拉克(Currie Barracks)加拿大军事基地关闭,这显然是当地社区的损失,但反过来又为社区提供了一个很好的发展机会。这个 175 英亩(70.8 公顷)的前军事基地自此开始转向一个更新和融合的城市内的社区邻里(图11.1)。在经过 16 个月的开放透明的公众咨询过程后,该地块再开发的第一阶段工作于 1998 年开始。所有的土地都比预期计划要提早卖出。马克·麦卡洛,加拿大地产公司的卡尔加里总经理,和他的负责任的员工一道推动了项目的进展。

基地为已婚的军队家属提供住宅超过了 70 年。原先的开发围绕公园展开,每英亩安排了 3 户住宅。新的开发目标是要建设一个紧凑的,以步行为尺度的社区邻里,每英亩安排 10 户住宅(每公顷 24.7 户),最终有 3500 名居民入住(图 11.2)。

在用地的北端,包括原有的商业零售区在内,项目提供了 67000 平方英尺(6225平方米)的商业零售空间,面积达 45000 平方英尺(4181 平方米)的 Safeway(一个以食品销售为主的零售商)落地在此,并与 160 户的公寓单位和 16000 平方英尺(1486 平方米)的零售店铺共同构成功能混合的一个综合体。用地南边没有商业零售配套,但从这里到北端商业零售区的距离仅为三分之一英里(1800 英尺或 550米)。保留的两所私立学校、冰球场、老年中心和军事博物馆围绕着这个混合功能的社区,每个社区居民都可以在步行 4 分钟内到达公交站。

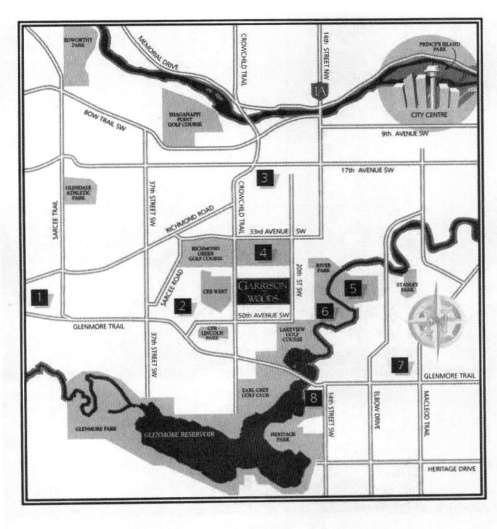

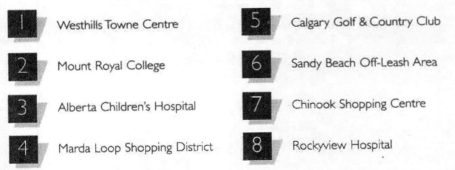

	Westhills Towne Centre		Calgary Golf & Country Club
	Mount Royal College		Sandy Beach Off-Leash Area
	Alberta Children's Hospital		Chinook Shopping Centre
	Marda Loop Shopping District		Rockyview Hospital

图 11.1 区位：卡里森伍兹，卡尔加里，阿尔伯塔省

卡里森伍兹 位于卡尔加里市中心的正南方。（加拿大土地公司授权使用）

图 11.2 总体规划：卡里森伍兹，卡尔加里，阿尔伯塔省
卡里森伍兹在开发规划的第一阶段工作。（加拿大土地公司同意使用）

卡里森伍兹社区融合了许多新都市主义的元素，还包含一些独有的特点：

- **有效的土地利用：**卡里森伍兹通过增加开发强度使土地、基础设施和公共服务得到有效的利用。
- **保护和更好利用独特的遗产：**项目保留了场址独特的元素，包括现有的房屋（房屋都被保留或重新安置在场址内外），部分有历史价值的街道形式（因为老化的缘故，95% 的街道被更新），几百棵有价值的树木（40 ~ 80 年树龄，有些树木离住宅很近）和几处社区的设施（学校、运动场地和博物馆）。
- **功能混合：**卡里森伍兹注重土地的混合利用，考虑可负担程度，提供多样化的住宅形式。卡里森伍兹社区有 1700 套住宅，包括 409 套翻新的独立式或双拼式住宅，288 套新建的独立式或双拼式住宅，314 套临街的联排住宅和 646 套公寓，有 67000 平方英尺（6225 平方米）的商业零售空间，面积为 68000 平方英尺（6318 平方米）的两座学校。大约 80% 的原有房屋被重新安排位置和进行了更新。翻新的住宅和新建的独立或双拼式住宅相互穿插，这使该社区住房价格的选择余地更大。
- **公共交通：**社区拥有良好的公共交通系统，以及行人优先的、与街道和公园有机衔接的公共环境。（最近的调查发现，公共交通和私人汽车似乎同样的便利。）
- **公园扩展：**社区拥有 11.7 英亩（4.7 公顷）的公园和 16 英亩（6.5 公顷）的包括原来的冰球场和军事博物馆在内的公共开敞空间。社区居民可以在 650 英尺（约 200 米）的范围内到达公园。
- **军事遗产：**卡里森伍兹通过公园或景观设计等元素，如纪念碑和装饰板等，来纪念这里曾经的军事存在。
- **强调公众福祉：**项目对公众利益有明确的认识，并在详细的规划设计中予以体现（图 11.3）。
- **因地制宜的建设标准：**社区有一套自己的街道和小巷的工程标准来保持这里的独特性。例如，这里的街道为 29.5 英尺（9 米）宽，设计行车速度为每小时 20 英里（每小时 30 公里），而不是通常的 36 英尺（11 米）宽，设计行车速度为每小时 30 英里（每小时 50 公里）的街道。所有的交叉路口都安装为保证安全的凸起带。后巷的宽度从习惯的 29.5 英尺（9 米）减少到 19.5 英尺（6 米）。
- **设计指引和质量：**因为有特色鲜明的主题和城市设计的指引（如殖民特色、手工艺特色、英国都铎和维多利亚时期的建筑风格等，见图 11.4），卡里森伍兹如今已经是城市中一个很特别的地方。

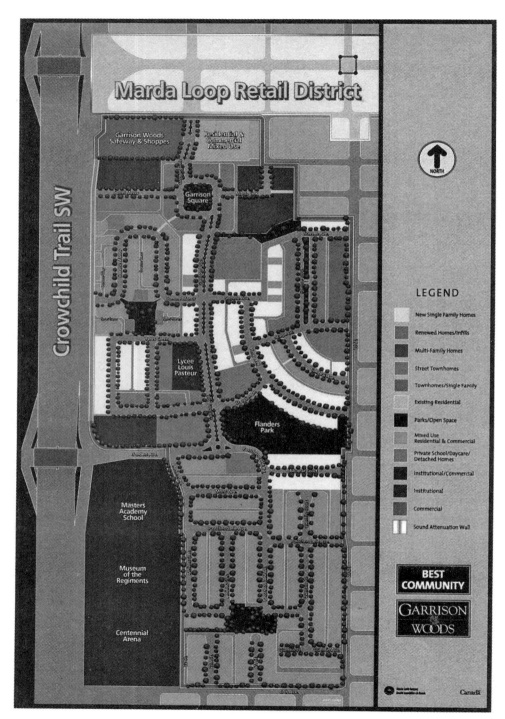

图 11.3　土地利用规划
土地利用规划明确了土地利用的多样性及在步行距离内的公园和公共服务设施。(加拿大土地公司同意使用)

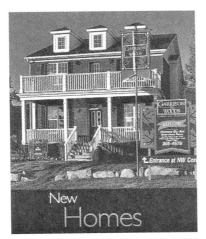

图 11.4　多样化住宅

卡里森伍兹提供各类住宅供选择。

设计带来财务上的成功

卡里森伍兹已经成为我们的旗舰社区……这里有各样的建筑文化形式遍布在活力又具纪念意义的公园里、各种用地上和各类人群中。我们这里有空巢老人、年轻的家庭、专业人士……这实在是一个很棒的城市社区。

—— 马克·麦卡洛，加拿大土地公司卡尔加里分公司总经理

卡里森伍兹在财务上也是非常成功的，即使它在公共事务提升以及特色建设标准上有额外的投入。加拿大土地公司在四个施工的季节里就把土地销售一空，这意味着和新型便利化的郊区项目相比，这个项目销售业绩要高出两倍之多。自项目开始建设至今，后期开发的房屋以及二手房屋的价格已经上涨了 **25% ~ 30%**。卡里森伍兹还证明了对公共基础设施的前期投资（占投资的比重超过 **30%**，还有额外的 **12%** 用在后巷建设上）在施工建设和房屋附加价值体现之前的房屋预售阶段就得到了回报。例如，对卡里森广场公园超过 **50** 万加元的投资带来的是在公园周边 **56** 套联排住宅的销售中，每套住宅都带来 **1.5** 万加元的额外销售额（图 **11.5**）。

图 11.5　卡里森广场公园边的联排住宅
卡里森广场公园为周边 56 套联排住宅的每一套都增加了约 1.5 万加币的价值。

实施评估 : 看看这里的居民的说法。

对居民入住后的调查结果显示 :

1. 门廊和后巷使物业增值 ;

2. 环形交通是最有效且安静的交通方式 ;

3. 公共交通、步行和骑车比城市的平均水平要好 ;

4. 感觉步行和骑车很安全 ;

5. 公园不仅安全，与周边衔接顺畅，而且可达性好 ;

6. 大部分居民每周至少去商业零售区 1 次，许多居民每周至少要去 3 次。

调查结果使卡里森伍兹的规划更具说服力，它也为卡尔加里市其他地方的开发提供了借鉴。

CASE STUDY
案例分析

郊区复兴

卡里森柯新，吉利瓦克，卑诗省

兰迪·法森是加拿大土地公司规划开发主管，是一个把美好的愿景在另一个加拿大军事基地，即位于卑诗省的吉利瓦克市的再开发中展现出来的人物。在他的顾问团队（包括建筑师马克·安肯曼）的帮助下，项目的规划愿景得以实现，项目本身也成为一个从规划概念到成功实施的杰出的案例。本人的公司，MVH 城市规划与设计顾问公司，有幸参与了最初的规划和审批过程，并帮助完善项目的邻里规划。[4]
卡里森柯新是在有 60 年历史的前军事基地上建设的，地点在温哥华以东大概 60 英里（100 公里）的地方。建设优秀邻里和完整社区的基础已经存在，包括步行的街道、多样化住宅、公园、室内游憩设施、广阔的林荫道、成熟的树木、区位便利的学校以及相邻的商店等。

邻里社区和开发团队

以下是指引前军事基地再开发的规划愿景：

卡里森柯新是一个独特、多元和繁荣的邻里社区。它有着辉煌的军事荣誉，补充周边地区的不足，并为吉利瓦克市的健康发展做出贡献。卡里森柯新是负责任的开发模式的范例：尊重自然环境，连通周边的邻里社区，提供多样的住房选择，利用现有建筑并尽可能提升环境的价值。

项目有如下的规划目标，包括可持续发展和新都市主义的内涵在内：

- **重复利用**：开发中充分利用自然环境资源和现有建筑，如房屋、道路、树木等，去创造一个独特和优越的邻里社区。
- **环境敏感性**：尊重、保护和加强场址的环境价值。
- **历史遗产**：把辉煌的军事历史作为项目再开发的重要中心议题。
- **多元性**：提供多种形式和规格的住宅、社区服务以及能满足不同年龄需要和不同用地需要的便利设施。

· **联系性**：确保将来的再开发计划能持续为周边社区邻里和吉利瓦克市提供公共设施及社区服务。

· **创新**：探索新的城市模式以便创造更人性、紧凑、绿色、有效、健康、安全和宜居的社区邻里。

· **价值**：优秀社区邻里的建设提升了整体社区的价值。

过去的开发情况

现在的社区邻里始于 1942 年建立的吉利瓦克兵营（后来叫做加拿大吉利瓦克军事基地）。为应对北美战争的威胁，有必要建立这样的基地来提供军事工程方面的训练以及其他的需要。在后来的 65 年间，直至 1998 年关闭为止，这里一直是军事工程训练的主要基地。

当该地还是军事基地的时候，基地的北部，也称为 A 区（现在叫卡里森柯新）的地方是基地的居住区。经过多年的建设，基地提供了近 400 套永久性住宅为已婚军人及其家属居住。在高峰期，曾有超过 2500 名军人及其家属在这里生活和工作。北部的居住区有 2 座小教堂，1 个商店，1 座加油站，1 所医院和牙医诊所，1 个消防站和其他的工商业建筑，还有奇姆活动中心。这里是一个集生活、居住、购物、娱乐于一体的步行距离内的完整的社区。

军事基地与周边吉利瓦克市的其他社区建立了紧密的联系，并为该地区社会经济的发展发挥了重要的作用。1998 年基地关闭以来，2 座小教堂和 1 个三层的公寓楼迁离该地，接着是商店、医院和牙医诊所、消防站等陆续迁离。奇姆活动中心归属 YMCA 管理，保留的 388 套住宅租给了军人或是非军人的个人。吉利瓦克市政府拆除了原先的游泳池，并花费 900 万加币建了 1 座水上运动中心，并于 2010 年 5 月开放。

场地条件

场地状况为项目的再开发提供了重要的条件（图 11.6）。规划愿景和目标（前面提到过）很大程度上建立在直接利用自然和现有建筑的基础上。场地全年日照良好且地势平坦，离服务设施近。良好的植被和大树提高了场地的自然价值。原有的住宅、娱乐、商业和轻型工业活动为其重复利用提供了可能。老建筑和基础设施为其更新和强化明确了发展阶段。

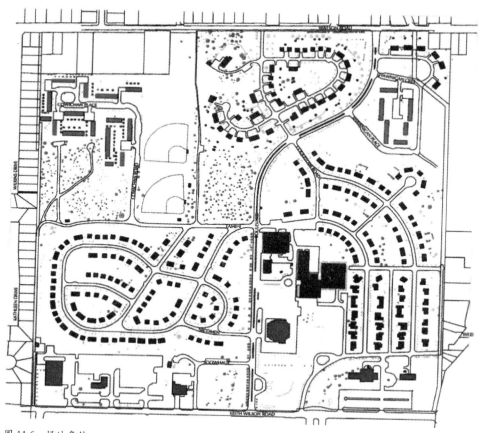

图 11.6 场地条件
原有独特的道路和开敞空间网络成为该地再开发的基础条件。

规划准备过程

准备工作需要团队的努力。团队的主导咨询机构详细审视了场地的条件，并在 2002 年形成了再开发的基本思路。吉利瓦克市议会和高级职员有机会在 2002 年的 12 月对提出的基本思路进行探讨。2003 年 1 月 14 和 15 日，在奇姆中心举办了两次公开的咨询，并单独与现在的租户和周边社区居民举行会议进行讨论。接近 500 人参加了这两次咨询。之后又在 4 月份举办了一次公开咨询。公众的反馈意见大部分是支持基本思路的态度，并强调要保持和提升社区的原有特色。

以下是公众的主要建议：

1. 保留树木、林荫道和奇姆活动中心；

2. 提供多样选择的住宅，并尽可能保留现有住宅；

3. 保留现有的开敞空间和相关的娱乐设施；

4. 提升社区的步行道路系统；

5. 保留原先的道路结构，降低交通噪音，提升道路安全性，不鼓励穿越式交通；

6. 谨慎实施住宅翻新，强调原有社区的特色；

7. 增加邻近学校的规模，满足额外增加的学生需要；

8. 保留望向周边山体的视线通廊；

9. 保护含水层；

10. 为现有租户提供继续租住或购买住房的机会。

规划原则

下面描述到的社会、经济和生态原则持续引领着项目的设计与开发。这些规划原则的目的是提升可持续发展水平，为卡里森柯新的居民、就业者和外来访客提供长远的利益。

社会原则：

1. 创造多元和完善的社区。提供多种形式的活动，促进土地功能的混合使用，为居民在步行、骑自行车和搭乘公共交通的活动范围内满足居民生活、工作和娱乐的需要。

2. 积极利用军事遗产。使辉煌的军事历史成为贯穿整个邻里社区的主要元素之一。

3. 强化邻里社区的核心。把奇姆中心变成一个邻里社区的娱乐、文化、纪念和教育的核心。

4. 扩展社区的可步行性。提供安全和开放的步行网络，结合公共交通系统的支持，鼓励社区步行和骑车出行。

5. 保护独一无二的特色。保护并强调社区独特的元素，包括树木、道路形制、开敞空间网络等。

6. 多样化的住房选择。提供多样化面积不等以及可租可买的住房选择，满足不同年龄和收入人群的需要。

7. 考虑社区安全。再规划框架阶段就落实 CPTED（通过环境设计预防犯罪）的原则，包括照明、标识、房屋朝向等。

生态原则：

1. 提倡负责任的发展理念。尽量以保留、移植和替代等方式来处理特色树木或其他自然遗产等要素。

2. 保护含水层。提供必要的发展标准确保对含水层的保护。

3. 加强雨洪排放的管理。强化自然的雨洪排放系统的功能。

4. 鼓励居民参与环境保护。居民通过改变生活方式、保护树木和使用公共交通等方式来提高保护环境的责任感。

经济原则：

1. 新老融合。尽可能把原有的居住和商业功能融合到新的社区规划中。

2. 有效使用土地。通过增加住宅单位和增设其他用途来提高土地和基础设施的利用程度，同时要考虑对临近地区开发的有益引导。

3. 利用现有公共服务设施。最大程度上使用现有的公共服务设施，包括道路、雨洪排放系统、污水排放设施、供水系统等。

4. 以设计来创造价值。鼓励通过高水平的城市设计来契合现有的和将来的建设模式，塑造街道景观，完善开敞空间网络。

主要的框架和思路

结合现场分析和公众咨询，在融合了原有社区的特点和要素后，形成社区未来发展的基本空间框架。这些要素在空间上奠定了未来发展的可能方向（图 11.7）。

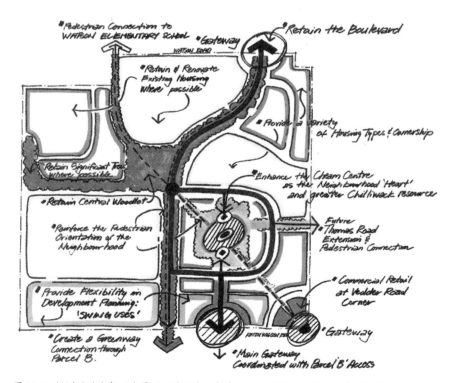

图 11.7　规划思路分析了发展的可能方向和机会，也回应了公众关注的基本问题。

早期的规划思路影响到一些基本的元素，这是公众咨询期间由公众提出来的。

1. **林荫道**。中央林荫道是前军事基地最重要的纪念性元素之一。它宽阔，婉转曲折，大树连绵，就像是车行道和人行道的脊柱。道路中央分隔带种植了成行的树木，使驾驶和步行成为有吸引力的体验。

2. **奇姆中心**。奇姆中心是社区邻里的心脏，也为周边地区和吉利瓦克市提供非常有价值的公共服务，每天有无数的人参加中心的各类活动。

3. **原有的住宅**。原有的住宅从结构上看条件还不错，但需要更新和提升。这 338 套旧住宅为社区体现出该地的建筑特色提供了机会。

4. **中心树林**。毗邻奇姆中心的中心树林对大多数居民和外来参访者来说是另外一个值得纪念的地方。树林中种满了高大直立的常绿松柏树，头顶满是树荫。

5. **意义重大的树**。场址有很多成年大树，健康而茂盛。这里的 "绿色" 无疑是建设有吸引力的社区的重要元素：树木被保留或者被移植到其他合适的地方，继续成长并日益繁茂。

6. **旧道路**。旧道路没有路缘石和排水沟。相对狭窄的路面有利于道路安全和行人优先。有限的穿越式道路限制了外部交通进入。规划会设法保留并利用好这些行人优先的道路。

7. **交通出入口**。社区有两处主要的车辆进出通道，分别位于北部的沃森路口和南部的基思·威尔逊路口。选择这两处出入口可以为区内行人和交通效率的提升提供条件。

8. **与 B 区的衔接**。南部的 B 区和北部的 A 区并不经由基思·威尔逊路进行衔接。新的开发应该考虑加强这两个有紧密联系的区之间的衔接。

9. **毗邻地段的土地利用**。与毗邻地段的土地利用相协调对社区规划来说很重要。以人行道或自行车道的形式强化与维德路商业区、维德河游径、沃森小学、斯莱斯山中学的连接有助于完善场址与周边社区的联系。同时，任何开发都对临近地区的土地利用和现有的社区特色有敏感性。

10. **灵活性**。吉利瓦克市的居住、商业和轻工业市场会随着时间而变化。卡里森柯新这个规划以居住为主的社区邻里也应该以合适的方式适应这些变化，满足相融合的规划原则和保有本区的特色。

土地利用概念

原先的土地利用概念规划（图 11.8）来自于早期的规划愿景、目标和原则。地块的中心位置保存了旧邻里社区的特色。奇姆活动中心、中心树林、中央林荫道及道路形制得以保留。

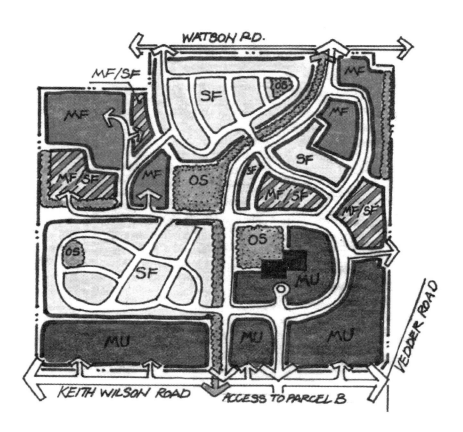

SF	Single Family Residential
	Single/ Multiple Family Residential
MF	Multiple Family Residential
MU	Mixed Use (Commercial, Residential, Institutional)
OS	Open Space (Park, Boulevard)
	Vegetation Buffer

图 11.8　原先的土地利用概念规划
原先的土地利用概念规划来源于对市场需求的分析以及在开发过程中对地块的理解。

邻里设计理念

随后的城市设计方案（图 11.9）建立在保持现有邻里特色的基础上，并展现出多样性和丰富性。从标准的独立住宅到双拼住宅、联排住宅和四层公寓，再开发计划提供了多种的具体设计方案。

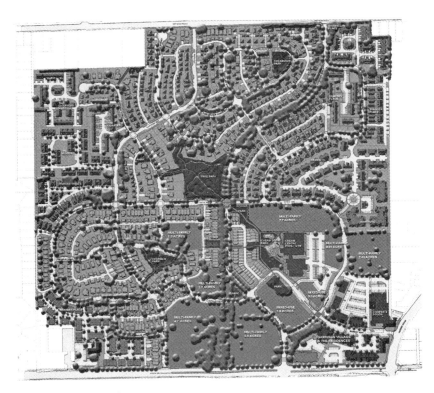

图 11.9　城市设计方案

该方案显示了多样的土地利用方式和独有特性，如中心树木公园，提供各类活动的奇姆中心，东南角混合功能的卡里森小区。

城市设计的亮点：

· **居住的混合。** 不同类型和密度的住宅均体现在规划中。新的住宅穿插于保留的住宅中，不具备原址保留的住宅则移至其他合适的地点。

根据临街还是临后巷，划分大小不同的住宅地块。多样的住宅（图 11.10）包括更新的独立住宅和双拼住宅，新建的独立住宅和双拼住宅，更新的联排住宅和新建的联排住宅以及 3 ~ 4 层的多户住宅。

更新后的联排住宅已经销售一空。有些独立住宅后院的车库上方还建有储藏室。

图 11.10 多样化的住宅
独立住宅和保留的树木（上左），楼下有储藏间的独立或联排住宅（下左），单层的联排住宅（上右），
四层公寓（下右）。

- **公园和步行道**。奇姆是社区娱乐和活动的中心。该中心的主要部分都进行了更新。周边的可以灵活使用的空地和便利的停车场补充了中心空间的不足。空地可以供体育和群体活动使用。

步行道鼓励居民或外来访客步行或骑自行车到奇姆中心。这些步行道同时也是当地的军事基地历史的纪念物之一。步行道的照明、街道家具和其他设置创造了一个舒适和安全的步行环境。这些步道也和其他的户外活动网络相连接，包括准备建设的沿中央林荫道从北到南贯穿全区并提供自行车道和步行道的中心绿道，社区邻里中心的树木公园，穿越邻里公园（为小孩提供各类活动的奇姆公园）和沃森路联系学校的步道等（图 **11.11**）。

图 11.11 奇姆公园
该公园是邻里遗产保留的中心地段。邻里遗产包括邮筒、解释性标识和儿童游乐场等。

· **道路、出入口和公交。**

主要的出入口保留在基思·威尔逊路和沃森路，新的出入口沿基思·威尔逊路衔接
B 区。

道路体系强调了邻里优先，并反映了现有的社区特征。中心林荫道是干道，其他道
路则发挥支路功能。在道路重建过程中，树木和现有的景观得到很细致的保护（图
11.12 ～图 11.15）。

图 11.12　改建前（左图）和改建后（右图）的奇姆科瑞路的对比
保留树木和多样化的街道标准是卡里森柯新邻里重要的特征。

图 11.13　重建之前街道景观的概念草图　　　图 11.14　重建之后的街道景观

重建之后的街道景观保留了绿带的树木，房子更靠近人行道。

图 11.15　卡里森柯新邻里的居住核心区
高质量的公共设施投入，如特色的人行道照明、地下市政管网、配合停车的安静的街道和
全面的遗产认识计划等。

·卡里森村和未来的用途。

卡里森村是邻里的商业区域，建在场地的东南角，服务于卡里森柯新邻里并弥补维德路商业走廊服务水平的不足（图 11.16 A，B 和 C）。未来沿基思·威尔逊路会形成多户住宅风格的居住带，以满足居民在该地段居住的需要。依托现有的居住格局，该区域的西边会形成独立住宅和多家庭住宅的混合。

A

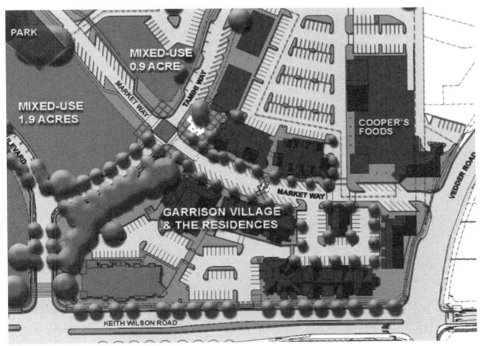

B

C

图 11.16　卡里森柯新附近的卡里森村位于基思·威尔逊路和维德路交角，功能混合使用的商业村体现了行人优先。在这里有杂货店、行政办公场所、地方零售服务区和位于地面商业上的住宅。

实施

不合适的郊区开发模式会导致混乱。卡里森柯新显然是市民喜欢的地方。

——《全球邮政》，2011 年 5 月 12 日

好的想法、好的规划和好的实施造就了伟大的邻里社区。规划实施比单纯的邻里规划文件要走得更远。正式的卡里森柯新邻里规划为官方的社区规划和区划调整奠定了基础。除了邻里规划文件，以下文件在设计和建设的审批过程中仍不断提供额外和必需的细节支撑。

· **开发设计指引**。界定土地使用规则以及公共领域和私人领域的规划及景观设计标准，适应区划细分的建筑标准。该指引冠以具体的标题，以使业主清楚开发许可的设计准则。邻里社区的开发商，即加拿大土地公司，或是其指定的代理公司，对提交的规划进行审核，以确保建设行为符合开发设计的指引。

· **CD-10 分区指引**。这一综合开发分区指引对卡里森柯新里每一块细分的区划提出了规则和标准，如建筑后退、开发强度范围、使用或是开发限制等。该指引允许在保留旧住宅、树木和其他与社区特色有联系的要素等方面保持灵活性，以适应市场的变化和定制长期性的开发标准。

· **定制工程标准**。专门的技术图纸强调了卡里森柯新特殊的道路和市政设施的标准。

和卡尔加里的卡里森伍兹一样，吉利瓦克的卡里森柯新项目在体现可持续城市设计的价值方面做出了榜样。一个设计和开发的团队，从头至尾，不断创新使卡里森柯新成为北美地区成功的新型可持续社区的典范。这个项目说明了对场所敏感的城市设计可以有出色的投资回报，不仅是对开发商，也是对社区和当地政府的回报。这两个例子还会在下一个章节里伴随加拿大其他社区案例的解说得到进一步的阐述，并为全球其他地方的开发提供借鉴。

第十二章 城市创新

这不是一个小规划，这是一个城市的宏伟蓝图。

——《芝加哥中央区域计划》

前面章节的案例告诉我们，让现有的社区变得更加年轻化，并按照可持续设计的原则来增大人口密度是很有可能的。在这个章节里，我们将会用其他不同的城市案例持续讨论下去。我们从传说中的芝加哥市开始，这座城市建立的强大基础是一百多年前设立的城市规划。同样的，在阿尔伯塔省卡尔加里市，城市规划者们已经看到了 19 世纪的规划蓝图所带来的益处，并且由此想象后一百年的城市。与此同时，在俄罗斯远东城市海参崴，开发人员正在现有的城市范围内建设一种全新的社区——从零开始进入——这显示出联邦、地区和当地政府的非凡协作。这一章节以普遍存在的城市填充和重建的方案结束。我们会见到加拿大东部新斯科舍岛的沿海城市哈利法克斯。这些案例的所有研究，都是为了显示在不同的地方可持续城市设计原则实现的可能性。

芝加哥市的经验教训

我第一次去芝加哥是在 2004 年，我的女儿雅典娜在那个夏天参加了芭蕾舞剧。所以我想我们可以在去纽约之前在芝加哥旅游。我的妻子劳拉在我开始旅行之前就已经来过这里。随后发生的事情震惊了我，劳拉不止一次地给我打电话极力地夸赞这座城市的遗址、建筑风格和城市生活。对于劳拉来说，她积极热情地反馈有些不太正常，这让我很好奇。我很快亲身发现这座城市已经没有之前的种族歧视与骚乱，而是已经苏醒过来，成为北美且世界上伟大的城市之一。

过去的二十年，芝加哥市中心制定规划来引导发展，推进正确的发展方向。从 1980 年开始，芝加哥增加了 4300 万平方英尺（差不多 400 万平方米）的办公面积，相当于菲尼克斯或圣路易斯大都市区的库存量。市中心的居住区得到了发展，与其他美国城市的衰落形成对比。从 1980 年开始，芝加哥增加了超过 23000 个家庭住宅，这让芝加哥成为美国住宅开发的领导性城市。[1]

城市的中心正在经历着变革，但是芝加哥建立在具有丰厚的底蕴的城市基础上。作为美国摩天大楼的发源地，这里有非常丰富的文化遗产以及像陈列柜一样展示着的宏伟的公共空间、公园和遗迹，在某种程度上可以说这是由 1909 年著名的芝加哥城市规划打造的。[2] 这个积极进取的规划以密歇根湖滨水地区、连绵的公园和把街道系统和城市公园结合起来的休闲空间作为考虑的中心。芝加哥体现了很多 19 世纪晚期城市美化运动的元素，比如着重于外观、环境卫生和街道铺砌的重要性（也可以从第二章中城市美化运动的讨论中看出）。芝加哥规划在区域层面和在有机城市的建设方面，为可持续化的城市设计提供了平台，而这已经超出了城市的边界，推动着公园、街道、公共交通和铁路延伸到区域网络，形成便捷的公众城市（图 12.1）。

图 12.1　芝加哥的城市中心连接系统

街道、公园、运输、林荫道路以及连接芝加哥市中心到其他地区的铁路。

100 多年以后，芝加哥城市规划的原则仍旧支持并指导着很多城市的开发，尤其是密西根湖的沿岸地区。现在的 20 年期规划的 3 个的主题——引导成长、加强联系、创造伟大的公共场所——在新兴城市中有突出的表现。[3] 延伸的公园系统和一系列宏伟的林荫大道与便利设施平衡发展。宏伟的市政建筑、雕像以及公共区域的喷泉节点成为城市标志，并为市中心的居民带来舒适。密歇根湖沿岸的千禧公园与弗兰克·盖里的地标式的开放剧院建筑，以及一系列丰富的互动公共艺术和公园满是活跃的人群在开心跳跃（图 12.2）。海军码头重建并延伸至密歇根湖，带来了更多的游人以及市民来到湖边和市中心，在那里人们可以沿着连通的水路，乘坐类似威尼斯的小艇游览和体验芝加哥的经典遗产和现代建筑。

图 12.2 千禧公园，芝加哥市中心
该公园已经为北美城市中心区公园的功能和活动的标准。

在市中心的中心地带，周末的农贸市场"激活"了之前不活跃的购物中心，"华丽一英里"购物大街（密歇根大街）宽阔的人行道与林荫大道欢迎着来往的购物人群。较矮的栏杆上挂起来的花篮和熟铁装饰着街道，这是市长理查德·M·戴利留下来的遗产。维修工不停地打扫清洁，悉心照料着街道。在那里还有一辆免费的电车可以连通到位于市中心的目的地，有轨列车的驾驶员提供非常生动的旅程介绍，在每一站都有人群在排队（图 12.3）。这种活动在市中心即使是晚上也不会停止。在密西根大街，挤满了很多餐馆，温暖的灯光让你在散步的时候感觉到安全与舒适。

图 12.3　芝加哥市中心农贸市场和免费电车
市中心的市场和免费电车设施吸引了当地居民和访客以开放和热情的方式进入到城市很多旅游胜地。

芝加哥市中心很好地诠释了所有的场所营造理念，这些理念集中地定义了"好的场所"
（如果想知道场所要素的清单，可以查看第四章）。这座城市提供了当前"完整社区设计"
的例子，将生活、工作和附近的娱乐结合起来。因此根本没有必要到别的地方去。芝
加哥可持续的设计和规划考虑到居住、商贸、公共衔接、公共空间以及公共交通等其
他城市也需要用他们自己的方式去考虑的要素。也就是说，在这些创新方式被运用之前，
需要非常认真地进行检验，否则新的创意很容易会变成时间和资源的一种浪费。每一
个城市、城镇或新的社区都是独特的，需要专门对待，正如下面 3 个例子所展示的那样。

CASE STUDY
案例分析

百年愿景

卡尔加里，阿尔伯塔省

百年卡尔加里中城（MIDTOWN）规划与 1909 年的芝加哥计划相似，由 MVH 城市规划与设计顾问公司牵头在 2004 年完成，[4] 为验证城市设计的价值提供了很好的基础。北美的规划文件通常会展望 20 ~ 30 年。你可能会认为宏伟的事情需要在规划和设计上花费更多的时间。卡尔加里中城规划则展望到了后面的三代人。

百年规划超越了通过创造机会或是强调塑造城市未来要素的传统的城市规划。这种观念对于卡尔加里来说并不新颖，对于芝加哥来说也是如此。在 1914 年，英国的城市规划和景观设计师托马斯·莫森为卡尔加里的未来发展绘制了远景的规划。莫森的规划是一种典型的城市美化规划，展示出了宏大的视野、丰富的细节和详尽的说明（图 12.4；同样请查阅第二章，图 2.10 和图 2.11）。为了实现这样的愿景，莫森需要在当时的建设形态上跳出来，将城市延伸。他的视野是建设草原上未来的巴黎。然而，随着第一次世界大战的开始，一些更加宏大的想法被暂时搁置，但是莫森的想法却由于早期以及接着的持续不断的认可和对城市自然形态（景点、河流以及悬崖）的保护而继续存在了下去。未来城市内城的细分模式以及土地使用规划将同样会从他的想法中得到灵感。

2004 年 1 月，卡尔加里市加入了"+30 网络"，这是一个致力于提高长期生活质量的全球性城市和地区组织。这个网络组织由国际城市可持续中心赞助，其总部位于卑诗省温哥华市。该组织的目的是联合至少 30 个全球城市，通过多方利益协作机制进行团队合作，为社区的可持续性发展提出未来百年的愿景（图 12.5）[5]。

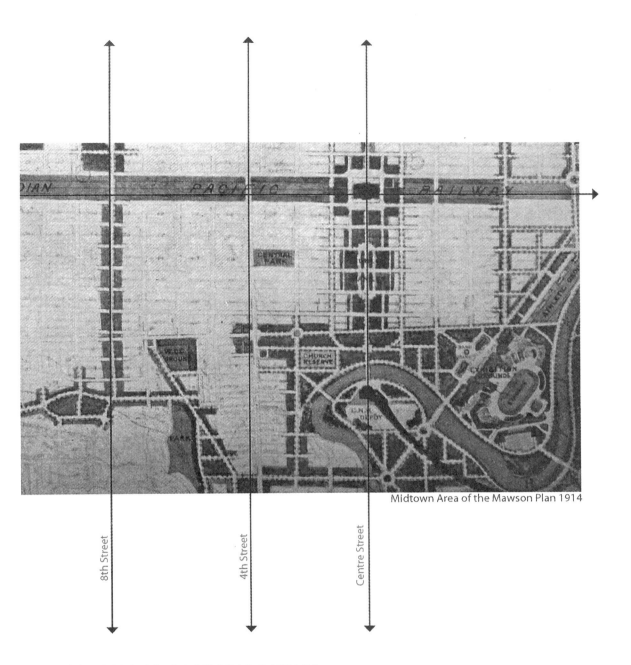

8th Street

4th Street

Centre Street

Midtown Area of the Mawson Plan 1914

图 12.4 莫森规划的部分说明，阿尔伯塔省卡尔加里（1914 年）
莫森规划的这一部分显示出城市美化运动的许多品质，包括壮美的街道、广泛的公园网络以及联系
重要节点的视觉通廊。（来源：卡尔加里市）

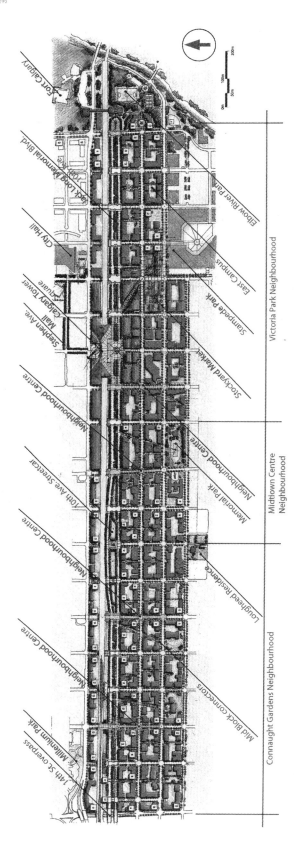

图 12.5 卡尔加里中城规划

百年规划快速地定义了城市中心区域南部地区的详细形态和空间品质，这里也被称为腰围区域。

以莫森规划为灵感，卡尔加里市中心区和内城规划部门想要把百年城市设计战略用在卡尔加里市中心的大面积区域，也就是中城。中城位于市中心区主要商业核心区的南部，是卡尔加里最古老的区域之一。这里有功能混合的建筑物，包括传统的仓库、现代的办公室、时髦的零售商店和餐馆等。长期来看，中城有着巨大的潜力成为卡尔加里最名副其实的城市区之一，并且这座城市需要发挥想象以促进一个真实和伟大的都市区域的发展。

图 12.6 卡尔加里市中城的位置
中城规划包括 400 英亩（即 160 公顷），位于卡尔加里市中心区的南部。（模型由张夏制作，图表由多洛雷斯·阿尔丁制作）

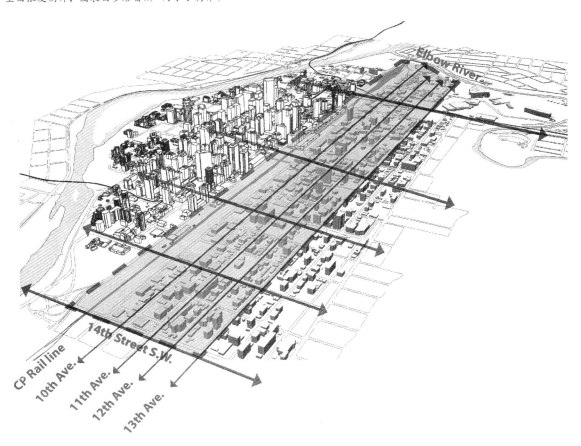

《卡尔加里中城城市设计战略》是加拿大一项里程碑式的城市设计。[6]与莫森规划相似的是，它非常具有远见，向后展望了一百年。这份设计为毗邻市中心南部边缘的400英亩（160公顷）的区域提出一份全面的百年展望（图12.7）。该城市规划不仅包括形态上的城市设计，而且也包含社区邻里规划、土地经济学、人口统计学和运输规划或工程设计。该项综合规划由具备必要专业技能的各学科团队完成。规划过程有利益相关者的参与，包括工商业者、社区、建筑遗产业者和其他人员。

中城规划简洁明了，并以图表的形式让各利益相关者明白并接受规划所展示的全部或部分内容。规划文件也试图在更大范围的内城规划城市肌理塑造方面发挥影响。该规划同时也是切合实际的，它提出了实施框架，为规划文件中十个主要的城市设计特性的每一个特性的实现提出了详细的步骤。这十个特性既能一起实施，也可以单独实施，取决于时间、支持程度以及资源情况。

图12.7　阿尔伯塔省尔加里中城，典型的地方商业街
一楼安排为商业零售，楼上为住宅，人行道宽阔，安排有街道树、长椅、花园、广告栏以及便利的路边停车等——一个活跃而有吸引力的步行环境，同样也适宜骑自行车。（卡鲁姆·斯里格利绘制）

中城规划关注的十个方面

中城规划关注的十个方面，分别有各自的规划愿景（图 12.8）。这十个愿景共同确定了中城未来的特色。由于它们能够作为单独或共同的项目来实施，因此其中的每一个特色都具有灵活性。当然，未来仍需完善具体方案的可行性。

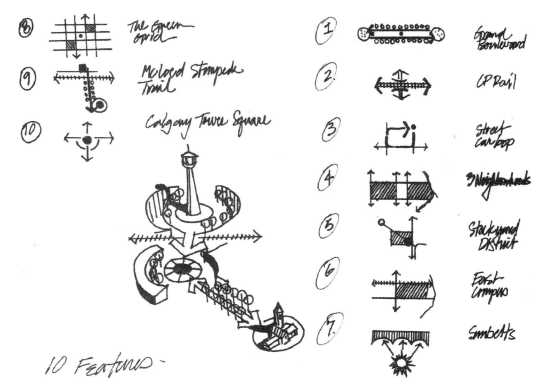

图 12.8 阿尔伯塔省卡尔加里，中城规划关注的十个方面

这种早期的图示反映了中城规划的基本特色。

林荫大道

林荫大道第十大道将会被改变为宏伟的林荫大道（图 12.9），这在某种程度上类似于波士顿联邦大道，连接着相邻的社区并创造出一条绿色林荫道路，这条道路从弓河瀑布岸边的千禧公园连接至尔波河畔的牛仔竞技公园。

图 12.9 阿尔伯塔省卡尔加里中城宏伟的林荫大道成就了第十大道

规划前（图 A）规划后（图 B）显示了围绕卡尔加里城市中心区形成的"绿宝石项链"式的游径步道环，并通过第十大道连接尔波河与弓河，且仍旧满足旧机动车的通行需要。（阿尔法索·泰斯特达绘制，卡鲁姆·斯里格利拍摄）

太平洋铁路高架桥

卡尔加里是因铁路而生的。规划的出发点是设定加拿大太平洋铁路走廊将继续作为长期的运输廊道（图 **12.10**）而存在。作为长期承诺的一部分，规划考虑完善桥梁本身以及桥梁上面及桥下的客运通道。

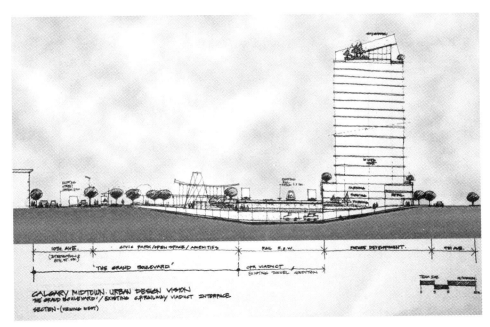

图 12.10　建议提升太平洋铁路高架桥的接口
太平洋铁路地下通道的改善能够更好地促进与市中心核心区域与中城区的连接。（多恩·沃里绘制）

有轨电车环

宏伟的林荫大道成就了第十大道。同时，在有轨电车路权范围内适当调整就可以使有轨电车系统成为城市中心的"内部交通环"的一部分。

三个邻里社区

在现有土地利用模式和中城的特点基础上形成三个独特的邻里社区（图 **12.11**）。每一个社区都植根于其历史和土地利用模式。西方康诺特花园式的邻里社区仍将是居住区关注的重点。位于中城中心的中央邻里社区由中心的商业发展和围绕在周边的居住区构成，见图 **12.12**；东部的维多利亚公园邻里社区则是商业、娱乐与住宅功能的混合。

Connaught Gardens Neighbourhood　　**Midtown Centre Neighbourhood**　　**Victoria Park Neighbourhood**

These three Neighbourhoods will have distinct characteristics with emphasis on different activities:

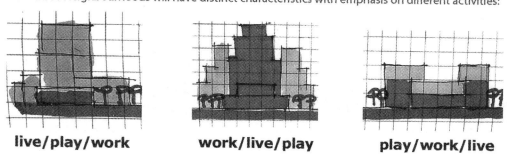

live/play/work　　　　**work/live/play**　　　　**play/work/live**

图 12.11　三种社区形式

在这些社区中，每一个社区都是居住与商业用地两者的不同混合。

康诺特花园邻里社区；曼哈顿中城中心邻里社区；维多利亚公园邻里社区。这三种社区都有独有的特征，着重于不同的活动内容：居住／娱乐／工作；工作／居住／娱乐；娱乐／工作／居住。

图 12.12　中城中央邻里社区（左图）和办公与居住"填充"而成的中心（右图）

这些中央邻里社区的草图强调了工作、生活和娱乐的结合。（卡鲁姆·斯里格利绘制与拍摄）

斯图雅克区

鼓励商业零售和娱乐开发的区域，毗邻牛仔竞技公园的西北角（图 12.13）。斯图雅克区将可以补充牛仔竞技公园逐渐发展的需求，并为维多利亚公园居民提供必要的购物和娱乐场所。

图 12.13 斯图雅克区改善前（左图）与改善后（右图）的对比
斯图雅克区提供了娱乐和购物的场所，毗邻牛仔竞技公园。（卡鲁姆·斯里格利绘制）

东部校园

鼓励在牛仔竞技公园上方的维多利亚公园区设立教育和商业区域，作为牛仔竞技公园已规划设施的扩展区域。教育设施将会"填充"到本地区的历史建筑的特色结构中，增强行人的活动，而商业区将会设在前加拿大太平洋铁路的货场上。

阳光地带

建筑形式与方向是影响冬季阳光入射的重要影响因素（图 12.14）。在冬季月份，低的、中等高度的以及高层的建筑物都需要仔细确定方位，从而让公园、露天场所和街道的阳光照射最大化。

THE WINTER SUNBELTS

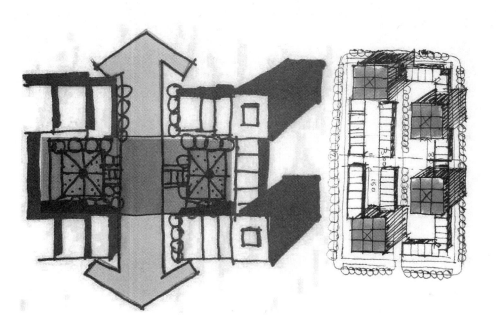

图 12.14 "阳光"与"绿色庭院"以及相连接的公共区域之间的相互关系
庭院和广场朝南并沿着街道布置，以获取充分的阳光。(弗兰克·达科特绘制)

绿色网络

历史公园和开敞空间，如拉菲德宫、中央纪念公园以及卡尔赛峰中心，为街网绿道南北向和东西向的延伸奠定了良好的网络基础，并随着新的公园的增加而不断提升其吸引力。

麦克劳德斯坦必德游径

连接城市中心奥林匹克公园广场和中城牛仔竞技公园，是一条非常重要的步行和庆典活动的路线。东侧种满双排树木的林荫道把城市中心与牛仔竞技公园连接了起来。

卡尔加里塔广场

卡尔加里市中心地段有时可能是人群聚集的广场，有时又是行人通行的通道，而卡尔加里塔是实际上的中心点，连接市中心区和中城。

中城规划将构成可持续发展的"三条腿"连接了起来——社会的、生态的和经济的——以此来规划构建该地区的三个居住社区。有 30000 名居民移居到该区域，同时，社区的建设也推动了社区交界地区以及中心区的发展。

规划的可持续特征包括强化公共交通、保护区域内历史遗产，并在第十大道创建一条宏伟的林荫大道，这条大道起到娱乐连接器以及文化支撑的作用。建筑形态与街道设计能够将街道的阳光最大化并减少能源的使用。绿色街道网络的建议能够增加社区中公园和人行通道的数量。最后，"终身学习"作为可持续发展的一部分将会以"东部校园"的形式被引入东部的维多利亚社区，从而推动牛仔竞技公园规划的实施。

这些可持续发展特征以及三个社区的土地融合使用策略（混合使用、多种用途）共同形成一个完整的可持续社区，社区的居民在此生活、娱乐，并在附近工作。在中城的规划设计过程中，百年规划的价值体现得十分明显。这会让我们反思百年规划的可能性，而传统的二十年期的规划认为百年规划是不切实际的。"创新思想"可以激发人们探究思维和规划的政策。

CASE STUDY
案例分析

合作建设新社区

海参崴，俄罗斯

创新型以及可持续性的城市设计依赖于联邦、地区和地方政权之间的合作。在这一区域，专业知识能帮助传统的城市规划设计转变为由各种各样的城市形态、社会活动方式和土地使用类型构成的新的城市规划设计。相互合作与专业知识在俄罗斯远东地区森尼维尔的新型社区规划中发挥着重要的作用。

加拿大按揭及房屋公司（以下简称 CMHC）致力于通过俄罗斯联邦和加拿大联邦政府之间的协议，将知识和技术转移到俄罗斯。该合作在 2010 年 9 月从联邦政府层面开始。CMHC 赞助了 MVH（以下简称 MVH）城市规划与设计团队的俄罗斯之行，帮助俄罗斯住房发展基金会（以下简称 RHDF）和俄罗斯海参崴的地区和地方政府进行协作规划。俄罗斯此次住房建设规划的焦点在于开发俄罗斯新的、能够负担得起的社会福利住房。

RHDF 拥有将近 988 英亩（400 公顷）的土地，距离国际机场 5 英里（8 千米），距离海参崴市中心 16 英里（26 千米）。海参崴位于俄罗斯远东地区，拥有将近 60 万的人口，而且是俄罗斯太平洋舰队的所在地。该城市的战略位置靠近中国的边界，乘坐飞机到韩国首尔以及日本东京仅需要 2 小时，是俄罗斯的东大门。

我们的团队在海参崴城市中利用了一系列的研讨会和讨论的机会展现协同规划与设计方法的价值，[7] 并与 RHDF 高级官员、滨海边疆区副省长和海参崴副市长进行现场讨论，为开发的概念形成创造条件。在之后三天的概念规划汇报演示会上，场地分析和全面的社区开发理念支持了规划方案的形成。

森尼维尔地区的周围景色优美，群山起伏，那里的山与美国佛蒙特州的山峰非常相似。这些树木丛生的小山构成了阿穆尔斯基海湾美丽的风景。那个地方本身就有很多露天的场所和森林景观，被河流阻断与分切开来。规划的理念是保留林木区域和河流，开发开阔的区域，尽可能保护自然地段，为建设健康与生态的社区奠定基础。

"完整社区"的理念来源于不断的讨论，主旨是实现大多数居民生活、工作并在附近娱乐的理想。基本的社区服务距离每一处住宅仅需要五分钟的步行时间。这种完整社区的理念同样包括紧凑的城市形态、各种各样的住房类型、土地使用、公共导向、地方学校、娱乐场所、自然走廊以及当地的商业和医疗设施。那里最为主要的就业地点在区外的海参崴。

MVH 城市规划与设计团队进入海参崴地区四年后，向该地区副州长和其他高级政府官员提交了一份初步的开发报告。规划的理念与说明广受好评，州长认为最终的开发计划将会以这份报告作为依据。

六个月之后，MVH 城市规划与设计团队收到 Dalta-Vostok-1 公司的董事长奥列格·德罗兹多夫的邀请，为该地区完善总体规划。Dalta-Vostok-1 公司已经中标开发 RHDF 的土地。我们与德罗兹多夫先生和 Dalta 公司的工作人员紧密合作，在俄罗斯远东地区开发该地区的首个新型社区。这项总体规划对于该地区来说是独一无二的，因为人们对该地区近郊的不规则发展状态而导致的交通拥堵已经习以为常，这种状况与世界上其他很多地区并不相似。

正如人们所熟知的那样，森尼维尔与其他城市的开发模式不同，它想要打造的完整社区，需要配备 9 所学校和运动场所、2 个经济中心、1 个市政中心、医疗设备、休闲小径并且实现住宅类型的多样化，包括独栋住宅到高层公寓（图 12.15）。我们与 Dalta 的员工一起努力以确保我们的总体规划满足俄罗斯的有关建筑后退、道路形制、建筑朝向、体量和高度等的规定。我们的设计团队设计了多种形式的街道（图 12.16）、三种类型的低层和高层公寓建筑、可转换成不同住宅的地块以及能够应用于多种建筑形式的"欧洲超级街区"的模型。在这个模型中，建筑物紧邻街道，形成内部的安全庭院（图 12.17）。一条由公园和露天场所构建而成的绿色网络，为实现居民健康的生活方式以及儿童安全上学并在住宅附近玩乐创造了条件。河流廊道是天然形成的区域，这些小径将整个森尼维尔连接起来。街道对于行人来说非常方便，让人们可以在那里会面、步行和休息。在中央公园，也有座椅、户外演出场所、运动场和水景相互穿插。公寓大楼的首层用于商业用途和日间托儿所，为居民提供了便利的购物和就近的服务（图 12.18）。

NOTE:

(1) The Master Plan features are conceptual and locations of roads and limits of development should be refined during detailed design in order to conform to Russian norms and engineering requirements.

(2) Avoid development on steep slopes next to streams, within flood plain and within environmental corridors.

(3) Ensure that the structural members of the lowest building floor are at least 0.5 m above the 1:200 year flood level. A flood analysis is required to define this level.

200m

1　EXISTING SEWAGE DISPOSAL PLANT, TO BE ABANDONED
2　SURFACE PARKING
3　HIGH RISE APARTMENT (RM3)
4　UTILITY AREA ON HILLSIDE
5　ACCESS HIGHWAY TO M60
6　HIGHWAY TO RESORT AREA
7　ENVIRONMENTAL PRESERVATION CORRIDOR AROUND STREAMS
8　HAZARD CORRIDOR AROUND STEEP SLOPES BESIDE STREAMS

9　COMMERCIAL / RETAIL
10　GRAND BOULEVARD & PARK
11　DALTA VOSTOK HEADQUARTERS
12　SCHOOL AND SPORTS FIELDS
13　POLYCLINIC
14　TRANSIT CENTRE
15　CIVIC CENTRE
16　LOW RISE APARTMENT (RM2)

17　TOURIST ZONE OR FUTURE LOW RISE APARTMENT
18　TOWN HOUSE OR ROW HOUSE (RM1)
19　SINGLE FAMILY HOUSES (COTTAGE) (SF1, SF2, SF3)
20　WATER RESERVOIR SITE (IF REQUIRED)
21　ELECTRICAL CORRIDOR USED FOR GARDEN PLOTS, PLANT NURSERY AND PUBLIC SPACE
22　BURIAL GROUND CONSERVATION AREA

图 12.15　森尼维尔土地利用概念规划

包含多种房屋的类型，同时还有不同的当地商店、支持服务、一所儿童日托中心以及学校，对于居民来说到这些地方仅需要五分钟步行的时间。（多恩·沃里描绘，保罗·图尔制图）

图 12.16 森尼维尔街道网络

各种各样的地方街道设计类型，需要在具体设计的时候满足俄罗斯的规定。（多恩·沃里绘制）

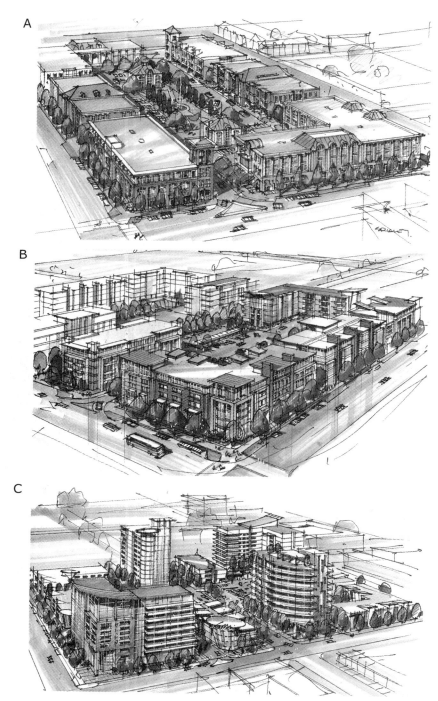

图 12.17　森尼维尔超级街区

三种建筑特征的选择方案是：（A）经典的，（B）当代的，以及（C）高科技型的。

（卡鲁姆·斯里格利绘制）

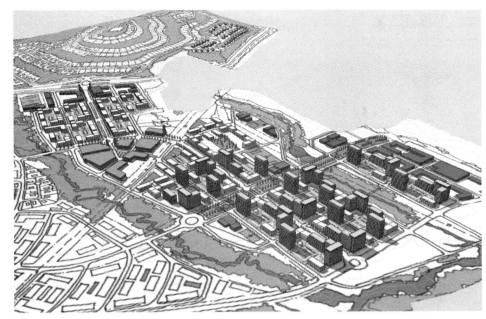

图 12.18　桑森尼维尔的 3D 模型
三维模型展示新型社区的形态和概念。（克里斯·埃里克森建模）

规划在 2011 年 10 月 31 日得到批准，预估该社区的居民为 25000 ~ 30000 人。在规划设计过程中，任何的语言障碍都能通过专业的翻译员解决。随着这些创意快速地转化为理念和概念，并融入规划当中，整个过程让人感到兴奋。虽然过程非常严苛，但结果却是令人满意的。Dalta 公司的员工与顾问建筑师将设计翻译成俄罗斯的标准让人非常惊讶。持续的电子邮件交流为源源不断的问题和挑战指明了方向。

最终的总体规划遵循了较早时期的概念规划原则，并进行细化和增加细节。联邦、地区和地方政府层级中的合作与知识转换产生了创新过程，并使得计划能够在很短的时间内得到认可，每个层级的政府目标也得以完成。森尼维尔也在 2012 年开始动工。MVH 团队将会继续支持详细的设计以及项目的实施，以确保原始规划能够沿着最初的方向推进下去（图 12.19 ）。

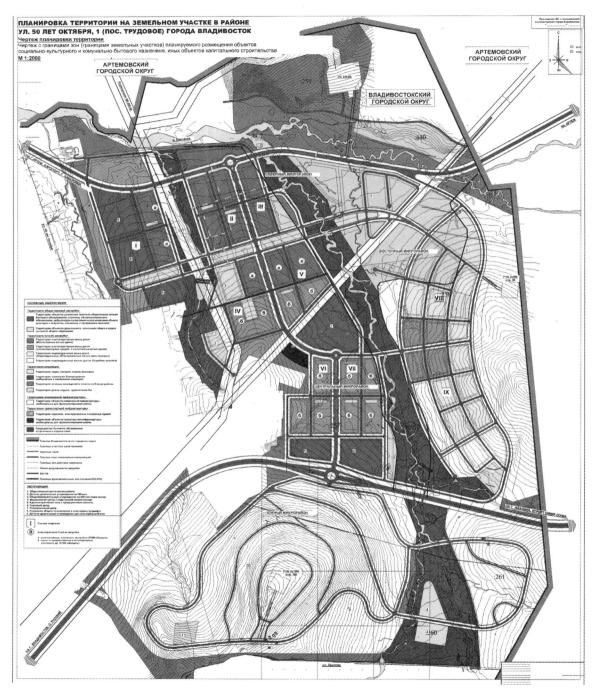

图 12.19　森尼维尔最终的土地利用规划

经过批准的土地利用规划非常贴近早期的概念规划并与俄罗斯的规定与政策相一致。（Dalta Vostok-1 公司制定）

CASE STUDY
案例分析

填充与重建

哈利法克斯市，新斯科舍省

加拿大新斯科舍省哈利法克斯市芬威克塔是一栋 33 层的住宅建筑，该建筑为研究哈利法克斯南端的市中心再开发提供了非常有趣的研究案例。[8] 芬威克塔在 1971 年建成，高 321.5 英尺（98 米），是蒙特利尔东部地区最高的建筑。戴尔豪斯大学通过购买的方式获得了芬威克塔的所有权，作为帮助改善其学生住房需求的一部分。2009 年，邓普顿公司获得了该塔楼的所有权，随后着手通过平衡该塔楼与周边其他建筑及相关配套设施的关系来对塔楼进行更新改造。

芬威克塔更新成功的一个主要因素是全方位的社区参与，这项工作始于 2009 年 9 月，并在 2011 年 2 月获得了哈利法克斯（HRM）地区议会批准后达到高潮。这项工作不仅为未来场地重建的形态和特征提供了有价值的方法，而且为定义社区的需求和更新改造的范围提供了有价值的想法。戴尔豪斯大学周边有超过十个地方团体参与了该工作。全面社区参与对规划的内容，以及规划原则、密度增加原则、社区福祉、可持续发展特征等进行的检视是非常值得肯定的。这个规划设计的先进性在于能够认清场所及其环境，邀请社区参与，对城市形态转化的敏感和在显然提高周边社区福祉前提下编制综合的城市设计方案。在开发申请阶段，作为对社区反馈意见的回馈，芬威克宫被重新命名为芬威克塔。

下述要点要求申请人邓普顿公司在修订哈利法克斯地区规划战略和哈利法克斯半岛土地利用法案的过程中要考虑到，详细的开发协议还必须需要遵守开发申请过程。

可持续和精明增长开发原则

- **场址再开发与提升**。开发集中于哈利法克斯市具备重建和提升潜质的旧场所。

- **充足的基础设施和服务设施**。利用现存的设施与服务进行开发，能够为城市、社区以及开发商带来成本效率。

- **行人导向开发**。着重于非机动化的交通，通过五分钟的步行时间，就能够获得基本的服务。

- **紧凑并适应当地的需求**。开发着重于紧凑型的开发类型，并根据当地的需求提供新的用途。

- **可负担性**。在 CMHC（加拿大房屋及按揭公司）标准的基础上，开发可以创造出更多可负担性的住宅单位，并通过所供应房屋的多样性与可选择性提高可负担性。

- **社会与文化的提升**。场所的改善因素包括提高社区的安全性、文化认同以及提升基础服务设施（图 12.20）。

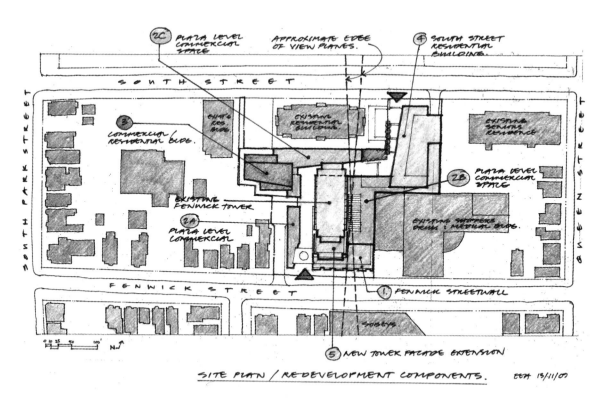

图 12.20 平面规划，芬威克的重建，加拿大新斯科舍省哈利法克斯市
芬威克宫位于戴尔豪森大学周围的历史街区。（阿尔·恩德尔和卡鲁姆·斯里格利绘制）

密度增加原则

密度增加原则建立在社区协商、形态的考虑、场地的有效利用以及增加便利设施基础之上。

1. **社区协商**。与社区进行的讨论主要关注形态、特色和设计品质。关注点是社区的改善与需求。

2. **形态的考虑**。哈利法克斯市中心区规划正在朝着一个形态更加丰富的方向前进，即重点关注形态与特色以及社区适应性而不是密度限制与土地使用。备受赞誉的生态密度方法由温哥华市提出，致力于使用类似的方法，关注现有土地的更有效的使用，以及考虑通过形态敏感型的填充规划来加强城市的适宜度和弹性。这种方法与邓普顿公司对于芬威克重建所采用的方式一致。

这种敏感型建筑形态填充方式反映在以下方面：
- 芬威克街道的四层镇屋住宅与芬威克街道的形态相匹配，规划场地的街道前方也延续该形态（图 **12.21**）。
- 步行特质的两层的"马厩"建筑与规划场地相连接，强化了人的步行尺度感，并有助于商业零售业在该场地的开发。
- 八层的西塔楼以及九层的南街塔与南街现有的詹姆斯广场形成融合（图 **12.22**）。
- 通过改进外墙、完善内部以及增设电梯井对芬威克塔进行更新（图 **12.23**）。
- 一个场地重建规划在形态更新的基础上产生了。规划不仅注重以合适的建筑形态改进社区，而且增加了相互连接的行人通道和公共艺术，以及以社区为基础的商业和社区活动空间，这些都促成了项目的成功。

"incorporate safe, usable public open space"

VIEW OF FENWICK PASSAGE - LOOKING NORTH

"space/place for the community to gather"

"enhance entry to Fenwick Tower"

"live/work opportunities"

"create a 'village feel' to the development"

图 12.21　沿芬威克街道的城市设计形态与原则，芬威克场地重建，加拿大新斯科舍省哈利法克斯市
建造临街社区规模的住宅，增加便利设施，改进街道景观改善了整个社区。（阿尔·恩德尔和卡鲁姆·斯里格利绘制）

"improve South Street streetscape - current
'no man's land' is not desirable."

"encourage entrepreneurial opportunities"

"mitigating the 'wind tunnel' effect is important"

"respect the view planes"

"interconnect South Street to Fenwick Street"

图 12.22　南街的城市设计形态与原则，芬威克场地重建规划，加拿大新斯科舍省哈利法克斯市
城市设计原则为开发设定了指导规则。（阿尔·恩德尔和卡鲁姆·斯里格利绘制）

图 12.23　塔楼改造

塔楼前部会稍微前伸，塔楼内部进行提升改造，外墙重新修整满足外观和功能需要。（卡鲁姆·斯里格利绘制）

3. **场地的有效使用**。重建规划通过增加两栋额外的建筑物提高了区域内的建筑密度，而增加的邻近的便利设施则占到了建筑密度的增加量的一半。增加的商业面积沿"马厩"建筑的人行走廊布局，人行走廊又起着连通和为地方提供服务支撑的功能。

4. **增加的社区便利设施**。这些设施回应了社区的关注，其重点在于强调提升社区的街道景观、人行通道的便利度、人行优先以及安全性、场地的"绿色"程度、地方零售与办公场地的使用、公共艺术的完善以及住房的可负担性等。（下一章还会进一步地讨论其带来的益处；图 **12.24**）

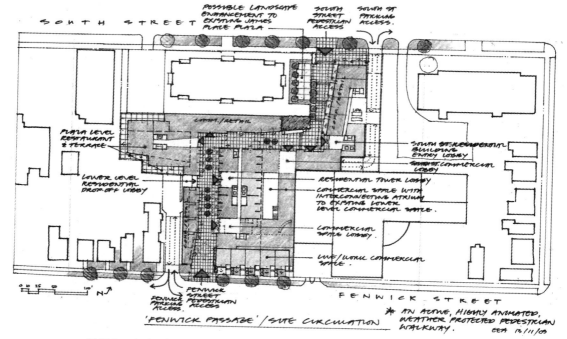

图 12.24　场地分析以及人行/机动车的通道，加拿大新斯科舍省哈利法克斯市芬威克场地重建
场地内部的人行通道创造了商业临街地带，公共艺术和绿化景观还为当地居民提供视觉享受（阿尔·恩
德尔绘制）。

社区利益

社区通过场地重建获取利益对于衡量开发过程带来的"净社区获利"来说至关重要。
下面的内容来自于社区协商和对话的过程，反映了公众关注的重点。

住宅选择的多样化

· 依照 CMHC（加拿大按揭及房屋公司）标准，**10%** 的新住宅单位是"可负担的"；
· 以租赁与所有权相结合的方式供应住宅；
· 提供从单身公寓到两居室的不同大小的住宅单元；
· 住宅单位面对的重点将会从学生扩展到年轻的专业人士。

行人优先

· 50 个地下停车位将被用于社区居民停车使用，在冬天取消一些街道停车位以提供必要的社区服务；

· 目前芬威克塔仅有 **10%** 的地下停车位被使用，因此会限制新建停车位，而重视人行和自行车设施；

· 建设更多的自行车停车位，提供多处的停车点；

· 考虑汽车共享计划，在现有的两个共享车位基础上，进一步扩展至哈利法克斯市的 **9** 个停车点；

· 更新升级停车库，提高安全性、可达性，便利通达南街，分散交通，减轻芬威克街的交通压力。

改善街道景观，形成开敞空间网络，提供社区聚会场所

· 跨越街区、适宜行人的"马厩"建筑连通芬威克街与南街，良好的照明、坐凳以及本地的商业零售服务和设施提高了沿"马厩"建筑沿线的安全性，并带来生机；

· "马厩"建筑以及其他建筑的屋顶空间因植被、花木和小树的栽培而带来绿色；

· "马厩"建筑沿线的公共艺术小品增加了居民的地方认同感，丰富了人们的历史与文化体验；

· 芬威克街道景观因植树、新的人行道和街道前方的 **6** 栋新独立洋房而得到改善。

文化与社会方面的社区聚会场所

· 为有需要的街坊提供相互沟通聚会的场所；

· 零售与办公为社区以及本地商业带来益处（如咖啡厅、餐厅、专业性的办公室以及其他必要的服务）；

· "马厩"建筑是社区重要的"第三场所"，用于开展特殊的聚会、庆祝节日以及举办展览。

可持续性的特征

· 减少 **50%** 能源使用；

· 以 **LEED**（能源领先与环境设计）为参考，完善建筑构造和性能；

· 使用适合的当地材料；

· 对建造及使用过程的材料进行回收再利用；

· 以行人和自行车为导向，限制汽车停车位的增加，扩充自行车停车位；

· 设置两个共享停车位；

· 根据 **CMHC** 标准，**10%** 的新建住宅单位为可负担的；

· 重建的街道景观将会考虑使用当地的植物，需水较少并且相对生命力强；

- 安排公共艺术设施，强化地方文化认同；
- 改造修饰屋面，美观且为居民提供舒适的户外空间；
- 重建的同时考虑街道景观的整治和服务设施的改善；
- 社会与公共聚会的场所成为"马厩"建筑的一部分——提供全年的活动、节日和庆典场所（图 12.25）；
- 在建筑内部有社区会议的场所，提升建筑为社区服务的能力。

芬威克塔项目有明显的保护和复兴味道，因此它能够更好地融入具有历史意义的哈利法克斯市街区。项目同时也反映了一个以社区为基础的建设过程，反映社区真实、有价值的想法和需求。当规划概念变为具体的布局规划，方案回应了社区的声音，反映了社区的价值取向和需求，原先反对和保守的意见就转变为支持性的建议。项目没有生硬地插入到哈利法克斯社区，因此在哈利法克斯地区议会获得一致通过。

"respect neighbourhood character"

"increase street activity"

"mixed affordability and rental options"

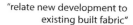

"relate new development to existing built fabric"

图 12.25　西南视角的场地重建概念图，加拿大新斯科舍省哈利法克斯市芬威克场地重建
芬威克场地重建推动街道与社区的重振。（阿尔·恩德尔和卡鲁姆·斯里格利绘制）

正如我们在这一章节中所看到的那样,尽管在美国以及世界其他城市中具有负面趋势,城市中心的修复仍旧是有可能的。从芝加哥与卡尔加里的长期规划中我们得到了宝贵的经验，在哈利法克斯市的案例中我们看到以社区为基础的参与性以及在俄罗斯海参崴项目中的联邦与地方的协作，这些都让我们产生突破性的想法，从而为过去忽视或是需要重建的地方带来新的动力。

第十三章　近郊与远郊

我们在明确地引领低密度的郊区扩张。如果美国的决策者的目的是发展最浪费、最无效率、土地消费最多的城市发展模式，那么他们不可能一直都是可行的。

——兰德尔·阿伦特，《设计而成的田园风格》

许多城市设计将关注点放在好的城市范例上，这并不让人意外。然而正如我想要阐明的那样，可持续性城市设计的原则同样适用于从严格意义上来说并不是"城市"的社区。该章节着眼于两个这样的项目：加拿大阿尔伯塔省中南部红鹿市的郊区改造案例，以及埃德蒙顿市以东士达孔拿（Strthcona）县北部 90 英里（145 公里）的郊区边缘发展。这些新增的郊区边缘发展需要更加紧凑的城市形态以及土地混合使用的模式来应对当今世界，特别是北美，随处可见的城市扩张模式。本章节的案例介绍如何改造郊区集合的发展模式，建立更加符合所谓的生活、工作和就近娱乐的完整社区目标的新的"城市"。目标是：社区更加健康、更加繁荣、更少依赖汽车以及更加注重非机动车的使用。正如我们将要看到的，在这些阿尔伯塔省的社区建设中，面临着挑战。就像在德克萨斯州一样，其经济依靠石油，居民习惯了大型的交通工具和远行。

郊区改造

郊区改造意味着重新开发或者填充现在郊区未被充分使用的部分。我们"治疗"城市蔓延，而这些蔓延已经进行了 50 年。传统郊区建立的目的仅仅是用于休息——单一的土地使用形式，而工作、商业以及文化活动安排在别的地方。

我们心目中的郊区改造之后的效果是什么呢？我们想要减少对汽车的需求和更少的汽车，这样社区可以更安全、更安静。我们想要更安静而舒适的出行方式——公交以及其他大众运输方式能够准时、距离家近以及安全。我们想要更多的时间步行，在更健康的环境里变得更健康；我们想要更多的时间了解我们的邻居并享受社区生活。正如很多小城镇中的居民那样，我们想要人们在通过街道时都能与其他人打招呼。在这里，附近的小店、咖啡店以及其他基础的服务距离你住宅的步行时间在五分钟之内。大体上来说，我们打算建立居民之间能够互相关怀的社区。

城市周边的郊区为重建完整的社区提供了最好的机会。那里有已经建好的公路、供水、污水管道等基础设施及相邻的相关服务。学校、消防服务和警察服务已经位于合适的位置。也许最为重要的是，相对较低的密度和旧建筑物为更新改造为更高的密度提供了可能。随着人口不断老龄化，多样化的建筑类型和可负担的住房的需求正在不断增长。郊区的独栋别墅并不适应数量不断增长的年轻人或是老年人。这些人需要更加实惠、方便的其他可以选择的房屋类型，包括联排别墅、行列式房屋、套楼公寓以及其他可以选择租住或者购买的公寓。

这些高密度郊区的改造开发需要靠近服务和交通，从而减少汽车的使用，最终可以完全减少汽车的拥有量。汽车共享计划可以消除购买车辆的需要，至少会消除购置第二辆车的需求。无车家庭越来越常见，尤其是城市居民。降低汽车持有量已经成为一些城市的规范，比如纽约和伦敦，这些城市的公共交通很便利，而拥有私人车辆的成本很高。一辆车一年的使用成本大约在 8000 ～ 10000 美元之间，而这部分钱完全可以用在其他更重要的开支项目上。

在郊区重建中增加公共交通线路可以减少对停车场的需求，这样停车场可以变为绿化带和其他建筑物。土地的高效利用可以减少人均服务成本，降低增税的必要性。郊区的改造会带来社区服务设施的增加。服务设施的增加必须和密度的增加相一致，否则，就会出现服务设施不能满足服务需求的情况。

在多数社区。"密度"都会和较低的居住价值、交通阻塞、噪音污染和犯罪活动联系在一起。由于增加密度只会给社区带来负面影响这样一个观念的存在，提高密度就很难获得社区支持。但如果居民能尽早真正参与到项目的过程中，他们对社区的需要就更容易被理解。

对成功的地方项目的宣传有助于居民了解开发的过程，可持续的城市设计规划和相关政策、准则和法规是建立信任和获得支持的重要工具。我提出过这样一个新概念，叫"净社区收益"，这意味着社区重建后比以前更好了。社区以及当地政府工作人员和开发人员，可以制作一个关于社区开发好处的列表（即创建社区收益，而不是损失），这些好处要在发展政策上得到落实。开发者提出的社区贡献列表要成为开发协议的一部分，以得到更好的实施。

CASE STUDY
案例分析

密度增加

红鹿县,阿尔伯塔省

本案例研究的目的是要重新审视现有的未充分利用的郊区发展模式,并将其改造成更加紧凑的高密度社区。[1]这些未充分利用的地区应该提供多样性的住房类型并吸引更多企业,在不依靠小汽车的前提下提供综合的、丰富多样的娱乐活动和移动性,并重建成一个完整的社区。在这里,居民可以在步行范围内工作、娱乐和学习或是乘坐公交回到家中。受县政府聘请,MVH 城市规划与设计顾问公司与当地业主、企业、居民和开发商合作,为实现该地区的重建目标,完成了城市设计、规划指引和准则的编制。

利伯瑞柯新是位于加斯林阿里(图 13.1)完善的商业区边缘的能建设容纳 8000 人住宅小区的绝佳地点。该区占地 1000 英亩(405 公顷),位于红鹿县的西南边缘,2 号高速公路西侧。2 号高速公路是阿尔伯塔省的南北要道。红鹿县到卡尔加里和埃德蒙顿的距离分别是 78 英里和 125 英里,它们是阿尔伯塔省的两大主要城市。

加斯林阿里现有的设施包括好市多(Costco)超市、史泰博(Staples)办公用品店以及许多的郊区餐馆、办公室、汽车经销商和酒店。这种情况与传统完全相反。传统上通常都是先有住宅,然后随着居住人口增加带来的需求才会出现商业服务。因此,位于红鹿县边缘的优越地理位置和毗邻加斯林阿里地区不断扩张的就业机会和服务,使得该地区成为郊区改造得不错的地方。换句话说,利伯瑞柯新可以在使用现有基础设施和服务的基础上,更新扩展现有社区,而不需要重新建造基础设施。

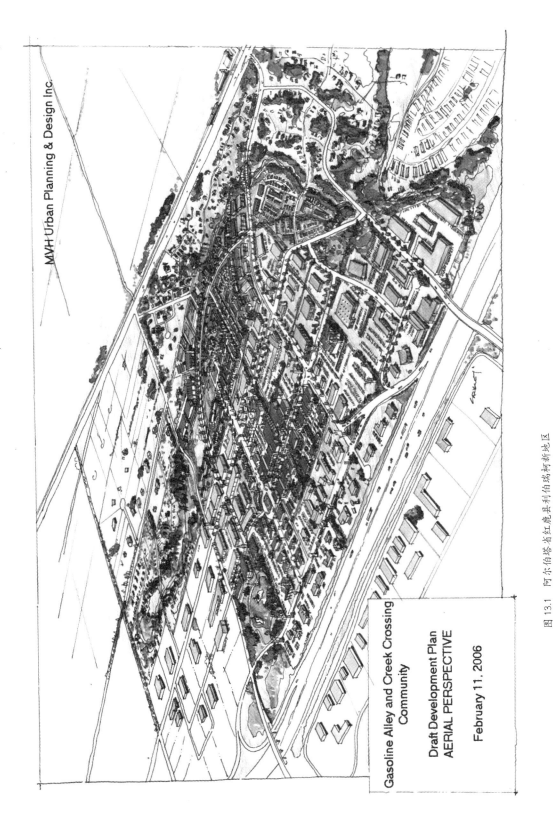

MVH Urban Planning & Design Inc.

Gasoline Alley and Creek Crossing
Community

Draft Development Plan
AERIAL PERSPECTIVE

February 11, 2006

图 13.1 阿尔伯塔省红鹿县利伯瑞柯新地区
俯瞰图展示了现有的商业用地和毗邻的 2 号公路。一个集商业、轻工业、公共机构、休闲和住宅
用地的地方正在向后方区域的 2A 高速公路的方向扩张。（卡鲁姆·斯里格利绘制）

土地所有权和土地使用方式

在利伯瑞柯新（图 13.2），有 9 个土地所有者控制着大约 80% 的土地，这些土地使用的类型包括了商业、工业和乡村居民用房。整个区域有将近 1000 英亩（405 公顷）的净用地（不包括路面面积），9 个土地所有者的土地多达 800 英亩（324 公顷），这就奠定了利伯瑞柯新在开发和再开发方面提升品质、实现良好愿景的基础。

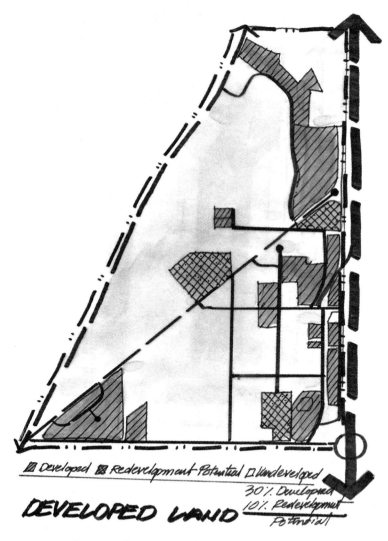

图 13.2　红鹿县利伯瑞柯新的重建前景
有限的土地所有者滋生了重要的再开发潜力。

开发潜能

确定该地区的开发潜能是非常重要的，因为随后的分析以及规划需要考虑环境的敏感度并同时兼顾该地区的市场需求。加斯林阿里西部的土地有着巨大的发展潜力，因为该地段处于战略性位置、土地开发条件成熟以及有便捷的服务连接。综合考虑不同类型的土地以及不同的开发潜力有助于平衡土地利用和开发机会。

高开发潜力的地区（没有主要限制）

这些地区有很显而易见的开发潜力，目前空置或是显然没有充分被利用，如加斯林阿里西部地区的南段。同时，这里也没有显著的环境局限性，如湿地或溪流以及相应的河漫滩区。通常有道路和服务设施与该地段的前端相衔接。

低到中等开发潜力的地区（有一些限制）

这些地区毗邻但不在溪流百年一遇的河漫滩区内。由于受森林和地形的影响，需考虑敏感的集群发展。该地中心区的西部也有一部分区域属于较为敏感的湿地地带，需要进一步考察其开发潜力。在加斯林阿里西部的东北角，修理厂是一个拥有开发潜力的地段，但是在重新开发之前，需要将其进行搬迁。

低开发潜力的地区（有较大限制）

这些地区已经开发或具有较高的环境敏感性，比如西南角的湿地和东南角的纪念公园，以及溪流百年一遇的河漫滩区。

可持续性及精明增长策略

利伯瑞柯新规划是更大范围的城市发展规划和地区结构规划政策、原则以及加斯林阿里西端发展目标的细化。

· **尊重现有的土地使用**：尊重现有的土地使用，有助于实现与新住宅区的协调发展和共同繁荣，并推动商业发展（图 13.3）。

· **创造完整的邻里社区**：建设紧凑且高效的社区，居民、从业者一起生活、工作、购物和娱乐。

· **重建影响最小化**：建筑要选择合适的形式，在比较敏感的重建过程中尊重用于提供绿化和设施的毗邻土地。

图 13.3　红鹿县利伯瑞柯新地区规划设想的中心区
商业区的中心安排有一系列的零售商店和社区居民聚会的场所。（卡鲁姆·斯里格利绘制）

- **交通顺畅：**鼓励各种方式的交通网络（绿道、自行车道、换乘站以及其他交通设施）建设，重点不再是汽车，提升与瓦斯卡索（Waskasoo）游径系统、红鹿市以及其他相邻区域的交通衔接。

- **住房多样性和创新性：**鼓励提供多种住宅单位和更多的住房选择，支持新的住房类型（复合住宅和家户创业），提高住宅寿命和住宅租住的可负担性。

- **保留农村农业特征：**提供大量开敞空间，凸显本地区的农业根源特征。

- **合理再利用：**鼓励将 Ledcor 大楼作为社区资源改造后再利用，其框架结构成为汽车博物馆、观景公园和社区活动的场地。

- **环境敏感区最大化**：保护和扩大当地的池塘和湿地系统，将其视为当地自然栖息地和雨水工程的一部分，实现绿色基础设施网络和河道、环境系统的结合。

- **增加绿地，提高街道景观质量**：以街道家具和种植树木 / 灌木来提升街道景观，但是要注意树木不遮挡道路视线。

- **提升公共场所的安全性和社会性**：鼓励沿河地区街边公共区域的发展，促进沿街住宅单位的社区聚集和互动。

- **创造持久价值**：精心设计公共和私人投资的基础设施，特别是关于公众的安全性和舒适性的基础设施，以创造持久的社区价值。

- **鼓励地方参与**：通过鼓励大众参与到公共空间的创建，培养树立本地主人翁意识。这些公共空间包括汽车博物馆、湿地公园、道路绿地系统以及其他公共设施。

利伯瑞柯新地区的综合潜能

加斯林阿里重建的"主要思路"来源于社区讨论和设计团队。建成功能齐备的繁荣社区既是社区的想法也促成了有针对性的设计。

- **公路沿线**：加强朝向莱瓦街的公路两侧的商业功能。

- **大卖场**：在周围建设类似的小型零售场所，扩大大卖场的聚集功能。

- **库鲁斯娱乐教育街**：建设一条专业街道，以 20 世纪 50 年代怀旧汽车为主题，包括霓虹灯景象、影剧院、专业汽车零售企业和汽车博物馆，同时开发一块以"表演展示"为特点的地段，吸引旅游者和汽车爱好者前往观光（图 13.4）。

- **加斯林阿里西侧绿带**：在北、西、南方向建立包括河道系统、池塘和西南部的湿地以及南部的纪念公园和湿地等在内的绿道网络。

- **河滨住宅**：在北部开发建设一个住宅村庄 / 村落，建成一个完整的社区，整合兼容现有的设施，将灯笼街街口和瓦斯凯索大街建成村落的核心地带。采取集合住宅开发方式来平衡周围的环境，保护河流以及周围的绿化区域。

- **对服务的支持**：为可能的中学、小学和社区中心的建设提供支持。

图 13.4 克鲁斯街

反映了五十年代街上的汽车展览（卡鲁姆·斯里格利绘制）

土地利用概念

下面的图纸和说明是土地利用的基本概念，接着的总体规划会详细阐明土地使用、交通运输网络、建筑形式、体量以及和毗邻地区土地使用的关系。早期土地利用概念的意图是为实现更加完善的规划和建设完整社区而进行的丰富多样的土地利用设计。

土地利用特色区域

概念设计图（图 13.5）展示了总体规划的五种主要的建筑体块，这五种主要的建筑体块同时反映了土地混合使用的方式。城市设计计划则将该想法提炼成为更加具体的规划（图 13.6）。

- **公路带：** 高速公路的服务和商业；
- **高街：** 混合式商业和住宅用地使用；
- **克鲁斯街：** 特色零售店、教育和娱乐；
- **居住村落：** 滨河的居住社区；
- **中央的就业区：** 轻工业和商业。

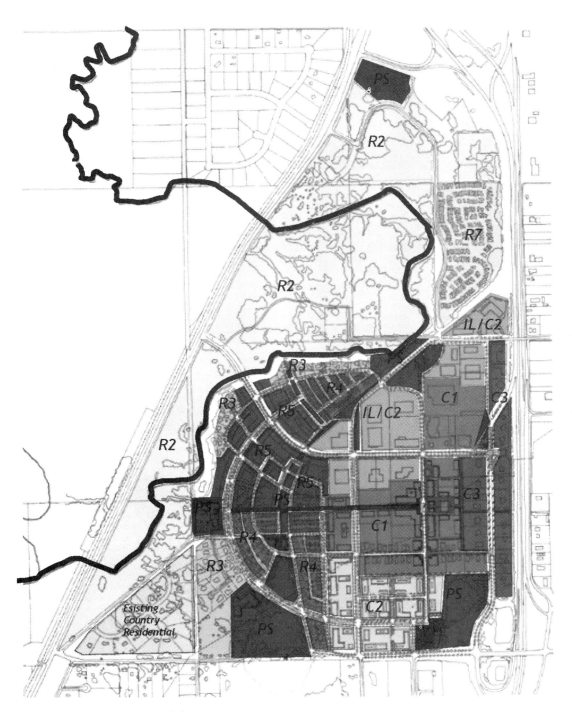

图 13.5　利伯瑞柯新的土地利用特色
突出了土地利用的现状和未来的融合，有利于创造一个更为多元和完整的社区。
（多洛雷斯·阿尔丁绘制）

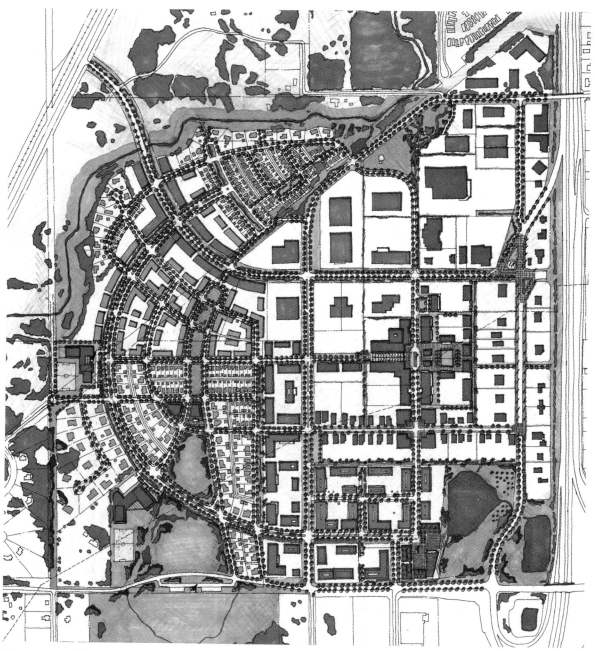

图 13.6　利伯瑞柯新的城市设计

多种多样的土地形式和使用方式，湿地上的公园以及自然的河流、学校、

社区中心以及精心布置的街道网络。(多恩·沃里绘制)

街道网络

社区内部街道的衔接和通达，是利伯瑞柯新规划成功的要素之一。安全和层级明晰的主要、次要和支路系统在社区中发挥不同的效用。

· **主要道路**：连通性道路；
· **次要道路**：服务用途的第二级街道；
· **支路**：更小层级的服务性街道，主要在居住区内部。

当然，街道还可以在仔细研究后进一步细分。

绿色网络和城市周围的绿色地带

绿色网络着重于强调建立在绿色基础设施系统（由雨洪管理系统和湿地等构成）之上的行人和自行车专用通道的联系。绿色网络同时构成环绕城市北、西和南部分地区的城市绿环，并通过小路和城市东部的边缘联系起来。

规划的核心地带是沿瓦斯卡索河的游径系统，该系统能够连接至 16 英里长（26 千米）的红鹿县铁路系统的东部。另外，绿道系统也为社区居民步行或骑自行车到达社区任何部分提供了便利（图 13.7）。

其他绿道或蓝道（水）沿着西南部分地区沼泽地和纪念公园的湿地和雨洪管理池展开。这些水文要素是湿地和雨洪管理系统的一部分。冬季，部分池塘结冰成为溜冰场。

规划完成以后，开发工作随即展开。由于市场环境的因素，很多新区域仍然没有完成开发。比如某开发商预计开发的净密度为每英亩 10 个住宅单位（25 单位／每公顷），并计划在 100 英亩（40 公顷）的土地上建造多样类型的住宅单元。基础设施建设正在进行，住宅建设还没开始。

图 13.7　利伯瑞柯新的公园路设计
路网设计的主旨是贯穿全社区的宽阔的步行和自行车道。（卡鲁姆·斯里格利绘制）

集约开发

集约开发（也称为保守设计）是一种相对较为新颖的设计策略，即保护土地，集约开发来减少土地占用面积。这种集约开发尤其适用于郊区的环境。在那里，农业土地、植林地、河流和野生动物区的保留对于保有农村的特征非常重要。

兰德尔·阿伦特在《设计乡村》一书中探索了多种集约开发的方式，并且比较了这些方式放在马萨诸塞州西部地区康涅狄格河谷产生的视觉上、外表层、社会的和经济的影响。观察有多少自然景色、农田以及历史城镇能够保留而没有被浪费，这是一件非常有趣的事情。将集约发展的模式应用于周边满是树木的草地，远离高速公路，农村的特征就能被保留。[2] 在《更绿的增长》一书中，阿伦特进一步研究了保护性设计的方法，即通过规划技术比如区划、总体规划和分区细则来识别重要的自然和文化特征并保护这些资源，从而保留当地社区的特殊价值。[3]

地役权保护是为保护土地的现有状态，允许土地所有者防止土地被改变为某些用途而出现的。事实上，地役权保护在 19 世纪 80 年代就在美国出现了，用以保护在波士顿地区由弗雷德里克·劳·奥姆斯特德设计的园林主道。地役权保护在美国和加拿大都有使用。地役权保护着美国的各处"珍宝"，比如蓝岭公园大道、威斯康星州沿圣克罗伊河的绿道、纽约哈得逊河山谷的奥拉那观景区等。[4]

发展信用转移（TDC），在加拿大也被称为发展权转移（TDR），是使有价值的土地保留现有状态的另一种工具。它可以使整块土地的允许开发密度分化到小块土地上从而达到保护耕地、自然和野生动物栖息地的目的。这种工具通常用于集约发展的设计上。本质上，土地总体开发密度和土地集约开发的密度是一样的。未开发的土地仍然保持当前的状态。发展权转移有助于保护自然特色、保护农田和野生动物栖息地，同时允许土地所有者在发展中充分利用规定的开发密度。

集约化发展战略也涉及历史悠久的小镇的开发模式和建设规模。村庄通常规模最小，镇规模最大，小镇的规模介于它们之间。居民数量在 100 ～ 20000 人之间，平均为 5000 ～ 10000 人。这些社区通常有人的居住，具备完整的生态系统、紧凑和土地混合使用、多种建筑形式和相通的街道等特征。其规模由最小的 10 英亩（4 公顷）至 100 英亩（40 公顷）的小村庄到 600 英亩的城镇（240 公顷），每个农村城市化地区或郊区边缘地区都有不同的土地利用方式和服务要求，但保护土地和开敞空间却是一致的考虑。[5]

过去 50 年以来，城郊地区的设计方法没有变过，该方法在很大程度上是由机动车来决定的。标准化的设计由引入规划区的道路或是一条公路开始，之后填充土地利用，最终能够保留任何现存的"残留"区域。这种方法用于将独户住宅的土地收益率最大化，并且将基础设施服务，比如街道、自来水、下水道以及暴雨管理的成本最小化。这种标准设计方法是一种商业模型而不是一个社区建设模型。实际上它浪费了土地并且是不可持续的。此外，它极大地助长了城市和农村的蔓延。

严酷的现实是，可持续设计在大多数的城市是不合法的。区划、土地细分的规则以及工程标准接受替代性的选择方案或是敏感的开发规划，对于当地自然和文化的资源很少或根本不在意，而正是这些资源形成了地方的特殊性。在生态和安全处于次要位置时，解决交通瓶颈就首当其冲成为最重要的一点。詹姆斯·孔斯特勒在《无处不在的地理》一书中把这种设计方法描述为孤立的、不安全的以及依靠汽车的。[6] 但是有另外一种方法，这种方法尊重自然的土地特征，在合适的地方开发小型紧凑的发展区，然后最终连接到一个街道系统上，该街道系统能够将地区的侵入变得最小化。让我们一起通过在下一章节的案例研究来探索这种创新性的城市和农村设计方法。

一个三步走的逆向设计方法

以下的案例，位于阿尔伯塔埃德蒙顿市东部舍伍德公园的边缘，[7]着重突出了三大要素的重要性，这三大要素促成了成功的乡村和城市设计：

· 设计首先是识别和保留现有的特征要素，如自然特征、可视区域、露天场所和农田。
· 利益所有者积极参与设计的过程以形成广泛支持的方案。
· 创造"社区净收益"的理念，该理念没有将关注的焦点放在开发密度的最大化之上，而是关注所制定的设计方案能够融入周边的社区，能满足他们短期和长期的愿景和需求。

该案例的基础是一种选择性保护的设计过程，这一过程遵循以下步骤：（1）保留重要的部分；（2）对现存的土地进行适当的用途和强度开发；（3）以最为有效的方式，将所开发的区域与毗邻的公路和游径进行连通。我将这种设计的方法看作是反向的方法，因为这是对正常一般设计方法的反向思维。下面我们来关注更多的细节。

首先，第一步是识别基于自然和文化价值的考虑，什么样的土地应该受到保护。这些土地被划分在第一或第二优先的保护范围内，可能是当地、州/省或者是联邦的强制性要求（第一优先保护）要保护的河流或是后退区域，也可能是自然特征明显的长满树木的林地（自愿/第二优先保护）。然而，社区、发展商或者当地政府官员可能会非常重视植被的存在价值或者当地的文化场所，这些区域是重要的，但是却缺少或没有相应的法规去保护它们，因此针对不同项目需要制定相应的标准去设定受保护土地的优先顺序。

在对需要保护的土地进行识别之后，设计的过程随即进行到开发区域内的土地利用上。根据地点、特征、环境敏感度以及市场因素，土地被划分为高级、中级和低级的开发次序。

最后的步骤是确定干扰少又通达性好的道路。集约设计并未因高密度转移到小地块上而消极影响到单位面积的住宅数量。集约开发的挑战之一是市场需要大户型宅地而方案却提供出更小的宅地甚至是或多家庭的住宅。该方案揭示了住宅单元开发量远超出法定区划所允许的范围。

CASE STUDY
案例分析

集约住宅

斯达孔拿县, 阿尔伯塔省

这是 2008 年 9 月的一天，天清气爽，阳光明媚，那一天我第一次看到阿尔伯塔省埃德蒙顿东边的物业。我被这里的业主邀请参观他开发的地产。斯达孔拿县的规划部经理以及农场主和我们一起参观。我们和业主握手致意然后乘坐小四轮车（他们亲切地称之为四边形车）进入现场。该地的大部分是一个前麋鹿牧场，我们可以很容易看出，多年来麋鹿养殖对该片区域产生的破坏。许多白杨树已经被吃光了叶子，而且造成了永久性的损伤。我看到余下的白杨树还在挺立着。第一排白杨树后面是一片开阔的草甸，我被它的静谧震惊了。与周围道路的喧嚣相比，它是那样的与众不同：耸立的小山或者是平缓的小丘，不时变换的地形缓冲着来自周边的噪音，这是一个世外桃源。

突然这宁静被一只麋鹿从远处传来的叫声打破了。从向导和农场主那里得到的消息是，我们已经靠近了仅存着几只麋鹿的区域。向导对这片区域和麋鹿都有着很深的研究，这是一只雄性的麋鹿，有着显而易见的雄性特征，因为它有着不一样的皮囊和许多雌性配偶。其他的雄性和这头隔绝开来，因为农场主并不希望在公的麋鹿中间有潜在的致命对抗因素。在前一年的交配季，农场主发现一头公麋鹿的皮上有成百上千被刺穿的伤口。

很难相信在交配的季节里，雄性的麋鹿会一如既往的胆怯而温顺。我们在围场外保持着安全距离的同时继续我们的旅途。一座小丘之后，出现了草地和杨树林。丘陵的开阔地和白杨树林已经作为麋鹿的家园存在了几十年，而现在那里却由于城市的蔓延侵蚀而消失了。

那天的情况让我深受感触，我想要有一个创新性的设计理念来指导开发这个地方。丘陵与白杨树林为创新性的设计提供了多样性的机会与挑战。场地需要被重新利用并恢复它原来的面貌，这要求我们重造树林。毋庸置疑，县里显然是想要不同的结果。县政府当前的集约地块区划政策造就的大型独栋住宅区与该地块的一部分隔离开来。公平地说，集约规定在其他地方的实施造就了更多的开敞空间，但是目前为止，更大且更贵的地块都分布在已经修订的地块细分规划中了。

融入当地社区

那一年的冬天，委托人与开发合伙人、县政府职员和社区一起组织了一个为期四天的设计研讨会（集中且持续的设计讨论和探索）。第一天的晚上我们与社区的成员举办了一场会议讨论各种问题、挑战和潜在的想法。我们在毗邻该地块的当地教堂举办了这次会议。那是一个寒冬的夜晚，天气很糟糕，所以出席的成员非常有限。在每一个社区会议中，我最主要关心的事是社区的代表，因为我们希望听到所有的观点。那一晚，来自临近社区的居民和附近学校的代表参加了这次会议。像往常一样，我们先进行简单的介绍，之后我右手边的先生开始提问。一般来说，第一位提问的人会为整个社区的讨论设定基调。以下发生的事我永远不会忘记。

我让他介绍自己和他的兴趣。我饶有兴致地将这位男士称为"没问题医生"。他是一位医生，居住在开发区马路的对面。后来我才发现，这位男士并没有提出建议，他一开始就告诉我们他们并不是来聆听的而是来阻碍我们的。根据他的观点，会议和程序都是关于土地的拥有者想要什么，而不是整个社区的愿景和需求。接下来的会议没有如此地具有对抗性。我们与社区一起确定关键的问题、机遇以及能够支持整个开发理论的想法。然后我就知道即使是一个创新型的集约设计方案也不能赢得出席者中已经根深蒂固的大量区划细分规则的拥护者的支持。大多数的与会者生活在很大的宅地中，而这就是当前社区的现状。他们不知道其他的任何事情，认为任何不同的方案都会对他们的生活方式和社区造成威胁。

场地设计

在接下来的三天时间里，我们的设计团队狂热地工作，制作规划以便满足交通、噪音、提升的房价以及最小化的区划面积等多样的需求。对于未来的社区，我们编制了一个令人瞩目的故事，故事中的社区将会多种多样、健康并且对生态环境无害。我们提倡树苗圃，重新植树恢复林地和自然景观。我们设计了九种类型的住宅，满足当前和未来社区居民老龄化的需要。这些住宅单元也同样适用于社区中的年轻单身人员。沿着地块边缘布局的独栋住宅向着毗邻的独户住宅区完好地过渡。通畅的道路网络连接着住宅群和毗邻的社区以及临近的学校（图 13.8）。

扩展的开敞空间网络——超过总用地的 50%——能够提供多种功能，包括雨洪管理、休闲娱乐以及社区服务。它也能为潜在的场地废水处理提供足够的空间。街道集中于低地区域，保护了山地特色和居住的隐私，也有利于自然排水。在游径系统的山地高点，有景观节点（图 13.9、图 13.10）。最后，我们并不知道该方案怎样才能在晚上的汇报中得到社区、政府职员和县议会的认可。

图 13.8 阿尔伯塔省斯达孔拿县斯达世瑞总体规划
九种类型的住宅、地方商业、雨洪管理以及潜在的场地废水处理等都是可持续发
展的特征。(多恩·沃里绘制)

图 13.9　独户住宅（图左）以及独户住宅集群（图右）

规划保留了海拔高处作为场址保留的一部分，同时增加集群住宅区和相关便利设施的密度。（卡鲁姆·斯里格利绘制）

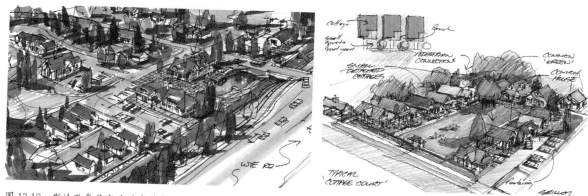

图 13.10　斯达孔拿县当地的城镇中心（图左）以及家庭庭院式住宅集群（图右）

规划为老年人、单身人士以及年轻家庭提供了地方性的服务以及可供选择的集群住宅。（卡鲁姆·斯里格利绘制）

结论

幻灯片汇报持续了将近一个小时，我们的团队带着听众聆听设计理念、现场分析以及集群设计的过程。我们编制了令人瞩目的故事，当我们让听众提出问题时，结果超出了我们的意料。"没问题医生"一直站在靠近前方的位置，他快速地举起手，表现的非常惊讶。"没问题医生"已经被转变过来了，开始相信这项规划。他说道："我没有任何的问题，我将全力支持这项规划"。农场经理以及前任警官随后走到房间的前面，给我们分享了关于我们的程序和结果的一个感人的故事，这个故事捕获了现场听众的心。他说当他第一次向设计团队展示地块边上美丽的山丘时，他确信在最终的设计规划中这些山丘会消失，它们将成为标准的郊区发展的受害者，没有留下任何的以前的景观特征痕迹。现在，从他激动的声音中可以听出，他几乎被我们的所作所为震惊了——保留了山丘，并在保有这些特征的基础上进行建设。观众沉默了，他的故事肯定了我们设计。形势开始对我们有利。

随之而来的是一个支持性的讨论，为获得社区、政府职员和议会支持的规划概念的讨论。会议认为，供水和排水的服务需要进一步的论证，但保护规划是可行的。社区讨论的过程一开始并不好，因为居民对方案有误解。当认识到集约设计的好处时，社区开始接受这样的方案。方案满足了社区的需要，能够为社区贡献价值和力量。

由于小块土地上的独户住宅数量有限，会议建议在 100 英亩（40 公顷）上安排 181 户住宅单位。斯达孔拿县及周边居民都支持这一提议。通常的规划方案是更多的城市蔓延，那也就是在许多地方的郊区和农村市场现在的需要（或者是他们这么说）。但同时，单身、老年人和年轻的家庭被排除在外，因为在地块细分规则下，房屋建设仅考虑成本和基本没有多样化的住宅类型供选择。

现在让我们来看可持续发展的城市设计过程中经常被忽视或被错误认识的一个非常重要的部分。本书的这四部分描述了框架，并提供了案例分析来讲解可持续城市设计方案的实施。令人吃惊的是又有多少城市规划方案被束之高阁，那些方案被良好的愿望所驱使，但又对社区带不来任何改变。接下来我们来迎接这样的挑战。

第四部分

从设计到行动

第十四章　实施可持续性设计

分清正在做的和有能力做的之间的区别有助于我们解决世界上大多数的问题。

——甘地

在努力完成开发原则、设计分析和规划（见第四章到第九章）方案后，真正地面上的变化并未开始。我们虽然已经编制了可持续的城市设计文件，但项目建设仍未开始。本章的着重点是实施，也可以称之为行动计划，也就是如何实现设计方案或"规划设计系列"的意图。设计实施是对未来建设的承诺。但不幸的是，也正如我已提到的，在许多情况下，在城市设计的实施过程中，城市设计的意图大打折扣。

城市设计的实施需要六个关键：

1. 发展愿景。一个有清晰目标的发展愿景。

2. 所有权。业主必须明白规划的意图。

3. 组织。选择合适的团队共同合作完成成员各自的工作。

4. 资源。资源和资金要到位。

5. 技术。合适的技术文件必须到位（例如，城市区划、遗产保护协议、开发许可、商业推进协议等）。

6. 评估。评估体系在一开始就要进入，以确业主明白设计方案的承诺和相关协议的对应。

本章将详细介绍行动计划的要素，并通过案例和必要的规划设计文件来予以说明。

建立可预见的结果

可持续城市设计的行动计划在城市设计过程的一开始就应该介入，并融合到其中。项目咨询团队自始至终都心中有数，并激励房地产开发商，帮助他们开展项目。责任心、核算技术和领导能力是设计团队努力的结果。

建设过程获得支持以及业主对结果的预期是任何项目成功的关键。在社会和政治支持下，政府公共工程的主管能不支持这个项目？一句古老的中国谚语说，"建一座金桥"，换句话说就是，如果你的意见有利于业主并得到广泛的支持，就不会被拒绝。因此，项目咨询团队必须从一开始就确立正确的过程以获得正确的结果。

接下来我们讨论行动计划的六个要素及其结构，以期让读者能够在基于自身条件的情况下来理解行动计划。每个要素都从定义的描述开始讲起。这六个要素没按顺序编号，因为某些要素可能并行发生。愿景、目标和原则是开始的要素，而评估则是最后或者是定期评价项目过程的要素。

愿景

一些北美最成功的和创新的健康新社区都有一个共同的特点，那就是一个清晰的发展愿景。

- 我们是否知道我们社区有什么以及其（例如，社区或组织价值）价值？
- 我们如何定义这些价值，并将其演变成一个对我们未来发展的描述（语句）？
- 我们如何实现这些愿景（目标和原则）？

各方权益

社区、政府职员、相关机构和政治家的支持和介入是项目长远成功的关键。业主的参与和推进也起到很大的作用，参与者的利益应该明确。各方权益就是责任的转移或共享。

- 项目设计之初，我们让业主参与进来了吗？
- 社区、政府职员、相关机构和政治家从这个项目中有什么收益？是什么时候？
- 业主的风险在哪里？如何减少或消除这些风险？

- 如何得到"官方"和"非官方"的权益？如何灵活分担项目的负担？
- 如何实现项目早期的成功,并以此带动相关各方参与的兴趣,实现更大的成功?（成功孕育成功。）

组织

一个组织的框架必须是动态的,也就是说不同的人在不同的时间可能参与不同的过程。组织也应该认识到不同技能、知识、兴趣和责任的成员职责和区别。

- 谁是完成工作的关键人物？
- 谁是工人？谁是主管？
- 什么措施可以推进工作的完成？
- 是否组织阻碍工作的进展？
- 有明确的职权范围来采取行动和执行责任吗？
- 哪个环节需要政治家和关键领导的涉入？
- 有可信任和有领导力的领导吗？
- 组织如何随着时间推移介入项目？

资源

如果没有人、资金和其他资源，项目将失败。不管有多么好的设想，很多项目却以失败告终。原因是项目启动之前没有找到合适的资源。

- 我们需要什么样的资源来成功地完成整个过程？
- 怎样才能得到对项目有支持的人、资金和其他资源？
- 我们用什么手段来配合项目的始终（例如，资本计划、奖励计划等）？
- 谁会不间断地支持项目的长远利益（例如，维修费用等项目的未来成本）？

技术

很多在"控制"和"棍棒"机制之外诸如城市区划和政策等会鼓励创新并推进项目的实施，灵活性，好比"胡萝卜"，应该被用来鼓励项目的实施。

- 什么监管手段能鼓励项目的推进和创新（例如，综合开发分区、弹性分区、混合使用分区）？

- 使用什么样的税收政策或资金计划（例如，减税、税收抵免、实物捐赠）？
- 使用何种管理手法或程序来推进项目多层次的合作？
- 用什么沟通方式会推进项目的成功（例如，网络树、电子邮件、媒体）？

评估

持续评估是必要的，且衡量项目的成功有多种方式。对照设定的目标来评估项目（与特定的目标）是持续评估的第一步。

- 我们怎么样按设定的目标和愿景去评价项目？
- 评估谁和评估什么要素？什么时候评估？
- 评估将如何影响方案的实施？
- 我们如何根据评估结果来改变实措施？

社区收益

场地重建给社区带来净的利益（正面的利益）在社区开发中十分重要。这些收益包括提供可负担的住房、公园和游憩空间、通路的连接、社区无障碍空间、非营利社团组织空间和公共艺术。社区收益更为详细的清单可以参考第十二章关于芬威克场地重建的内容。

表 14.1 项目实施战略的参考列表，罗列了项目实施成功的六大要素

要素	子要素	定义
愿景：项目在哪个时间段完成（5 ~ 10 年）？		
	愿景	项目完成时的图景
	目标	实施完成
	原则	实施行动的指引
权益：如何获得项目的短期和长期支持？		
	业主	风险和收益
	参与方	参与的任务
	承诺方	政治利益
	合作伙伴	共同承担的责任
组织：如何组织人员和资源来完成任务？		
	职权范围	具体任务、范围和责任
	关键人物	决策制定者和员工
	高效的集体组织	垂直或水平组织结构以及交互交叉
	和权力的沟通	垂直性联接管理和政治体制
	联盟	交互式联系
资源：谁或什么资源对项目的成功极为重要，或者我们怎么定位自己，以适应各类支持者？		
	人群	支持者
	资金	资金来源
	伙伴	共同承担责任
技术：什么样的激励措施和方法，来促进方案的实施？		
	监管	区划和其他规划文件
	资金	公共和私人资源，包括实物
	管理	业务改进组织、社区协会等
	沟通	直接通讯、邮箱网络和媒体
评估：何时衡量？效果如何？		
	发展愿景	对照设计目标
	项目推进	总的进展
	调整	行动计划的修正
长期可持续性：社会、生态、经济（SEE）的考量		

CASE STUDY
案例分析

可持续的实施手段

索尔兹伯里村东区，阿尔伯塔省

可持续发展规划的落地具有挑战性。比如，当开发获得许可，很多好的可持续发展的规划原则和理念由于缺乏具体的可操作性或者是仅仅因为不够经济、不可量度以及弹性不足而被弃之不用。因为有这样的理解偏差，执行得不到支持或鼓励，项目的结果往往会是有问题的，甚至是不能接受的。

如前所述，项目的成功需要许多人的支持和合作，包括开发商、设计咨询团队以及政府等。最近完成的加拿大阿尔伯塔省埃德蒙顿索尔兹伯里村东区的规划提供了可持续发展实施的量度系统，并附在详细开发的批准文件中。这个规划由我公司 MVH 和其他设计顾问公司合作完成，项目已经于 2011 年 3 月获得批准。[1] 该规划尝试在项目实施中把可持续社区发展和城市设计衔接起来。

任何新的开发尝试最初都是困难的，特别是当从惯例开始改变时。项目开始于一个典型的郊区购物中心，一个周围满是停车场的大体块的购物场所。县政府有一套衡量社区可持续实施的由 12 项要求构成的标准。这 12 项要求也是全县的城市发展规划的组成部分，任何区划调整的申请都要满足这 12 项要求。

由于地块的区划修改为郊区购物中心（一期）的申请不需要由议会批准，县府的规划部经理彼得瓦纳就建议开发商聘请我对项目的推进提供咨询。我促成了一个为期四天的专家研讨会。在专家研讨会结束时，很明显，一个创新的可持续发展的城市设计理念出现了：

- 混合用途，沿主要的购物街道，地面层为零售商业用途，楼上为住宅和办公；
- 多样化的住宅和开发强度，与行人连接的分散停车场，连接到邻近社区的步道系统；
- 社区服务设施（包括生态中央公园学习中心和设施）；
- 满足 LEED-NC 的要求（绿色住区）。

早期的规划思想演变经历了许多轮的讨论和谈判。这是一个对传统开发理念的提升和迈向可持续发展的一大步。虽然这个过程耗时费钱,但好的东西的确需要时间和资源。可持续发展道路上的障碍必须由地区和地方政府来领导解决。很显然,可持续发展设计还没有多少得到证实的成功案例,因此,开发商、零售业主和银行都对这样的风险保有抵制的态度。消费者也不愿意支付好像是不正常的额外费用,特别是他们面对的是规范的市场,而可持续发展设计的物业有市场风险。另外就是,鼓励行人和公交也碰到阻碍。我就不断被县交通局的一位工程师提醒:斯达孔拿县是依靠私人小汽车的(每户平均 2.8 辆)。

随着项目的发展,我开始更多地参到项目发展的下一阶段工作,开始关注周边和东部地区,也就是索尔兹伯里村东(区 3),这个案例研究的重点所在。索尔兹伯里的规划提出了相应的方向、原则以及与相对应的 12 项可持续发展的具体目标。这些目标构成了项目分区规划的基本框架。

可持续发展规划的愿景

我们面临的挑战是编制一个现实的可持续发展规划,且该规划是切实可行的,能得到社会各界的支持,特别是在郊区这样的环境里。索尔兹伯里乡村地区结构规划对推进紧凑发展是重要的,是推动阿尔伯塔省埃德蒙顿以东地区持续发展的依据。该结构规划为临近或更大的社区提供服务支撑。

索尔兹伯里乡村地区结构规划把区域划分为三块,索尔兹伯里村西(地块 1 和 2)和索尔兹伯里村东(地块 3)。总体上整个区域将形成保留了自然景观和湿地,鼓励绿色生态技术,尽可能减少资源、能源利用和废弃物的典范社区。高密度多户型的住宅组合和相应的商业用房实现契合。索尔兹伯里乡村的西部地区将是一个围绕高街,为居民和上班族提供骑车、步行和公交便利的紧凑型社区。在东部,是商业园区,配套办公和酒店以及一部分的住宅和零售商业。这里是一个完整的社区,一个可以就近满足居民、上班族和游客对生活、工作和休闲的需要的、紧凑的、毗邻乡村的社区。

历史和场地特色

索尔兹伯里村东(地块 3)地区,是本案例的研究重点。这里过去一直是农业地区,有一座农场,不过现在已经是空地了。本地块最显著的特征是中心区域的湿地。沿着耸立的大树不断变换的风景也是该地块的特色之一(图 14.1)。

图 14.1 自然特点，阿尔伯塔省索尔兹伯里村东地区
矗立的树木、丘陵和湿地是本地区规划要考虑的重要元素（多洛雷斯·阿尔丁绘制）。

可持续邻里社区规划

地块 3 的可持续邻里社区规划结合城市发展规划的 12 项要求，提出了本地块的可持续发展的规划和设计理念：

· 与教育功能相结合的中部湿地保护区；

· 联系社区和各类用地的综合绿道游径系统；

· 紧凑混合的商业园区，配备零售、酒店/会议设施，提供就近工作岗位和住宅，并有相应的服务配套；

· 减少室外停车位面积，增加室外透水区范围；

· 建设自然的雨洪管理系统，减少地面径流；

· 尽可能地栽种植被和维护其生长的绿色街道（图 14.2）。

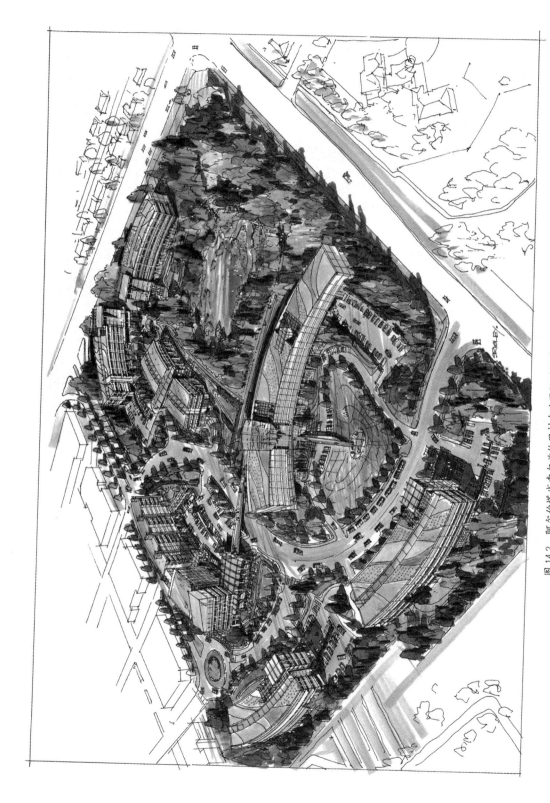

图 14.2 阿尔伯塔省布尔兹伯里村东地区规划愿景图

反映了开发对湿地、山景等环境敏感地区的保护。(卡鲁姆·斯里格利绘制)

土地利用规划和发展概念

土地利用规划和发展概念是环绕自然湿地，由酒店和零售商业支持的商业办公园区。

·单一商务园区：办公

办公楼为 3 层建筑（地面层为停车场），并沿东侧方向开始建设，以尽量减少对住宅的视觉冲击。到西侧时，建筑达到最高 5 层（地面停车场以上 4 层）。

·混合商务园：酒店、住宅、零售

酒店及酒店 / 住宅混合建筑位于西部边缘地带，酒店及酒店 / 住宅混合建筑提供会议、健身、零售等服务，对办公楼起到支撑作用。酒店及酒店 / 住宅混合建筑最高为 9 层（地面层为停车场）。

·公园 / 开敞空间网络

20% 以上的用地确定为公园、休闲和环境保护用地，这不包括私人户外的活动空间。该网络由湿地、周边树木缓冲带以及起到雨洪管理作用的池塘等组成。

·公众参与

2008 年 9 月 22 ~ 25 日举办了规划设计公众参与活动，包括向周边居民和议会进行项目展示和讲解，以便公众提出意见和建议（图 14.3、图 14.4）。

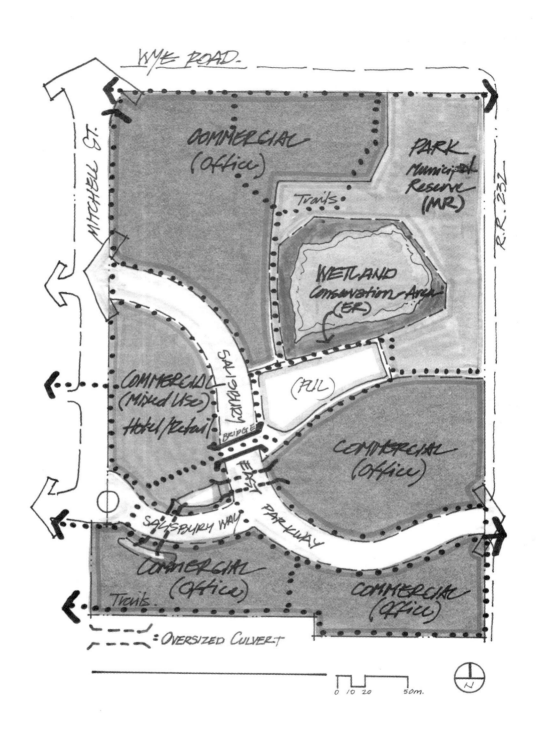

图 14.3 土地利用规划，阿尔伯塔省索尔兹伯里村东地区。
土地利用规划显示了湿地的保护以及西部地区的办公室、商业、居住混合的土地用途。

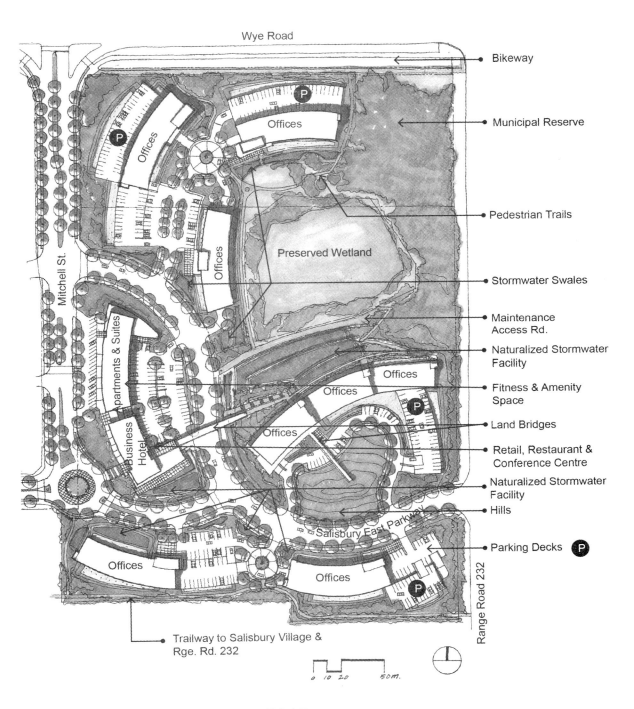

Wye Road

Bikeway

Municipal Reserve

Offices

P

Offices

P

Offices

Pedestrian Trails

Mitchell St.

Offices

Preserved Wetland

Stormwater Swales

Maintenance Access Rd.

Naturalized Stormwater Facility

Apartments & Suites

Offices

Offices

Fitness & Amenity Space

Land Bridges

Offices

P

Retail, Restaurant & Conference Centre

Business Hotel

Naturalized Stormwater Facility

Hills

Salisbury East Parkway

Offices

Offices

P

Parking Decks P

Range Road 232

Trailway to Salisbury Village & Rge. Rd. 232

0 10 20 50m.

图 14.4 发展概念, 阿尔伯塔省索尔兹伯里村东地区
发展概念展示了详细的规划建议, 包括建筑形态、步道网络、雨水管理池塘、公共设施、停车场和通道等。

从 2008 年到 2011 年，我们和县政府审查组召开了多次的专门讨论会，明确了该地块的更为详细的规划以及在保证社区利益的前提下如何来实施规划。在 2009 年 9 月 21 日举办的一次公开研讨会上，有 29 位居民报名参会，其中 26 人填写了如下的建议表格（表 14.2），他们大部分都住在方圆 1 英里（1 ~ 2 公里）的地方。

表 14.2　公开讨论会结论，索尔兹伯里村东地区

问题： 你对以下项目的支持度？	强烈支持 (%)	比较支持 (%)	完全支持 (%)	不支持 (%)
项目原则	58	27	85	15
开敞空间与湿地保护	85	11	96	4
土地利用	46	46	92	8
交通概念	50	31	81	19
总体规划	54	35	89	11

可持续发展原则、目的和指标

可持续发展的原则、目的和指标（表 14.3 ~ 表 14.14）是规划实施的参考，即比较实际效果与原定目标。表中的格式参照了斯特拉斯科纳县发展规划确定的 12 项可持续发展的框架，目的是把可持续发展的原则（指导性规定）、目的（最终结果）和指标（衡量体系）与可持续发展的 12 项要求联系起来，在推进索尔兹伯里乡村地区结构规划的过程中发挥指导作用。

尽管本案例关注的重点是地块 3，但下表可以用到索尔兹伯里的所有 3 个地块。下面这些是包括住宅、商业和娱乐用途在内的详细的反映可持续发展的表格，也可以拿来作为其他地区使用。

表 14.3　关于土地

指导原则:
· 尊重自然特色和景观:尽量保持现有的自然特色和景观;
· 重建的影响最小化:尊重临近的社区, 减少负面影响, 选择合适的建筑形式和开敞空间;
· 以人为本:步行道和自行车道联系社区内外;
· 灵活和创新的统一:多用途开发, 灵活的购买方式, 满足市场增长以及租户需求。

可持续设计目标	索尔兹伯里的目标
增加住房的密度, 为各年龄段提供创新和多样性的住宅	提供从镇屋到中、高密度的各类住宅, 包括入门级住宅、老人住宅、生活/工作混合住宅和楼下为零售商业的住宅
公共绿地最大化	20% 以上的用地为开敞空间
步行距离内的服务	确保 100% 居民和企业在 1500 英尺(450 米)范围内享受到基本服务
提升社区活动的密度和活性	在街道两边的林荫带、游径和步道占到街道公共部分的 40% ~ 50%
就近的工作岗位	通过零售、办公区和商业园提供各种就业机会
公交系统和行人/自行车网络	400 米距离内的公交系统, 完善的游径系统, 以减少小汽车的使用(表格 14.7)

表 14.4　关于人居

指导原则：
· 尊重自然特色和景观：尽量保持现有的自然特色和景观；
· 重建的影响最小化：尊重临近的社区，减少负面影响，选择合适的建筑形式和开敞空间；
· 鼓励环境管理：促进持续的环境责任和生活方式，包括树的管理、中转使用、减少浪费、节约能源和天然水清洗。

可持续设计目标	索尔兹伯里的目标
改善该地的野生动物生境	确保 50% 的绿地有栖息地价值
保护湿地	保护湿地，因为湿地有显著的栖息地价值
本地植被	使用本地植被营造景观
自然的景观营造	以自然以及人工特征来划定公共 / 私人的地界，种植本地植被，减少灌溉用水
建筑环境的自然转化	建筑要考虑和自然边缘的衔接，以保护树木和自然植被
保护湿地和边缘地带	100% 保证湿地的保护，且保证平均 100 英尺（30 米）的水岸后退保护区
保护河岸地带	确保河岸地带的自然栖息地得到加强
自然化的洪泛区	自然的洪泛塘也构成自然栖息地
完整的步道游径衔接，保留树木	确保步道游径系统互连并尽量保留树木
场地内外栖息地走廊的连通	把场地内外的栖息地走廊连接起来
保留湿地边的本地植被	保留湿地本地植被以保证湿地的完整
在开敞空间规划中保留自然栖息地	确保在索尔兹伯里的任何尺度的自然栖息地与开敞空间的融合
野生动物生境和游径系统的融合	游径系统和野生动物生境友好的植被的融合
树木和停车场的融合	在商业领域的停车场使用本土植被，为鸟类和昆虫提供树冠等栖息地

表 14.5 关于水

指导原则：
· 雨洪管理和自然径流的融合：一种和地块上现有河流、湿地相结合，既能强化野生动植物生境，又能有效管理地面雨水的负责任的雨洪管理和排放体系；
· 鼓励环境的主体性：持续提升环境的责任感和环境友好的生活方式，包括植树、鼓励公共交通、减少废物排放、节约能源和利用自然水等。

可持续设计目标	索尔兹伯里的目标
雨洪管理与自然融合的模型	鼓励自然径流，保护湿地
自然径流和雨水滞纳的结合	尽量保持自然径流，在必要的地方增设滞纳设施，控制场地内外的径流
保护湿地	对现有湿地加强保护，保护其自然边缘
自然雨水滞纳功能	设计雨水滞纳区，净化水体，改善水质
通过减少地面停车来实现渗透地面最大化	提供足量的地下停车场减少地面停车，实施商业停车位共享计划，减少非高峰期的停车需求
减少黑水和灰水对场地外影响	场地内临时的滞纳设施减少，通过大口径管道流向场地外的高峰黑水和灰水
提高水质，减少雨水对场地外的不良影响	实现地下水的补给最大化，减少地面径流（50% 以上的补给地下水 / 减少地面径流）；尽量实现地面不透水铺装的最小化，最大地面径流量的标准采用每秒 0.42 加仑 / 英亩（4 升 / 公顷）
维持水生生态系统的健康	有效管理初期雨水，模拟自然状态实现雨水渗透，减少市政处理的雨水量以及排放量。湿地和雨水塘将有助于清洁雨水
减少洪水和污水的影响	满足每秒最大洪水流出率 0.42 加仑 / 英亩（4 升 / 公顷）的要求，加大污水管径以降低污水外溢的可能
水的回收再用	循环使用水和废水，减轻对市政基础设施的压力，从而减少给水和水处理长期的成本
控制水土流失，减少对水和空气质量的负面影响	施工过程中实施水土侵蚀和泥沙控制方案，采用淤泥围栏、泥沙盆、泥沙淤积等策略
使用耐旱本土植物	设计景观时使用本土植被，减少或消除灌溉需求
减少废水的产生，降低饮用水的需求	安装高效的管道装置，以减少废水流量

表 14.6　关于碳

指导原则：

·节约能源：建设以公交、行人和自行车为导向的社区来减少对私人小汽车的使用，减少碳足迹。鼓励使用其他能源（区域能源和地热），减少日常能源的使用。实施节能建筑设计。

可持续设计目标	索尔兹伯里的目标
减少暴雨径流和化石燃料，提高设计标准，鼓励使用可再生能源	确保 50% 的建筑物利用太阳能
减少化石燃料，增加可再生能源的使用	以绿色建筑标准实现建筑节能
完善城市形态来优化建筑物和基础设施能源效率	通过建筑体量设计来提升建筑外墙面积与占地面积的比率以降低建筑的能耗。索尔兹伯里紧凑和较高密度的社区设计，有助于减少能源的需求
通过绿化和场地规划来降低能源需求	以树木等植被来阻光、隔热、挡风和遮寒。植被可以减少热辐射，有效降低室内的寒热
可再生能源	设计建筑物时考虑未来的可再生能源技术和绿色能源的供应
自行车停车	到处有方便的自行车停放处
降低热量吸收	最低有 75% 的屋面要满足高反射率和高辐射率的要求
优化建筑性能	执行基本的运转程序。验证安装过程，功能发挥，培训和运行维护的成效
通过绝缘和机械系统设计手段减少能源的使用	设计的建筑要符合外墙最小绝缘值 R-20 和屋顶绝缘值 R-40 的标准，设备要满足高效利用能源的要求，包括低能耗的灯泡和灯具，并在诸如湿地的地区考虑"黑暗天空"的政策等
在零污染基础上，鼓励使用可再生能源	确定建筑物的能源需求，考虑使用当地能源的机会。绿色能源包括太阳能、风能、地热能、生物质能或低影响的水电来源

表 14.7   关于交通运输

指导原则：
·提高机动性：鼓励各种交通网络的相互连通，降低对机动车的依赖（绿道、人行道、自行车道和公共交通）；
·鼓励环境保护的参与度：持续提升环境的责任感和环境友好的生活方式，包括植树、鼓励公共交通、减少废物排放、节约能源和利用自然水等。

可持续设计目标	索尔兹伯里的目标
综合交通和运输规划	步行距离范围内设置紧凑的居住和商业建筑。减少小区停车标准（小于 2.6 车位／单元，安排共享停车位）。建设和地区及本地人口匹配的公交服务系统。一个完善的步道系统，满足步行和骑车的需要，并能联系各个社区和学校、商业服务设施。考虑一个或多个建筑物潜在的汽车共享计划，或者由老年住宅支持的社区巴士计划
适合步行的社区	街道公共部分的 40%～50% 为行人使用，合适植被的林荫道和合理宽度的步行道
步行距离的服务设施	确保居民 100% 的基本服务都在 1500 英尺（450 米）范围内
提高邻近地区的行人道和自行车道的衔接	步行道和游径衔接每一个区段
提升公交、行人和自行车网络的使用程度	确保居住、商业在公交站点 1300 英尺（400 米）的范围内
一个安全、清洁和健康的鼓励非汽车使用的环境	绿道、游径与街道、公共服务及居住区相连接
降低交通运输设施的占地面积	减少地面停车场和降低道路宽度，强调行人或社区场所的空间。最小化道路宽度以减少汽车使用的不透水面积。为商业服务的地面停车场的面积不应超过县的标准，为居住服务的停车应位于混合功能建筑的地下。游客停车场同时为购物和休闲共享
减少或共享停车的占地面积	提供 1.5 车位／住宅单位，4.7 位／1000 平方英尺（93 平方米）的商业（或共享）用地
提供多种交通方式	提供安全和充满活力的、设计良好的、步行和骑自行车廊道。优先考虑步行和骑自行车，为市民提供实惠、快捷的出行选择。提供绿道、小路、巷道等机动性通廊，为行人和骑车人提供安全、便利和相互关联的出行网络。行人友好的街道系统内部包含综合游径系统，通过停车场的人行和自行车道由树木和植被点缀
保证多种交通模式的有效性	缩减居住和就业的距离，减少对汽车的依赖。土地混合使用增加，出行距离减少，公交依赖性增加。结合步行、自行车和公交走廊，实现住宅和商业用地安排的多样化。开发中注重公交站点的设置。在索尔兹伯里建设南北向、东西向的步行道、自行车道和游径系统。确保居民都在 5 分钟的步行距离内到达社区服务设施
高密度和混合使用的结合推动公共交通的发展	增加就业密度和职住比率意味着索尔兹伯里公共交通的生存能力的增加。公交同时可以服务于员工和居民，形成一个毗邻公交线路和公交站点的零售商业、住宅、生活工作和办公集成混合的区域
公共交通连接社区	人行道、自行车道和步行道系统鼓励了行人和自行车的使用，并连接了北部边缘的文化遗产游径。与交通运输部门讨论设立的巴士站和行人、自行车步道系统实现了衔接

表 14.8　关于食品

指导原则：
·为本地食品的种植、生产和分配提供机会：鼓励社区花园和当地食品的潜在分布。

可持续设计目标	索尔兹伯里的目标
增加本地食品的消费机会	鼓励部分本地种植农产品社区花园农产品现场销售；鼓励食品专卖店购买本地种植的农产品
促进以社区为基础的粮食生产	中央花园小区南侧的湿地公园可以弹性种植粮食，一条东西向和南北向的步行和自行车道系统提供连接社区花园的通道，中央公园为周末本地农贸市场提供场地

表 14.9 关于材料

指导原则：
· 建立全面和综合的废物回收利用计划：减少消耗，加强废物以及材料的回收和再利用；
· 鼓励环境管理：推进可持续的环境管理和生活方式，如中转使用，节约能源和天然水清洗等；
· 实施绿色建材计划。

可持续设计目标	索尔兹伯里的目标
绿色社区的建设实践	通过一系列的绿色建筑评级系统来确定商业和住宅的建筑材料；使用低能量材料、本地和地区的材料、可回收和可持续使用的材料
减少平流层臭氧	对于新建建筑，要指定使用新的 HVAC 设备，不可使用 CFC 制冷剂
减少由居民产生，运往垃圾填埋场的废物	区域便利的回收装置，垃圾分类处理和循环使用
建筑垃圾分类不填埋，可回收垃圾回收再利用，可重复使用的材料回收	通过建筑废物管理计划；回收纸板、金属、砖、混凝土、塑料、木材、玻璃、清洁、石膏墙板，指定特定地区的地点回收
利用快速再生材料替代有限原材料和长周期再生材料	使用竹地板、羊毛地毯、稻草板、油毡地板，以及其他快速再生材料
对环境负责的森林管理	使用森林管理委员会（FSC）认证的木材产品
最小化因建筑和建筑组件的过早失效而造成的材料浪费，减少产生的建筑垃圾	使用遮光帘、门洞、挑檐等减少屋顶和墙面的过早损坏，使用适合室外环境的外部材料以及一定强度的连续空气屏障系统
减少室内空气污染物	施工文件列明低挥发性有机化合物（VOC）的油漆和涂料，指定不含添加尿素甲醛树脂的木材和农业纤维产品，指定不含脲醛的黏合剂，包括胶粘剂和贴面

表 14.10　关于废弃物

指导原则：
· 节约能源减少废物排放：使用革新的建筑和场地规划模式节约能源，减少废物排放；
· 鼓励负起环境的职责：提升居民的环境责任感，改变生活方式，包括管理好树木、使用公共交通、减少废弃物、节约能源和发挥水体的自然清洁作用。

可持续设计目标	索尔兹伯里的目标
污水排放系统	通过临时性储存污水措施实现储备当地的污水流量从而降低污水排放的荷载
减少能源消耗	通过建设绿色建筑，包括绿色建筑材料使用、自然通风、自然采光等，减少能源的消耗；建筑朝向利于充分利用太阳能
减少、充分利用和循环利用废弃物	通过循环利用项目的推广减少固体废弃物的数量
在社区中把废弃物管理作为环境建设的中心议题	根据标准的绿色建筑、绿色社区标准以及建筑分级协议进行设计；实施商业和居住区纸品的循环利用，并推广到为访客、顾客和居民服务的城市街道；社区的"生态中心"可以是废弃物循环利用和管理的展示中心，这些废弃物从玻璃、塑料到纸张和金属等

表 14.11　关于经济

指导原则：
· 鼓励地方就业多元化：提供各种工作机会以减少通勤，创造地方财富，建设完整的社区感受；
· 为家庭式工商业及其相关产业发展提供创新的机会：建设有创意的社区，使家庭式工商业的发展就像一种生活方式的选择，并连接到社区其他的服务型产业。

可持续设计目标	索尔兹伯里的目标
实现社区零售和办公就业岗位的平衡	每3平方英尺的居住面积配套1平方英尺的商业面积 索尔兹伯里西部 1区：90000平方英尺（8362平方米） 2区：230000平方英尺（21368平方米） 索尔兹伯里东部 3区：395000平方英尺（36698平方米） 375000平方英尺（34839平方米）的办公面积，20000平方英尺（1859平方米）以上的零售面积，不含酒店 总面积：715000平方英尺（66426平方米）
布局各类就业和经济发展机会， 为社区商业和居民提供最大化的利益	索尔兹伯里提供非常广泛的就业机会，从零售业到餐馆服务再到专业性强的服务业，如看病、牙医、律师、会计等。在索尔兹伯里东区商业区潜在的公司总部也提供就业机会

表 14.12　关于公共福利

指导原则：
· 鼓励负起环境的职责：提升居民的环境责任感，改变生活方式，包括管理好树木、使用公共交通、减少废弃物、节约能源和发挥水体的自然清洁作用；
· 建设安全和有活力的公共空间：提供众多的室内外公共空间，创造为各类综合活动、特殊性节日活动和各种社交活动举办的机会。

可持续设计目标	索尔兹伯里的目标
提供活动、教育以及可以和外界联系的内部社交的场所	把社区建成"第三方场所"，即提供社区交流的场所，包括生态中心、公园、广场、水边、咖啡馆等
创造积极健康的各类交流场所	把室内外的社交活动场所统一起来，并把社会和娱乐交流活动的场所分布在社区各个地方，从生态中心、湿地到各类灵活的活动场地和公园；这些场所还与公园游径走廊相衔接，形成"主街"设计的主调。中央公园为周末的渔民市场等活动提供了可能的场所
社区内部很强的联系性	索尔兹伯里和周边社区有很强的联系性，通过强调不同邻里之间的联系来增加任一邻里的社会交往水平；人行道、自行车道、公园游径以及公共交通把本社区和舍伍德公园社区联系了起来
确保设计中体现"通过环境设计减少犯罪"（CPTED）	建筑尽量满足"可以看到街道"的要求，"可以看到街道"来源于"通过环境设计减少犯罪（CPTED）"，目的是通过城市环境的设计减少犯罪和对犯罪活动的担心，比如通过提高街道行人的活动以及通过周边商业或住户的守望互助来创造居民的属地感。在本案例中，商业活动和楼上的居住活动一起构成"主街"的很强烈的街道感，其余的居住建筑通过面向街道的镇屋入口以及独立住宅入口形成很强的街道指向
消减光照干扰	照明设计在满足安全照明的前提下，应该避免额外照明和造成夜空光污染。通过运用一定的技术可以降低光污染，如低反射的表面、低角度的聚光等
防止建筑，包括建筑内部空间、系统和住户暴露在吸烟的环境中	禁止在公共建筑和公众场合吸烟
为住户提供舒适健康的空气	设计通风空调（HVAC）系统和建筑外墙，实现空气交换效果的最佳
降低室内空气污染	在建设文件中强调使用低挥发性有机化合物（LOW-HOV）材质
提供舒适的环境以提高住户的舒适度和生产率	安装通风空调系统和采用相关标准来设计建筑外墙，以确保满足舒适的要求

表 14.13　关于公平

指导原则：
·提供各类住宅单位和租户单位，同时还提供就业机会的多样性。

可持续设计目标	索尔兹伯里的目标
提供灵活、方便、多样的住宅和就业机会	住宅和商业空间体现互动和灵活性，为住宅业主和商业业主提供改变用途的便利，以吸引居民尽可能长时间住在本社区内。这样的设计意味着业主不必因为他们的单元不能满足其需要而离开居住和工作的社区。用途的改变既满足当前的需要，也考虑未来的可能，住宅的适用范围也根据生活方式包括从年轻家庭到老年人

表 14.14　关于文化

指导原则：
·提供安全和有活力的公共空间；鼓励公共空间的相互衔接以促进居民的沟通和交流活动；
·鼓励负起环境的职责：提升居民的环境责任感，改变生活方式，包括管理好树木、使用公共交通、减少废弃物、节约能源和发挥水体的自然清洁作用；
·创造持续的价值：确保公众和私人对公共基础设施的投资有良好的规划并可获得最大的利益，特别是在公共安全和地方福祉方面。

可持续设计目标	索尔兹伯里的目标
创造一个"特别的地方"	让社区居民感受到该地方的特别，通过在舍伍德公园举办文化活动和相应节日创造出该社区的特殊目的地的特性
提供交流、教育以及可以和外界联系的内部社交的场所	建设众多的社区交流的场所，包括生态中心、公园、广场和咖啡店等
提供大量的公共空间和场所来满足当地各类活动和节目的需要	鼓励各场所，如广场、公园、"主街"等成为居民、访客和打工人士相互交流的地方
实现文化的真正融合	在城市设计、建筑设计和公共艺术中表现自然、地方文化和历史特色。通过展现索尔兹伯里的文化和历史遗产特点，提升居民的自豪感，强化地方的特性。湿地、绿道走廊和自然植被的融合反映了地方的自然水文状况，街道家具和照明则反映了自然和文化的特色
以行人的尺度考虑建筑、步行道和公共开敞空间	设计特色鲜明的建筑以增强地方的场所感，特别要考虑从人的角度来看建筑。确保社区中开敞空间的尺度适宜，特色各异，并有助于强化社区的独特性

索尔兹伯里村东地区规划提供了一个针对可持续发展实施的 12 项要求的检查对照表。其中体现在本章关于成功的行动计划内容中的 6 个项目——愿景、产权、组织、资源、工具和评估——为可持续城市设计的成功实施设定了完整的框架。

以下的两个章节是关于大温哥华地区和温哥华市的。这两个案例更注重实施——分析可持续发展在区域和城市的表现。一个可持续的城市，必须是可持续区域的一个组成部分。

第十五章　大温哥华：可持续的区域主义

一个地区的宜居性源于其可持续性的转化。

——迈克尔·哈考特和肯·卡梅伦，《天堂城市》

本章讲一下温哥华地区，位于加拿大西海岸，是 2010 年冬奥会的举办地。依托区域规划框架和相关政策，温哥华发展了可持续的区域规划以及可实施的环境设计。规划设计过程、成效和协调决策塑造了温哥华地区，为温哥华地区也为世界各地的城市发展的未来提供了模板。本章从区域的角度谈谈温哥华可持续的区域主义。

1792 年，乔治·温哥华船长发现了现在的英属哥伦比亚大温哥华地区。他写道，"在某种程度上，用笔来描述这一地区的美丽是一个非常值得感激的工作。"[1] 这片海岸地区是加拿大气候最为温和的地区，也是通往太平洋的门户。

未来的四十年，大温哥华这个加拿大第三大都市区的人口有望从 230 万人增长至 340 万人，增加 60 万个工作机会和 55 万个家庭。[2] 人口老龄化、家庭小型化、智能交通、环境优先等因素将成为重要的经济和社会驱动力，会进一步改变该地区的面貌。通过内在的城市设计在社会经济增长的管理、保持社区特色、新社区的建立之间保持平衡是地区和地区内城市发展质量的中心。

温哥华地区的土地利用方式正在向更高密度的集约化转变。该地区最大的房屋开发公司之一的总裁最近评论说，"我们不建设独户的家庭住房"，指的是在过去二十年在大温哥华地区（现在被称为大温哥华）的建筑类型和消费需求的飞速转型。有限的土地、价格上涨、高质量设计等因素，推动了该地区"受欢迎"的高密度开发。在过去的二十五年里，移民（特别是来自亚洲国家）的大量涌入，推动了高层建筑市场的繁荣，办公场所开始向创意产业和旅游产业转变。

转变仍在继续。公交出行在上升。到 2040 年，区域内 50% 的出行将是可持续的方式（步行、骑自行车、公交）。[3] 相比波特兰和西雅图，温哥华在城市可持续城市发展方面领先，特别是在增加居住密度方面。[4]

设计的区域

如果没有区域规划和结构规划，城市的发展在很大程度上是失控的，并且会由土地的经济性来决定。结果是，正如我们在许多北美城市所看到的，是城市的无序蔓延——无休止的土地单一使用和同类型功能的聚集。汽车占据主体地位，长期运行的成本是昂贵的，对环境不负责任，而且效率低下。解决问题需要区域政策部门共同合作并优先确定一个长期的框架、一个注重集体利益的全盘规划。温哥华地区不仅限于郊区，还是一个超出温哥华市中心的区域发展模式的地区。这一区域发展模式并非偶然，而是五十年的战略规划和实施的结果，这也塑造了今天的温哥华地区，并推动温哥华地区走向未来。

首先，必须在温哥华地区地理和人口的背景下去分析该地区的特点和动态多样化的自然本质。区域层面，温哥华是一个有机的城市，是一个超越其政治边界的自然地理区域，抚育并蕴含了温哥华地区未来的发展潜力。温哥华地区现在称之为大温哥华，由22 个市和 1 个选举区组成。从 1981 ~ 2006 年，该地区人口增长了 60%，人口从 120 万增加到了 200 万。受"绿色区域"（农田、公园、林地、湿地、受保护的流域和陡峭的地区）的限制，大温哥华只有约 50% 的地区可以开发。可开发的土地是非常稀缺的资源，是城市设计中需要谨慎思考的大问题。

过去的五十年中，温哥华地区的规划做出了一些关键性的决定，帮助塑造了温哥华地区的现在。下面是一个简短的历史总结，集中于城市设计和相关的规划政策，这为城市创造了良好的可持续城市形态和基础。

1. 拒绝市区重建和高速公路穿过市中心

温哥华市是北美唯一一座没有高速公路穿过市中心的城市。很多城市为了恢复中心区地带的活力和提升滨水地区用地的价值，都在试图拆除市中心的高速公路。而温哥华的有远见的决策来源于 1950 ～ 1960 年的一个社区拒绝进行市区重建，以及一个为缓解交通而提出的高速公路议案（图 15.1）。

由于一些英勇和执着的社会活动家，如雪莉·钱和达莱娜·马萨里的努力，"贫民窟清除"的计划得以制止，也就制止了清除斯达孔拿社区的可能。1968 年 1 月的议会拒绝了高速公路的提议，因为该建设将可能对唐人街和斯达孔拿社区有害。[5] 这些社区有丰富的历史和传统特色，虽然一部分是可以改动的，但不能以"城市更新"的名义任意处置，摧毁北美城市核心区的历史建筑和文化根源。[6]

反对高速公路的提案拯救了居民区，还为温哥华带来其他益处，并且影响到未来的规划和设计，包括：

· 区域和城市交通的目的是让人移动而不是汽车；
· 规划和设计中的公众参与可以影响政治决策；
· 尊重邻里并保障内在的历史和文化价值；
· 对建筑、街道和景观的保护是历史遗产保留的路径之一。

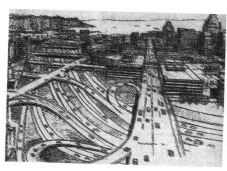

图 15.1　公路的破坏，温哥华，卑诗省
从柯莫斯街和梭罗街望去，架在罗布森街、豪街、阿尔伯尼街和佐治亚街上的桥梁构成"大壕沟"高速公路（素描，左）。建筑效果图（右）显示了 1966 年计划的在汽油镇海滨和沿海滨高速公路的 200 栋住宅和写字塔楼。（来源：温哥华太阳报）

2. 创建农业土地储备和绿化区

肯·卡梅伦，一个真正的擅长区域宜居战略规划的建筑师，是有 26 年经验的大温哥华规划小组的成员和规划经理。他认为，塑造区域的关键之一就是 1973 年建立的

农用地保护政策（ALR），这也成为 1996 年可持续区域战略规划提出的"绿色区域"概念的基础。

卑诗省只有 5% 的土地适合农业，其中 1% 被定为一等用地，[7] 而大部分位于大温哥华。就像安大略省南部的"金马蹄"地区，从多伦多到尼亚加拉大瀑布。几十年来，温哥华周围最肥沃的农业土地一直处于城市发展的压力之下。到 1973 年，据估计，卑诗省 20% 的耕地都由城市发展所消耗，[8] 农业用地急需得到保护。1973 年由省土地委员会通过的农业用地保护法案标志着对适宜于农业和相关的粮食生产的土地，特别是位于大温哥华地区的土地进行保护。过去的几十年，ALR 法案仍旧是农业用地保护的主要政策。之后，大温哥华地区的"绿色区域"政策强化了农业用地的保护。"绿色区域"政策要求大温哥华所有地方政府要站在区域的角度建立绿色的区域结构（图 15.2）。

· 该政策限制发展有价值的农业用地，对城市的规划设计有重要影响：
· 限制地区可开发土地的数量，因而鼓励高密度和紧凑的发展模式；
· 为当地粮食可持续发展创造一个稳定的农业土地环境；
· "绿色区域"成为区域的绿"肺"——增强了区域的宜居性。

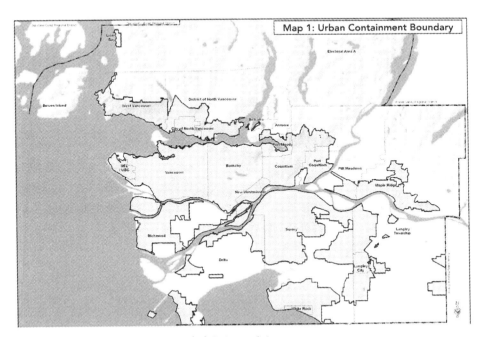

图 15.2　城市增长边界，大温哥华，卑诗省（2009 年）

这幅图说明了集中增长的重要性，同时保护农业土地、绿化区、娱乐和其他保护区。（来源：大温哥华区域增长战略草案，2009）

3. 交通网络和地域中心概念

作为一个区域性规划机构，大温哥华为其各成员城市提供基础设施。这一机构建立了一套合作性的规划方法，满足各地市政需要和规划的健康运作。省公交公司和省南部海岸交通运输管理局的加入有助于区域交通的推进，包括从交通的概念规划到实施。为推进可持续区域战略规划和区域交通规划的实施，成立了北美第一个运输管理机构——省公交公司，不仅负责所有公共交通的规划、投资和管理，还对主要道路系统、桥梁和自行车道路设施以交通需求管理进行规划、投资和管理。

公交公司原有的治理结构和政策方向由选举产生的地方代表构成的董事会负责，并和区域发展管理的战略相契合。然而，在哪里和发展什么样的交通运输方式以及如何投资常常遇到挑战。最终，卑诗省在 2007 年修订立法，由"商业"代表取代民选代表组成董事会，并和区域政策和规划对接。目前，公交公司本质上是一个在省财务框架内实施省的交通规划的机构。

令人奇怪的是，大温哥华没有一个规定土地用途的土地利用总体规划。相反，它的规划源于 1975 年有关塑造宜居区域的建议。1996 年，这些建议被放大为正式的宜居区域战略规划，这是一个整体的规划，由其成员城市通过其具体的土地利用规划和分区规划实施。规划的愿景通过公交网络把地区中心和温哥华中心区衔接起来得以实现。地区中心和交通网络成为规划的主要结构性元素（图 15.3）。"绿色区域"则形成另一个层面，反映区域规划"在绿色海洋中的城市"的概念。

区域规划政策明确了区域的增长框架，为本地区主要的住宅和零售中心——本拿比中心铁道镇（Metrotown）和素里市中心的数十亿加元的投资奠定了基础。铁道镇是已经形成的零售和居住中心，而素里市中心是弗雷泽河南岸地区的引擎，由西蒙·弗雷泽大学和新市政中心区组成。尽管有这些努力和成功，但是持续的郊区扩展、对汽车的依赖、商业园区分散和有限的财政资源等仍旧威胁着地区的增长目标的实现。

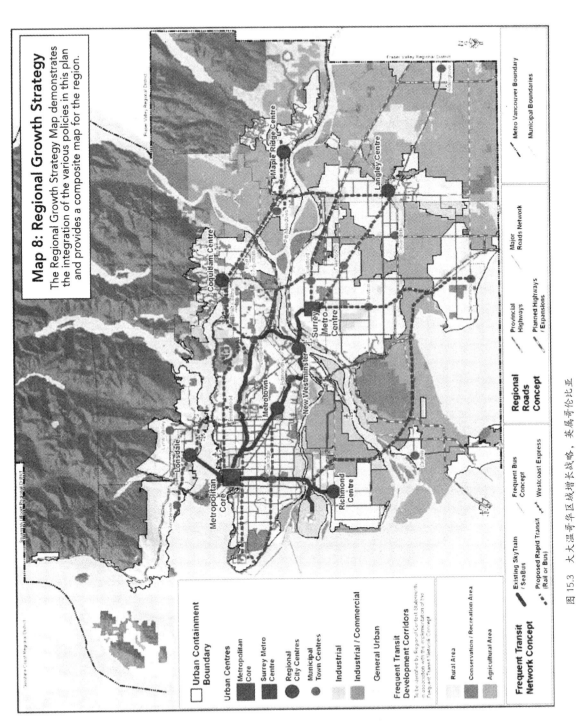

图 15.3 大大温哥华区域增长战略，英属哥伦比亚

这幅图说明了一个快速公交系统所连接的区域城市中心概念。（来源：大温哥华区域增长战略草案，2009）

城市之间的合作

区域整体增长战略确定了每个城市的发展框架。这一框架也为其他地区的发展提供一些以下具有启示性的指引：

· 在城市的增长中心区集中商业和办公，同时安排图书馆、学校等关键性公共设施；
· 区域中心由快速高效的由各类交通方式组成的公共交通相互联系；
· 在区域中心开发高密度住宅，同时为商业发展提供机会；
· 地区增长和交通相互融合，相互促进；
· 集中安排基础设施和公共服务设施，提高使用效率；保护有价值的绿色区域，提供休闲空间，同时保护环境和农业地区；
· 区域的成员城市之间以及和相关机构的相互合作和协同，一起来塑造伟大的区域；
· 由统一的机构来规划、投资和运作公共交通、道路、运输以及自行车交通，费用来自交通使用方（比如车费、燃油税、停车费等）。

在过去的三十年里，该地区从最初的分散的独立住房形式转变到各种更紧凑的住房形式以及多个区域中心。1980 年，独立住房的比例是 56%，到 2010 年下降到了 30%。这种戏剧性的变化可以在兰里市战略规划和城市设计项目里看到。兰里市是一个 119 平方英里（307 平方公里）的城市，人口 10 万 6 千（2012 年），预计在接下来的三十年里，人口将增加一倍。兰里市以农业为主，75% 的土地为农业保护区（ALR），剩下的 25% 的土地必须紧凑发展。兰里市战略规划和城市设计项目提出了一系列先进的规划政策，鼓励更紧凑的发展，并促进社区可持续性。

2005 年，MVH 城市规划与设计顾问公司促成了兰里市政府和开发商之间的协商，协商的本质是把新近计划开发的威洛比市中心区（约克森社区规划的一部分）的开发密度翻倍。9 约克森社区规划提出了 80% 的多家庭住宅和每英亩 15 个住宅单位的总体密度（37 个住宅单位 / 公顷）。

威洛比市中心区的混合住宅设计，将实现在 5 英亩（2 公顷）用地上，50% 的用地安排独户住宅，其余 50% 是多户住宅。这一战略将创造一个混合型高密度的邻里社区，而且不允许家家有入口车道的独立产权式单户住宅的开发。规划使威洛比市中心区面积的密度翻倍，而且达到了开发商的支持，特别是当地价涨到每英亩 100 万加币（250 万加币 / 公顷）以上时。

住宅多样性同时伴随着更丰富的社区活动。兰里市的这个项目由各方共同合作，既面对解决复杂问题的挑战，又要满足高质量的城市设计要求，满足保留社区特色、社会品质和经济活力的要求以及各方的利益追求。

温哥华地区的崛起以及关于增长、绿色区域、区域市镇中心的重要决策需要所有区域成员城市的远见和勇气。2011 年 1 月，大温哥华董事会二读通过了大温地区区域发展战略，这是实施温哥华区域可持续发展框架（2008 年由董事会通过）的一个步骤。最近的一项规划是将气候变化也作为增长战略的组成部分。为此，要考虑保护农业、娱乐和保留地，保护工业用地以支持经济发展，确定工作地点，延伸公共交通网络，建设完善和健康的社区。在把可持续发展概念转化为区域政策战略并通过地方项目推进实施方面，大温哥华起着引领作用。

下一章将我们把焦点由区域（大温哥华）转移到温哥华市。我们将通过仔细研究温哥华市的历史演变、城市设计方法和相关政策，来诠释广泛称颂的"温哥华模式"。

第十六章 温哥华市：可持续的都市主义

温哥华已经实现了比北美其他任何城市都更全面的城市复兴。

——约翰·彭特,《温哥华的成就》

温哥华是一座由山脉环绕，河流和雨林漫布的太平洋边缘的城市（图 **16.1**）。直至 **20** 世纪 **60** 年代末，温哥华还经常被称为"在努力成为城市"的地方，但在过去五十年里，温哥华已经打下了成为世界上最顶尖的城市之一的基础。

本章探讨温哥华以及要成为世界上最绿色城市的愿望，不仅总结创新的过程和策略框架，还回顾详细的设计要素，而这些共同塑造了温哥华城市设计的独特性。探讨的目的是为了加深对本地设计领导力重要性的认识，理解详细设计的方向以及通过加强与城市地产开发机构的合作关系来塑造可持续发展的都市主义。

顶尖的世界城市

2011 年，温哥华被选为第三个最适宜居住的城市，这是由经济学人智库（经济学人杂志的市场研究部分）在调查研究世界上 **140** 个城市后提出的结果（温哥华在 **2010** 年排名第一），只有墨尔本（澳大利亚）、维也纳（奥地利）排在温哥华之前。

今天，温哥华是一个在 **230** 万人的区域中拥有近 **65** 万人的城市。城市居民有着不同文化背景，讲着至少 **70** 种不同的语言，非常具有多元性。在 **20** 世纪 **90** 年代，亚洲移民快速涌入温哥华，**50%** 以上的居民把英语作为他们的第二语言。到 **2006** 年，温哥华的人口密度达到每平方英里 **13817.6** 人（每平方公里 **5335** 人），而市中心的人口密度在北美人口超过 **50** 万的城市中排名第四位，排在纽约、旧金山和墨西哥城之后。[1]

温哥华市中心的城市设计很出名。"温哥华模式"、"温哥华主义" 等常用来描述温哥华城市设计所取得的领先成就（当然也有失败的方面）。"温哥华主义" 是用来描述实现混合使用和高密度核心区目标的体系和方式；一个公交优先的交通系统，回应自然特色的、在形式和功能上展现精致的城市设计；以及多元文化。[2]

温哥华的城市形态、设计都注重 "宜居性"，即有名的 "温哥华模式"，指通过塔楼和裙楼的组合，创造宜居的马路和街区，以及高质量的街道景观和公共设施。该模式源于许多政策、指引的不断演变和集合，逐渐形成了先进的以人文本的城市设计理念。[3] 遵循 "生活第一" 的规划策略[4] 形成的城市设计和规划政策帮助温哥华中心区的居住人口从 **1990** 年到 **2012** 年翻了一倍，城市的其他指标也很不错。市中心 **50%** 的居民步行上班，公共交通和自行车的使用正在显著改变着城市。

温哥华继续吸引着来自世界各地的规划者、政治家和建筑师们，去发现造就这个城市如此美好的魔力。这正好和北美许多城市中心区的衰落和郊区的扩展形成对比。如底特律市中心，满是破败和被弃置的房屋和街区。因为在北美，缺乏支持的政策，问题的复杂性以及经济的驱使力量仍旧有利于郊区而不是市中心。

设置、历史性的决定和城市政策框架

温哥华成为世界城市离不开对以自然为基础的设计和早期的决策。

自然的边缘与联系

温哥华大部分的绿色遗产在其发展的早期就已经确定。**1888** 年，最大的城市公园以普雷斯顿的斯坦利勋爵的名字命名，他是当时的加拿大总督。斯坦利公园，一片城市森林，位于市中心半岛的西部边缘，北靠布勒内湾、南连福溪河，约 **8** 万棵树木覆盖了 **1000** 英亩（**400** 公顷）公园土地的大部分。这里是曾经的北美大陆西海岸连绵的雨林覆盖的一部分。居住在城市西边和城市中心区核心、距离公园一步之遥的人口约 **4** 万。每年约 **250** 万步行者、自行车骑行者和玩滑板者光顾公园。著名的 **5.5** 公里（**8.8km**）的海堤路环绕公园，大约 **120** 英里（**200** 公里）的游径和小道纵横其间。斯坦利公园被纽约《公共空间项目》列为世界第十六好公园和北美第六好公园。

图 16.1　温哥华市中心和背景，卑诗省

这张照片显示了近景中固兰湖街桥下的固兰湖岛、中景的福溪河和远景中的斯坦利公园（左上）。（图片来源：globalairphotos.com）

1929 年巴塞洛缪规划把斯坦利公园沿英吉利湾到福溪河进行了扩展，形成了 14 英里（22.5km）长的海堤路人行道和自行车道系统。我们常常会低估像斯坦利公园这样的绿色空间对城市物质文化健康的影响。另外一个位于城市西侧的 1800 英亩（729 公顷）的太平洋精神公园提供了另一个天然的绿洲，使城市更加亲近海洋。自然和城市的融合就好像能反映城市景观的剧院，让人亲身感受和体验。

今天超过 10 万人居住在温哥华的市中心，2 万居民也将在未来 10 ～ 20 年内加入他们。固兰湖坡地地区（图 16.2）、福溪河北部、市中心南部、煤港和福溪河东南原先的工业区将带来新的活力。

除了市中心的核心区外，温哥华还有悠久的住宅区以及它们带给城市的丰富性。在街头随处可以看到 19 世纪后期的景观建筑师弗雷德里克·托德设计的风格：林荫道、大树冠和街道公园。城市南部地区乡村田园的风格似乎远离了中心区的喧嚣和繁华。有着更为核心和紧密的城市肌理的基茨兰诺地区与在城市东南角的具有郊区特色的尚普兰高地形成鲜明对比。

图 16.2　固兰湖坡地地区，温哥华，卑诗省
位于北福溪河的西侧，是 1980 年代开发的，有着经典的"温哥华模式"的元素：混合使用的建筑、连续的滨水步道和街道，特别是街道尾端的景观。

经典的街道网格和有轨电车城市的出现

城市在很大程度上是由人工的街道、街区和交通走廊来"雕刻"的,温哥华也不例外。19 世纪,当这个城市首次开始测绘,温哥华的设计就遵循经典的街道网格原则。传统的街区尺度以及和自然的交织为城市的机动性和通达性提供了机会。直到 1945 年,温哥华成为一个电车城市——步行便利和公交便利。有轨电车干道与相邻社区的中心相连接,在五分钟的步行距离内提供社区服务,如咖啡厅、办公室和杂货店。市中心也不例外,固兰湖、罗布森、戴维和登曼街充满了生活氛围。街区模式(264×396 英尺,或 81×121 米)不仅提供独立住宅,而且也为今天市中心的高层建筑的发展提供可能。[5] 1945 年后,郊区继续繁荣,有轨电车被无轨电车和柴油公交车取代。然而,这种聪明和可持续的城市电车框架仍在原地,可能成为便利和高效的城市形态的基础。

塑造温哥华的全域规划

温哥华市如何去引领我们所说的社区的发展呢?城市如何应对持续增长带来的压力,并通过渐进的政策来引导其发展呢?城市可以只对一个个的项目危机做出反应或摆出一种积极的姿态吗?传统的社区参与成为城市采取积极应对姿态的唯一真正的选择。为了找到持久和开明的兼容性解决方案,社区需要被领导,而不是遵照和服从。

单家独户的住宅区面临着许多重建项目的批准和飙涨的物业价格的压力。在 20 世纪 90 年代初,房价像火箭般串升到 65 万元,房屋被拆除,被和邻里没有任何关联的"怪物"房屋取代。新业主正在移走大树、新铺草坪。他们有足够的时间去销售这一新的社区。年轻人和老年人希望留在社区,但有限的住房选择和负担能力不足限制了他们。这些都促使温哥华市着手制定一系列的措施来管理城市的增长,也就有了以下的 3 个规划:全域规划(1995)、绿道规划(1995)和交通规划(1997),这些规划为城市未来的发展奠定了全市性的政策框架。

单个规划无法塑造城市形态,正是这些规划的实施让我们看到了城市的转变。管理增长和解决问题很重要。如何看待城市以及设定城市的优先发展项目很重要。优先选项建立在公众参与以及反馈意见的基础上,也就是说,优先发展项目可以得到更广泛的支持。

在这些城市规划中,有三个主要的驱动力从根本上影响着未来的城市形态和功能:土地集约和混合使用、绿色基础设施(人的移动而非汽车)以及社区参与和公众福祉。这些在下面会有更详细的讨论。

土地集约和混合使用

全域规划的主要方向之一是支持现有邻里中心的集中增长。一方面是提高这些地区混合使用的密度，使办公和服务更接近家庭，不仅增加住宅单位的数量，还增加行人导向社区住宅的多样性。在基茨兰诺和芒特普莱森特地区的许多项目都反驳了增加密度会降低物业的价值的认识。相反，在细致的设计指导下，这些项目不但可以振兴地区经济，而且带来了更多的公共基础设施投资，提高了社区的质量。过渡到更高的密度不一定是一个简单的事情，但如果设施和服务得到改善，公众关切将转变为公众支持。

绿色基础设施：人动，而不是车动

正如前面提到的，温哥华市议会在 20 世纪 60 年代做出了一个重大决定，将影响到城市交通的发展方向。会议确定，高速公路不可以通过温哥华市，从而使温哥华成为加拿大唯一一没有高速公路通过其中心的大城市。但是，对汽车的依赖仍旧对温哥华造成压力。

1997 年的交通规划坚持了上述优先，并为温哥华绿色发展的模式奠定了基础。温哥华市民希望绿色模式是温哥华的首要优先选项。这些优先选项颠倒了传统的秩序，将行人、自行车、公共交通和通勤服务置于私人小汽车之前。交通的优先顺序从根本上改变了交通规划的方式。1994 年，在一项城市规划的调查中发现，温哥华居民的优先选项为城市的安全和环境。调查结果显示，居民需要更多的树木得到保护，这是一个城市的首要任务。

温哥华绿道规划（1997 年）确定提供一个遍布城市的完整的行人和自行车通道（图 16.3）。规划共确定了 85 英里（210 公里）长的绿道线路，而斯坦利公园和英吉利湾的海堤走廊是最早完成的部分。绿道规划希望在 15 年内得到实施。温哥华绿道规划的特点是，超过 50% 的绿道将在城市街道中建设（图 16.4）。目标是在 15 分钟步行或骑车 10 分钟的路程内，每一个温哥华居民，都能享受到城市绿道。这些城市绿道将以社区绿道为补充，形成更为精细的绿道网络。

而城市街道绿化、公共艺术和蓝道（促进水体和居民的亲近）等促进了社区的主人翁地位，提供居民保护和亲近自然的机会：增加地表渗透率降低了地面径流，启动雨桶计划节约了用水等。仅在 1995 ~ 1997 年间，温哥华就增加了 1.4 万棵树木，城市森林扩大了 5% ~ 7%。

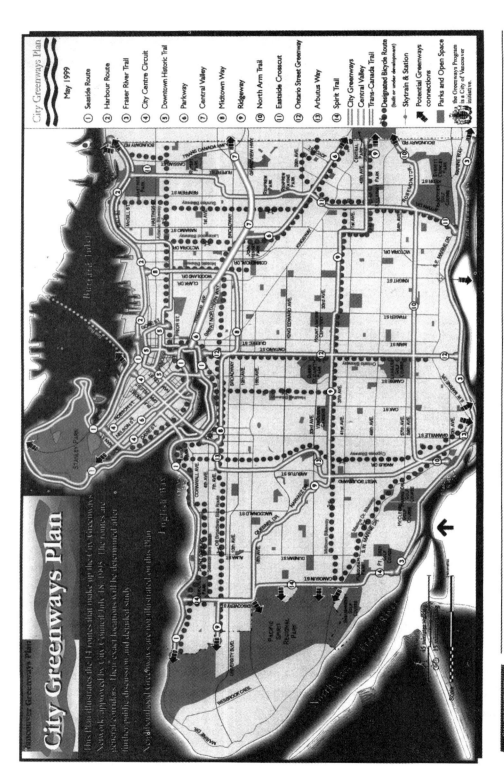

City Greenways Plan - Central Valley Greenway

图16.3 绿道规划，温哥华，卑诗省

规划提出了一个相互关联的绿道网络，行人和自行车骑车者可以方便、快捷和安全地出行。（来源：温哥华市政府）

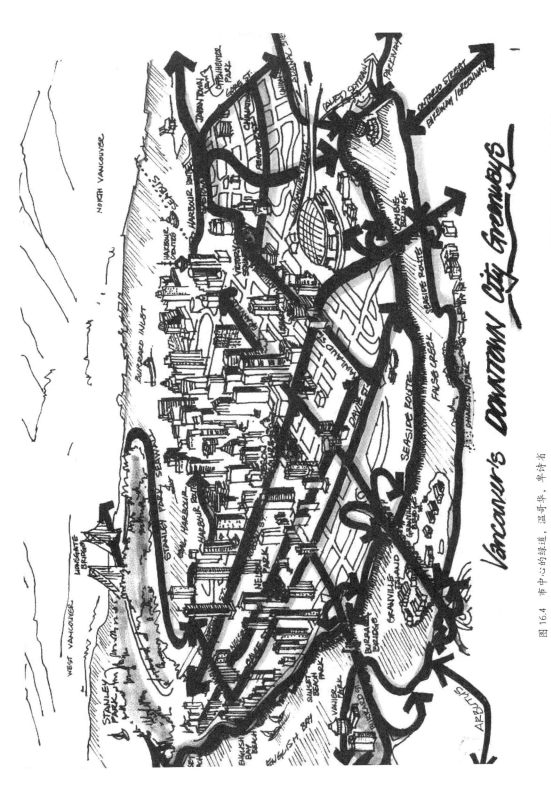

图 16.4 市中心的绿道，温哥华，卑诗省

这幅草图展示了综合绿道网络"大众游径"，与现有的温哥华市中心小径和周围的小径的衔接（来源：温哥华市政府）

社区参和公众利益的提升

街道面积占温哥华市的 **30%**，因此，安全、有吸引力和有活力的街道是城市中心区及周围社区的支撑。结合在固兰湖坡地、西部三角地以及佐治亚街城市设计的成功例子，温哥华出台了城市中心区的设计指引。在市中心的南部，建筑退线为 **12** 英尺（**3.7** 米），可以提供约 **22** 英尺（**6.7** 米）的公共空间。此公共区域允许种植双排的树木或者是有着清晰的住宅或商业特点（图 **16.5**、图 **16.6**）。电梯入口、低墙、草篱笆、分层植被、栏杆和街道家具分别标示着私密、半私密或是公共的空间。所有街道上的这些元素都是连续的，以人为尺度的和适合行人步行的。"街道可视性"、建筑之间的空间设计、人的尺度和通透的街道是重要的。[6]

城市和土地所有者之间的合作也体现在全市性的绿色街道[7]和中心区之外的社区绿道的项目上，这些项目包括在街角或是环形交叉路口种植树木并维护树木以创造安静的交通环境，在当地社区增设凳椅、公共艺术和照明以提供有吸引力和安全的步道。通过上述项目，街道可以成为让人觉得安全和具吸引力的长廊。这些街道还有助于社会意识的建立，而这在许多城市是非常缺乏的。

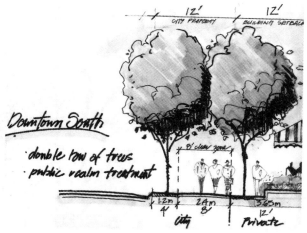

图 16.5 市中心南部的街景，温哥华，卑诗省
早期的概念草图说明了单排和双排的行道树——第一排树木位于温哥华的道路红线内，第二排树木位于建筑退线的范围内。

图 16.6 市中心南部的街景，温哥华，卑诗省
这张照片显示了设计实施早期阶段的未成熟的树木。

"温哥华模式"的原则、过程和设计创新

成功的城市设计背后，是一系列的从根本上塑造项目的过程和设计框架的创新。在温哥华规划部门的政策和指引文件的支持下，规划过程和详细设计之间衔接良好[8]，这就为设计和规划创新提供了机会。

政策框架：规划体系

温哥华的城市宪章并没有（而且仍然没有）总体的土地利用规划（或官方社区规划），卑诗省也没有强制城市必须编制这样的规划，相代替的是，温哥华有 1995 年通过的总体的方向性规划（全域规划），并有可以独自实施的为邻里社区服务的规划"愿景"。其他规划，比如交通规划和绿道规划，为城市在某个特殊领域提供特别的指引。市中心和主要的发展地区也由具体的规划和政策来指引，提出各地区的综合发展政策。

区划政策

温哥华的区域划分政策是创新和激励的基础。区划实质上是一个协商的过程，需要在社区设施和其利益返还（通常是住宅）方面统筹考虑。闹市街区的容积率（FSR）从4.0到5.0不等，高层塔楼和高建筑密度可以弥补增加的公共设施。区划的弹性化为社区所需要的额外的公共服务提供了供给的机会。

需要强调的是，在区划协商的过程中，设计方案和公共利益是重点。在某些情况下（如市中心南部），如已经有道路网络，规模小还涉及多个开发商的项目。这些项目与新的大型项目（如福溪河北部，涉及单一的开发商，地块够大，需要一个新的道路和街区结构）是不一样的。大型项目，拥有大的地块，由一个开发商来开发，这就为协商实现创新的城市形态以及设施的创新提供了更多的灵活性。

设计指引，特殊政策和原则

在制定发展政策框架和指引方面，温哥华市继续发挥着关键的引领作用。温哥华已经根据不同的地方，在总体原则和政策框架条件下，制定了一系列的规划设计准则。这些原则、政策和指引，共同发挥作用，适应城市不同的地方，并创造多样性。

下面的"生活第一"原则[9]为温哥华市中心区的居住设计提供了指引。

· 限制通勤交通；
· 步行、骑自行车和公共交通优先；
· 通过扩展和连接现有模式来融合新开发地区；
· 提供配套的商业服务，包括社区设施和学校来完善社区的邻里单元；
· 提供多样化的住宅类型，包括市场和非市场的住房（**20%**的非市场住房和**25%**的家庭住房）、低收入住房、单身住房、特殊需求住房以及其他的住房类型（流动房屋和阁楼）；
· 鼓励功能混合，融合生活、工作和游憩，并在多方位得以实现；
· 结合地区特色指引，扩展室外人行道空间以及其他"第三空间"满足社会活动和社区交往需要；
· 强化公园和绿道的连接，并与大温哥华休闲娱乐网络相衔接。

具体的城市设计指引有助于塑造"温哥华模式"的外在特性，而这些一般是由街区的建筑和街道开始的。下面所罗列的要素并不是全部（每个地区的设计指引都有细微的差别和具体的规划政策以适应不同的特质）（图16.7、图16.8），但仍具有参考意义。

- 视觉通廊的保护，如要考虑市中心的地平线和山体；
- 建筑物的朝向、用途和外表；
- 重新指定的较小的地板和较窄的建筑型材；
- 以通透和轻便的建筑材料来表达建筑的体量和色彩；
- 建筑入口、商业店面外部有连续性的遮阳、避雨等结构（在某些地方有所不同）；
- 针对私人和公共领域运用不同的街景设计；
- 停车库被隐藏或完全建设在地下；
- 控制临街建筑的最大和最小高度；
- 住宅安排有露台或花园；
- 不同的建筑立面区别不同的建筑；
- 个人住宅入口要高出地面至少 3.3 英尺（1 米）；
- 零售及其他街面的活动应相互分离，以降低街道噪音并把住宅引导到街道层；
- 空白的墙壁都是不能接受的，所以有装饰细节或有门廊的窗户，或街道的小品是必要的；
- 避免广场平淡成为停车场；
- 车辆通过后巷进入，减少对街道和路边缘的干扰；
- 不建议过街天桥和地下人行通道，因为它们把能量和活力带离了街道；
- 研究处理好日光和阴影；
- 实现私人和半私人的绿色屋顶和活动空间的最大化，除了提供绿色视野外，还为居住和商业提供活动空间。

图 16.7　福溪河北部（康科德太古广场），温哥华，卑诗省

这张照片包含许多成功的城市设计元素，包括一个活跃的混合使用的地面环形角落，一个统一的二层步行通廊，扩展到海滨的街道，中央林荫带降低交通噪音，细长塔楼和轻质材料减少视觉冲击以及把圆形历史建筑重新利用为社区中心。

图 16.8　公共公园和公共领域，中心区南部，温哥华，卑诗省

公共停车空间和复杂的街道设计处理：包括自行车架、座椅、灌木和植树以及楼梯过渡，使这个社区有吸引力、安全、活跃，充满活力。

重大项目的审查和批准程序

总体而言，重大项目的审批有特殊的程序，需要开发商、公众、政治家、工作人员的共同参与。项目需要通过一系列的遴选过程，包括一开始的概念性设计到最后的详细设计。

审查和批准过程包括以下几个步骤：

· 政府工作人员和开发商在一系列的公众参与活动以及议会审议过程中对规划政策进行解释（官方发展规划）；
· 根据公众参与和议会听证会意见，政府工作人员和开发商制定规划框架；
· 建筑师、景观建筑师和当地居民结合政府议会的反馈意见，制定社区邻里每个街区的详细设计指引；
· 提交包括开发规划和详细设计指引（经由政府人员正式审查）的区划申请，由开发许可委员会进行审议；
· 议会召开最后的公众听证会。

温哥华很注重项目实施的细节。无论是建筑还是景观，都是由咨询建筑师、景观设计师和工程师来审查，设计图纸必须得到正确实施。这种通过审查和监督方式对细节的关注，保证了实施的效果。建筑材料的应用、细节的遗漏和材料质量的变化等需要不断的尽职的调查。否则，许多良好的意图，可能在承建商手中丢失。在建设中要求高标准是成功的关键，特别是在复杂的项目中，有多个步骤是在同一时间或临近时间发生的。

新的建筑类型

观察城市设计的成果很有趣。设计指引和政策导致出现了三个新的建筑类型：

· 2～3 户联排别墅之上建点式塔楼；
· 点式塔楼建在 6～8 层的公寓上，地面层为"城市屋"（city home）；
· 4～12 层的公寓楼，地面层为"城市屋"；

"城市屋"区别于联排别墅，它们包含了两层楼的地下单位，和上面 2～6 层的住宅，并由街道大堂连接。"城市屋"有一个共同的车库、电梯和内部走廊。"城市屋"在建筑窗户处理、颜色和亮度、植被及人行道的处理、采光照明、屋顶露台的细节、接缝以及檐口和护墙等方面呈现出多样性，就像地面层的功能混合使用一样。

融资增长

温哥华市要求开发商支付开发带来的成本增长，不应由纳税人来负担。最近的一个例外是福溪河东南的项目（奥运村）的情况超出了预计，这是由多种不可预见的因素造成的（2008 年金融危机以及其他）。最重要的原则是，开发商应分摊相应的公共及市政设施的费用。

开发商还应该负责毗邻地段的场地和街道景观改善。与开发相关的场外环境的改善一般情况下也是开发成本的一部分，包括公园、日托中心、房屋拆建和基础的服务设施。社区中心、社会住房等社区福利项目也是要负担的内容。当然，这是和那些需要建设图书馆、学校、公共艺术以及其他特殊设施的项目是不一样的。开发商的这些贡献受到跟踪和监督，以保证项目实施，同时还保障社区利益和地区发展的统一协调。

下一步：建设世界最绿城市的挑战

我们是北美最绿色的城市，到 2020 年，我们希望成为全球最绿色的城市。

——罗品信，温哥华市长，2010 年 6 月

温哥华市不会停下脚步。下一步是实施"可持续的"城市的概念，即通过过去称为"生态高密度"的倡议，现在称为"全球最绿色城市"的倡议来推动。建设邻里网络和强调文化是这一倡议的核心。这是一个远大的计划，正在运行和实施中，包括 10 项清晰的目标和 2011 年发布的行动计划，这些也都是广阔的社区支持系统的组成部分（见 www.talkgreenvancouver.ca ）。

温哥华市在城市核心区以外的郊区景观改造中面临着重大障碍。事实上，近 70% 的温哥华市被划为独立式单户住宅。因此，在市中心核心区（半岛）以外，和其他城市不同的是，温哥华的规划师面对邻里强化的反对意见，以及对正在实施的邻里规划和生态型高密度开发模式的不同反应 [10]。在城市的中心区，温哥华仍面临无家可归、毒品犯罪、职住平衡等问题的挑战。

温哥华高质量的生活被许多国际组织认可，它被称为世界上最宜居的城市之一。不过，这些只是表面的指标，真正的证据是在实际中，在持续的社区建设的过程中所反映出的、外在的、社会和经济层面的、高质量的生活。

成功的要素

温哥华未来的发展很多都会发生在社区。我们希望 50 和 60 年代发生在北美城市中的打着城市更新的幌子对城市造成破坏的现象会让城市规划师转而认识到保留城市的社会和历史肌理是十分重要的。温哥华现在的"生态高密度"倡议和相应的后巷房屋及城市填充政策，并没有从根本上改变街区的外观和感觉。城市设计中的"软接触"因而变得非常重要，这些"软接触"偏重更小的、渐进的步骤，而不是大面积的拓展。

很多成功的、敏感的地块开发的例子会指导城市形态的未来决策。为了达到持久和繁荣城市的目标，城市必须尊重当地居民的生活方式和基本的土地模式。植根于可持续城市设计过程的恢复、复兴、振兴也就成为真正的设计导向，这不是为了追求时尚和魔幻。挖掘隐藏的河道、种植小型林地、扩大城市的草地和自然用地面积、紧缩街道路面铺装并增加行人道的宽度成为城市主要的从小处着眼并逐渐扩展到社区福祉的形态塑造方式。这些举措为城市带来新生，使我们的社区更加安全，且创造一个纵横连通的游径系统和场所。

温哥华的成就要特别注意各方面的领导以及社会活动家的角色。他们确定城市保护的对象，城市设计严格的审查过程以及通过引导社区、发展商和城市的共同合作来落实城市设计的意图。可持续城市设计从约定走向卓越是我们关注的焦点。这不是简单的，而是在一定框架内的激情、承诺和坚韧的集合。

本书的结论部分回应了可持续城市注意的需要，勾勒了伟大的城市和村镇下一阶段的一系列步骤指引。

这本书的结论反映了可持续城市化的需要，概述了一系列引导世界大城市的措施，以及下一阶段的城镇和村庄。

第十七章　结论

我们需要一个新秩序的形象，这其中包括有机体和个人，并最终包括所有不同职能的人。只有我们找到一个形象，我们才能找到一个新的城市形式。

——刘易斯·芒福德，《历史上的城市》

我们可持续的城市设计之旅已经完成，然而它又仅仅刚刚开始。世界处于灾难的边缘，或是又一个文艺复兴时期。我相信我们的未来将很大程度上取决于我们的选择。新兴的可持续发展的革命是对我们目前的挑战和一个回应转变的催化剂。然而，可持续的规划本身是不够的，因为它是简单的理论。可持续社区发展与城市设计的整合是一种理论联系实践的手段。

这是本书的意图：将可持续发展理论与城市设计实践联系起来，创造一个新的模型——"动态的城市设计"，该模型采用了框架（地方、过程、计划）、配件（社会、生态、经济）和量度（元素、原则、目标）来定义这个可持续的城市设计方法的潜力。该模型有点复杂，但是，当减少到组件和测度时，不仅是明确的，而且是可以实现的。这样的市镇或村庄，是紧凑的、健康的、自持的。在这本书中的案例研究插图证明，这个集成的过程即使面临挑战，但依然可以工作。

变革的障碍

在城市环境与郊区和乡村设计背景下，被认为是可接受的发展之间的巨大鸿沟仍然存在。此外，城市设计专业人士的意见往往与社会意见冲突。一个紧凑的、以交通为导向的社区的愿景直接与传统的观点如汽车依赖的郊区或农村的发展相抵触。此外，"密度"这个词往往与可持续的社会发展相关，具有一定的社会性。噪声、拥挤、交通堵塞和犯罪，这些都是社会对可持续梦想的恐惧。

美国梦中的一所大房子至少有 2 辆车在车库里，而这仍然被许多人认为是成功的缩影，并在其他国家越来越被人们所认可。单个的住宅代表地位、自由、隐私，以及自由意志。相比之下，城市的形象是黑暗的、拥挤的犯罪巢穴，这仍然是许多郊区居民心目中所认可的。

不同的利益驱动使人对城市的形态有短期和长期的看法。政治、发展或私人利益往往被掩盖为社会利益。政治利益是由短期、选民推动的动机所塑造的。发展兴趣主要是由业务来驱动。私人利益主要是由个人权利的自由与财产权利来驱动。这些利益往往被掩盖为社会利益。从短期看，自我利益是有意义的。然而，从长期的、可持续社区发展的角度来看，这是利益的短视。我们如何克服或改变这个世界的短期看法？

变革的推动者

推进可持续的城市设计需要三个根本的改变。首先是人们态度的改变。其次是设计过程本身的改变。第三是实施结果的改变。

要改变人们对可持续城市设计的态度，我们需要把参与者的视角从自身利益提升到社区利益，明确大家的共同利益才是核心。少开车，就多时间放松；犯罪减少，生活质量就提高；住房成本降低，就有更多的住房选择。健康改善了，人们的看法也会改变。将可持续的城市设计理念转化为社区利益，可以改变人们的态度，或者至少让人们来支持该项目。人们总是把私人利益看得比任何的比如通勤时间增加、犯罪增加、税收增加以及健康水平下降等公众利益要重，一位工程师的同事把这种态度称之为"开明的利己主义"。

人们的态度在改变吗？人们如何看待今天住在市中心和 5 ~ 10 年前住在市中心的不同？市中心区的生活的质量、便利性、活动和生活方式等当然好过孤立的郊区。几年前，我首先通过我的学生进行了调查，他们共 40 人，在同一个班级，年龄从 25 岁到 50 岁，男女性别基本对等。我仔细分析了他们的住房选择：一些是 2500 平方英尺（约 250 平方米）的郊区独立住宅，一些是 800 平方英尺（约 80 平方米）的温哥华市中心公寓住宅。根据我的调查发现（同时也验证了我的预测），约有一半的学生喜欢住在市中心，另一半喜欢住在郊区。2011 年我又以同样的问题调查了城市研究课程的研究生，年级和性别与上次的调查基本是一样的，只是参与调查的学生数是 50 个。调查的结果使我震惊，所有的学生都倾向于选择在温哥华市中心居住。

这个结果显示了人们态度的变化。尽管我的调查并非科学,但仍然揭示了住在高度都市环境的市中心是可接受的选择。像温哥华在过去 20 年来做的那样,做好工作、生活和居住的平衡可以带来居民的增加。目前有超过 10 万人居住在温哥华市中心,其中有 50% 的人每天步行上班。把这种都市生活的方式带到郊外的环境以及放在我们的城乡设计中,包括在小的尺度条件下,是可行且必要的。

第二个变化和设计过程有关。即使你不接受本书所提及的整个设计过程,你也可能在某些项目中运用到设计过程的某个部分。设计过程应该有预见性且在过程之初和整个过程中都考虑所有人的利益。设计过程应明确,比如街道安全、地产价值、社区设施、公共交通接驳和住宅多样性等,这些基本条件并去实现。从最初的设计愿景到规划的分析和制定,设计过程最好要取得社区的信任和理解,否则,最好的可持续的规划设计方案也不会得到同意,更不用说建设了。项目的合作方也应该在设计过程一开始就考虑社区的利益以及对社区的使命。

第三个变化和可持续城市设计结果有关。我们重复考虑新的城市形态已经超过了 50 年,多次设计,花费不菲却效果不佳,特别是在郊外区域。过去我们认为郊区开发应该主要考虑有吸引力的形象而不是经济、社会和生态利益。结果可以证明好的可持续城市设计不仅得到大众认可而且不仅对个体有益,也对社区集体有益。可持续城市设计在创造经济利益的同时还节约时间、金钱和资源,带来更多的工作机会。它还带来明显的社会利益,包括多样化的住房选择,更多的和邻居交流碰面的场所等。可持续城市设计使社区更安全、更开放和更健康。可持续城市设计有明显的生态和环境好处,包括对自然环境的更好保护,促进健康条件的提升,更有效地对自然系统、自然环境和资源做出反应。

在变革中获得更大的力量

从改变态度开始,到实现设计过程有效,再到设计结果成功的这三种改变如何结合起来呢? 一旦三者相结合,其带来的推动力将是最有效的。我想与你们分享把这三个要素组合起来的两个经验。第一个经验是关于加拿大卑诗省基隆拿的雅培街重新设计。在这一过程中,一个以交通为主导的宽巷被改造成了一个以步行为主的当地街道[1]。第二个经验是关于加拿大东部阿尔伯塔省埃德蒙顿市的堪布恩柯新新社区设计。

基隆拿项目的设计过程在一开始是不容易的。社区和城市的工程部门在该项目上有历史性的分歧,双方的信任需要重新建立。我们的设计团队为此安排了项目的会议和研讨过程,公开探讨存在的问题、遇到的挑战和可能的替代方案。在该过程中双方的态度发生了改变。随着时间的推移,街道的重新设计考虑把娱乐走廊加进来,重点开始强调人而不是汽车。

城市的工程部门也重新把该街道划分为休闲廊道。障碍消减了，当地社区也开始积极参与重新设计这条街道。最终，社区的设计通过工程部门很小的技术调整就实现了。这座城市随后制定了一项适用于其他地方的交通舒缓的政策。因此，信任一旦建立，政治支持和资金支持就会随之而来。几个月后项目开始施工，第一期工程在那年就完成了。

我们如何衡量这一过程的结果呢？对于我来说，最令人满意的方法是去现场，并观察设计实施后的变化。最明显的结果是物质方面：降低了交通速度，减少了车流量，扩大了林荫大道，分离了自行车和行人通道，改善了照明，增加了聚会场所，通过公共艺术设施提高了人们的历史认识。所获得经济利益无疑是物业价值的提升。最令人满意的是我观察到街道上的社会变化。在白天和黑夜明显有更多的行人和自行车的活动。这是一个感觉、体验和优先性都发生改变的街道。这是一个真正的行人和自行车优先的社区休闲长廊，汽车可以以客人的身份而不是先前的主人身份进入。

我的观察在我与当地居民对话时暂时中断了。当我在观察和拍照时，两个中年妇女正在人行道上散步（图 17.1）。当她们路过时，她们友好地和我打招呼："你和这个设计有关吗？"我回答说："是的，我帮助重新设计了这条街道。"她们热情地说："你做了一个了不起的工作！我们每天都在这里散步，并且喜欢这个地方。"当她们离开到远处时，我心中涌上了一股满足的感觉。我要说的是，这里不仅有可量度的生态和经济效益，而且社区的社会意识也得到了提高。曾经撕裂社区的汽车道路现在变成了能满足社区需求的街道。在雅培街，可持续城市设计找到了家。它在雅培街遗产区的体现就是"社区和传统生活共存"。

基隆拿的例子是现有城区的重新设计，堪布恩柯新的例子则是郊区全新的可持续发展社区规划设计过程 2。堪布恩柯新项目位于加拿大阿尔伯塔省 16 号公路以北，21 号公路以西，占地面积 785 英亩（318 公顷）。老人河把农场的用地一分为二，北部有一个小型的郊区式社区，西部则是工业园区。

开发商与当地密切合作，形成了统一的规划策略，制定了一个可持续的社区规划以及相应的土地利用规划。在推动工业发展方面，开发商也早有考虑。当地政府意识到在可预见的 3 ~ 5 年内，住宅用地将会耗尽，而堪布恩柯新是城市服务范围内的最后一片地带。为减少审查和批准程序，获得政府部门的支持，政府提出要在混合住宅、商业、娱乐以及各种工业用途的基础上调整规划。该调整实际上是建设一个完整的、可持续的地方社区，社区里的居民可以就近生活、工作和休闲娱乐。

我加入了咨询团队，去帮助推动这一进程，以实现共同的可持续利益，并进行规划设

图 17.1　雅培街，基隆拿，卑诗省

施工完成后的雅培街展示了它的分离人行道、自行车道和新建的绿化工程，包括路灯和狭窄的小车道。

计。任务分工和时间计划得到同意后，在县政府帮助下进程（指可持续社区的建设过程）有了很快的进展。不同的态度决定不同的发展方向，很快，可持续发展的原则得到贯彻，经济、生态和社会的发展有了很好的基础，双方制定的社区愿景和设计原则成为该规划的基础。

临近地区的业主对刚开始的过程和潜在的结果表示怀疑。为什么这个一直是工业区的地方会根本没有工业？混合使用会给该地带来什么？在设计过程和一个为期四天的设计工作坊后，社区开始支持这个建议。该方案将提供众多的好处给社区，包括增加房地产价值、便捷的服务、娱乐和工作机会，以及道路网络的改善等。

八个不同的邻里塑造了堪布恩柯新社区，每一个邻里都有它自己的个性并且体现混合使用特色。社区将提供 **2600** 个居住单位，容纳 **7200** 名居民。工作将离家更近。社区为每户家庭提供约 **1.7** 个工作岗位。社区内受支持的生态工业网络致力于减少浪费，增加产量，并充分利用资源。县政府和开发商还在考虑从废弃物中提取能源为该地区所用。社区内的两所学校和两所礼拜场所将为居民提供教育和精神上的需求。商业服务区为工业区服务，同时，两家地方服务中心和一个更大的地区服务中心将为其他居民服务。大多数居民步行五分钟就可以享受到基本服务，学校也在五分钟步行路程内，上学的步行系统由一个相互连通的老人河廊道和贯穿邻里社区的游径体系构成。公交网络满足了社区的出行需要（图 **17.2**、图 **17.3**）。

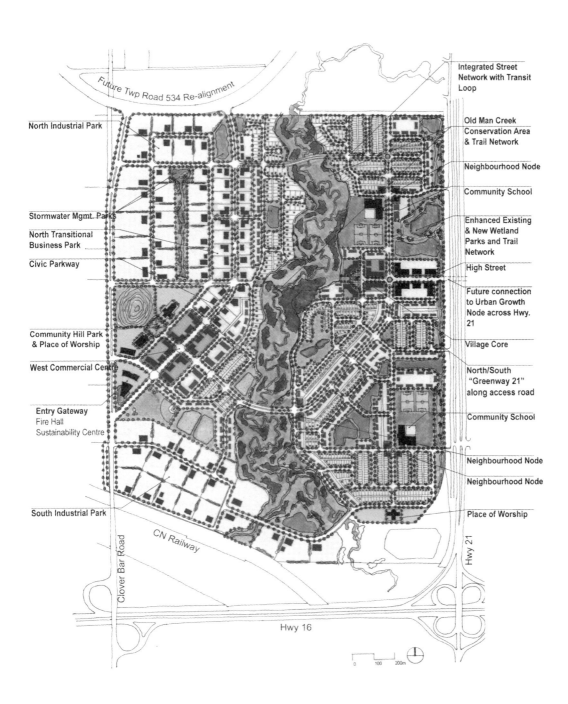

Future Twp Road 534 Re-alignment

North Industrial Park

Stormwater Mgmt. Parks

North Transitional Business Park

Civic Parkway

Community Hill Park & Place of Worship

West Commercial Centre

Entry Gateway
Fire Hall
Sustainability Centre

South Industrial Park

Clover Bar Road

CN Railway

Hwy 16

Integrated Street Network with Transit Loop

Old Man Creek Conservation Area & Trail Network

Neighbourhood Node

Community School

Enhanced Existing & New Wetland Parks and Trail Network

High Street

Future connection to Urban Growth Node across Hwy. 21

Village Core

North/South "Greenway 21" along access road

Community School

Neighbourhood Node

Neighbourhood Node

Place of Worship

Hwy 21

0   100   200m

图 17.2 总体规划，堪布恩柯新，阿尔伯塔省
该总体规划详细说明了可持续设计的特点。(多恩·沃里汇制)

325

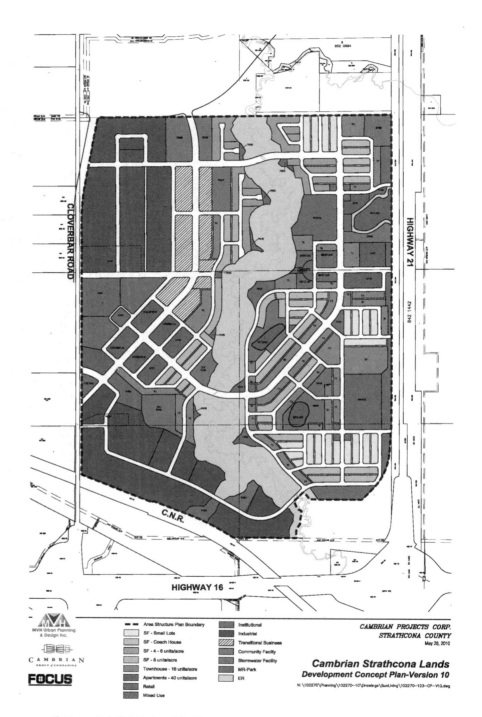

图 17.3　土地利用规划，堪布恩柯新，阿尔伯塔省

这个规划展示了土地用途的多样性，为一个完整的社区居民提供生活、工作和玩耍的地方。（规划由 Focus 公司编制）

各种从单户和多户的住宅"邀请"单身和老年人等都能融入社区，越靠近邻里中心的居住密度越高，邻里中心可以提供各种便利以满足各种活动的开展。住宅的类型包括独栋住宅、带后巷屋的独栋住宅、排屋、镇屋和 3～4 层的公寓（图 17.4）。住宅的平均密度为每英亩 15 个住宅单位（38 个住宅单位 / 净居住用地），提供紧凑的主要是面向地面层的郊区式生活方式。开敞空间和娱乐设施安排在附近，社区内的水体有多种功能，包括环保功能、池塘蓄水功能和娱乐功能。随后的规划就朝着一个完整的可持续发展的社区去完成了。开发商很高兴，因为市场有需求。堪布恩柯新的方案从开始酝酿到议会批准只用了 12 个月的时间。像这种规模的任何项目一样，堪布恩柯新始终面临着挑战，特别是在物业服务和道路提升方面（图 17.5、图 17.6）。

这两个案例研究说明了态度、过程和结果的集合力量是推动可持续城市设计的重要因素。我们未来的选择取决于它们在改变城市和郊区形态上的可用性和有效性。

图 17.4　住宅类型多样性，堪布恩柯新，阿尔伯塔省
这幅插图描述了堪布恩柯新计划提供的许多房屋类型，以及提供房屋的选择，并邀请所有年龄段的人居住在那里。（卡鲁姆·斯里格利汇制）

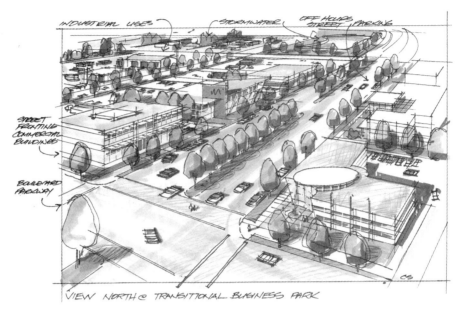

图 17.5　商业／工业使用，堪布恩柯新，阿尔伯塔省

商业和工业用地为堪布恩柯新社区人们提供了大量的本地工作。（卡鲁姆·斯里格利汇制）

图 17.6　社区节点，堪布恩柯新，阿尔伯塔省

这些当地的混合使用中心为离家近的人们提供基本的服务和重要的社区聚集区。（卡鲁姆·斯里格利绘制）

改变从我们开始

这本书已经探究了可持续城市设计的意义，即可持续城市设计对地方、人、传统的设计过程和规划设计体系的重要性。为使城市规划师或城市活动家更加有效地塑造城市形态，我们必须寻找创新的方法来提高我们的知识、技术、能力和相应过程。创新方法的核心是我们保持城市、乡镇和村庄原本的美丽的能力。如果我们把更多的自然带入城市，如果我们更加注意平衡商业发展、宜居性和创造性的关系，我们就在催生一个积极的改变。

事实上我们是教育与培训的产品之一。一旦我们毕业，得到专业执照，我们秉持传统，告诉我们的客户什么对他们有好处，而不只是听他们表达他们的需求和愿望。一个倾听社区成员心声并分享我们的专业智慧的结合能揭示每部分的"魔法"元素，并导向一个有远见的规划。在规划设计的过程中，我们以过去为基础，表现现在，规划未来，治理生态，发挥经济潜力和文化活力来建设城市。实际上，我们是解决城市方案的一部分。

我留给你们这些引导去帮助你磨炼你在城市设计方面的才能：

在场所中观察、探索和冥想

· 像对待珍宝一样琢磨场所。

· 花费时间体验不同时期发生在场所的社会、生态、和经济方面的事情。

· 画出场所不同角度的草图，并通过多个镜头来给该地拍照。

倾听的技巧

· 通过询问以及倾听社区居民的故事启发想法。

· 和社区居民在场所一起步行去发现特色。

· 以各种形式来表达和记录得到的想法。

编织社区未来的故事

· 把想法组织成有逻辑和激情的故事，包括如何建设该地、提升社区福祉、改善社区生活等。

· 利用想象力去激发灵感并和可持续城市设计的元素相融合。

· 最后，要有工作激情，表现出独创性，具备直到最佳方才满意的精神，还要乐观，内心坚定。这些是让城市、乡镇和村庄发生改变的我们所必要的品质。

世界需要新的愿景，需要一个动态化的满足社区需要的可持续城市设计。这项工作正等着你。所以现在是行动的时候了。我希望本书会激发你踏上一条发现、创新和服务新愿景的旅程。

附录 A　考虑经济因素的影响

目的：以下关于经济因素的提问和量度标准有助于可持续城市规划、设计和开发项目的开展。具体要考虑的内容根据土地经济分析涉及的私人利益、地方政府以及当地社区利益的不同而有所变化（所以也可以称之为三维的分析）。

问题：

1. 人口统计方面

   a. 区域和地方人口发展的趋势（数量、增长和特点），包括过去、现在和未来，是什么？

   b. 上述趋势如何影响要开发的地段，目前居住在该地段的人口状况如何？

2. 市场特色方面

   a. 市场供应（土地存量、土地利用的类型、土地价格和售卖方式、市场上售卖土地的大小、工商业用地开发的驱动力等）的特点是什么？

   b. 市场需求（吸引消费的方式、价格，预期的成长和在地段上产生的消费）的特点是什么？

   c. 新的潜在的市场（小房子、马车房、特定的住宅单位、后巷屋、工作居住一体的住宅单位等）在哪里？

3. 开发过程方面

　　a. 开发的方式如何和土地利用的类型以及形态相协调(商业、居住、工业、教育等)?

　　b. 周边有哪些具可比性的项目会为项目带来活力或产生竞争?

　　c. 开发的住宅有考虑出售或是出租吗? 安排在什么时候?

　　d. 开发过程如何分期或分段?

　　e. 项目要获得批准,预计地方政府或是社区机构会要求提供什么样的公众利益 (如公园和开敞空间、公共卫生间、公交停靠站等) 或设施 (如学校、社区中心、文化艺术中心等) ?

　　f. 地方政府会要求提供什么样的非市场住房 (老年住宅、共享住宅或是其他) ?

4. 投入产出分析方面

　　a. 在现有和潜在土地利用的条件下, 土地的价值是多少?

　　b. 潜在的物业利用 (出售 / 出租或持有——商业、居住或其他使用类型) 带来的收益是什么?

　　c. 土地、材料以及相关服务带来怎样的“硬”成本?

　　d. 拟开发地块周边的相应改建带来的成本是什么? 还有就是地方政府和社区机构提出的公共设施建设带来的成本是什么?

　　e. “软”成本 (非建设费用) 需要多少 (如顾问服务费、资金筹措费等) ?

　　f. 可持续特色项目的投资回收期是多少 (比如地源热泵、太阳能等) ?

　　g. 开发过程中预计的因为社会、经济和生态条件变化而带来的“总成本”是多少?

　　h. 短期的回报或是投资怎么样?

　　i. 项目的分期开发是怎样的?

　　j. 项目长期 (超过 10 到 20 年) 潜在的价值和投资回报如何 (包括考虑通胀因素以及投入或收益的增大) ?

　　k. 潜在的投资人 (比如其他开发商、地方政府、省 / 州政府、联邦政府或其他非政府组织) ?

5. 风险价值分析方面

　　a. 在项目推进过程中潜在的风险和价值是什么?

　　b. 当考虑到所有的不利和有利因素后, 总的社区净收益是什么?

表 A.1 是一个在可持续城市设计项目中分析私人、政府和社区的目标、战略和潜在风险 / 收益的简单框架。如果不把各利益拥有者综合考虑进去, 那么相关利益就不能得到合理的强调或者可能会被忽略掉。下表中的“战略和风险 / 收益”列应该在考虑特殊项目的情况下填进去。

表 A.1　三维清单（私人、政府和社区）

三维分析	目标	战略	量度	风险／收益
私人	短期的，中期的，长期的，利润，公司形象		项目批准时长，成本，收益，投资回报，目前的净值	
政府	服务，成本／收益，土地价值，税收，房屋可负担性，公平性		价值或股权，税收，开发的数量和社区的支持	
社区	服务（项目和设施），税收，安全，交通，环境，噪声，地产价值		社区服务提升度，税收，安全性，交通，环境，噪声，地产价值	

附录 B 可持续性的评估打分

表 **B.1** 是评估可持续城市设计项目的工具集合。分为四大项（或类），对照 **19** 个可持续性的要素来量度项目运行的可持续性。表中还提供了高端和一般目标来衡量项目的可持续或绿色发展的水平。本表中没有包含那些在区位、土地利用等方面具有特殊性的项目。如果要衡量综合性更强的项目，请参照第 **14** 章表 **14.3**、表 **14.4** 关于索尔兹伯里村东区的案例。

表 B.1 可持续城市设计的量度

项目／类别	可持续社区的设计目标	高端目标（超级绿色）	一般目标（平常）	项目的实际情况
1. 碳排放，交通，土地利用	就近实现居住、就业和娱乐的需要			
紧凑和混合的土地利用	在步行距离内提供必要的服务	100% 的居民在 1500 英尺（450 米）范围内能享受基本的公共服务	50% 或更少的居民在 1500 英尺（450 米）范围内能享受基本的公共服务	
步行性	提高社区行人活动和以行人为导向的设施的密度	街道公共部分的 50% 为行人服务	街道公共部分的 40% 为行人服务	
与周边的土地利用及服务相衔接	提升行人、自行车与周边设施或项目的衔接程度	综合考虑步道和游径的衔接	缺乏步道和游径的衔接	

续表

项目 / 类别	可持续社区的设计目标	高端目标（超级绿色）	一般目标（平常）	项目的实际情况
职住平衡	增加就近的工作岗位，减少外部通勤，增强社区的识别性	350 平方英尺（32.5 平方米）安排 1 个工作岗位，共安排 1500 个工作岗位，提供一定比例的居家工作的住宅单位	没有就近的工作岗位，没有居家工作的住宅单位	
减少私人汽车依赖	增加公共交通、步行和自行车出行的选择性	1300 英尺（400 米）到达公交站	2625 英尺（800 米）到达公交站	
绿色街道	安全、干净、健康的鼓励非汽车使用的街道	绿道、步道和游径与街道连接	绿道、步道与街道分离	
停车	减少或共享停车	每个住宅单位 1 个车位，每 1000 平方英尺（93 平方米）商业面积 4.5 个车位	每个住宅单位 2 个车位，每 1000 平方英尺（93 平方米）商业面积 4.5 个车位	
2. 材料，废物，能源	零废物和提高能源利用率			
多样化的能源	增加可再生能源和减少化石能源的使用	10% 的能源来源于本区域，90% 的能源为可再生能源（含水电）	0% 的能源来源于本区域，50% 的能源为可再生能源（含水电）	
绿色建筑标准	减少化学能源使用和降低地表径流，在设计中鼓励使用可再生能源	75% 的建筑安装有太阳能系统，25% 的建筑屋顶为植被	50% 的建筑安装有太阳能系统，0% 的建筑屋顶为植被	
污水处理	减少黑水和灰水的外部影响	25% 的污水就地处理	没有实现污水就地处理	
固体废物管理	就地减量、重复利用、循环利用	每人每年减少 200 磅（44 公斤）的固废	部分固废循环利用	
3. 水、食物、自然栖息地	保护和优化自然生态系统			
洪水管理	提升水质，减少洪水影响	实现 100% 的降水回收利用，不超过 50% 的非透水面积	50% 以下的降水回收利用，不超过 80% 的非透水面积	
优化栖息地环境	优化场地和周边地区的野生栖息环境	60% 的绿色空间具备栖息地的价值	10% 的绿色空间具备栖息地的价值	
社区花园	提高本地食物的销售和消费	12.5% 的食物产自本场址	没有食物产自本场址	
公共绿地最大化	在场地的每个角落尽量增加开敞空间和公园	每 1000 人有 2.75 英亩（1.1 公顷）的绿色空间	保护环境，受保护的比例为 10%	
4. 公共福利，公平性，文化	创造一个健康、包容，多样和文化丰富的社区			
住房选择	为各年龄段的居民提供更多的多样性住房	多样性住房包括老年性住房，低门槛住房，可负担的非市场住房等	单户住房占多数，有部分的多家庭住宅单位穿插其中	
商业发展	为社区提供相对平衡的零售和办公类职位	每 15 平方英尺（1.4 平方米）的住宅单位提供 1 平方英尺（0.093 平方米）的商业面积	居住和商业完全分开	
场所感和文化感	提供多样的公共场所满足和鼓励地方公共活动的开展	各种形式并相互影响的广场、开敞地等公共空间	有限的广场、开敞地等公共空间	

长期的可持续性目标：实现社会、生态和经济的平衡，交给下一代一个净收益和高效运作的社会

注释

引言

P001 页题记引自 David W.Orr, *The Last Refuge: Patriotism, Politics, and the Environment in the Age of Terror* (Washington, DC: Island Press, 2004), 60.

1. McKinsey Global Institute, *Urban World: Cities and the Rise of the Consumer Class* (New York: McKinsey & Co., 2012), 3, 4.
2. *LEED 2009: Neighborhood Development* (Washington, DC: US Green Building Council, 2011), n.p.
3. Ibid.
4. Andrés Edwards, *The Sustainability Revolution: Portrait of a Paradigm Shift* (Gabriola Island, BC: New Society Publishers, 2005).
5. Andrés Duany, Jeff Speck, and Mike Lydon, *The Smart Growth Manual* (New York: McGraw-Hill, 2010), sec.1.15.
6. Haya El Nasser and Paul Overberg, "Large Cities Got Larger During Slump, " *USA Today*, June 28, 2012, p.3A.
7. Edward Glaeser, *Triumph of the City: How Our Greatest Invention Makes Us Richer, Smarter, Greener, Healthier, and Happier* (New York: Penguin Books, 2011), 6.
8. The Prince's Foundation for Building Community, www.princesfoundation.org.

第一章

P008 页题记引自 Richard Marshall, "The Elusiveness of Urban Design: The Perpetual Problems of Defi nition and Role, " *Harvard Design Magazine* (Spring/Summer 2006), 32. P011 页题记引自 Judy and Michael Corbett, *Designing Sustainable Communities: Learning from Village Homes* (Washington, DC: Island Press, 2000), 7.

1. Jonathan Barnett, *Urban Design as Public Policy: Practical Methods for Improving Cities* (New York: Architectural Record, 1974).
2. Mark Roseland, *Toward Sustainable Communities: Resources for Citizens and Their Governments* (Gabriola Island, BC: New Society Publishers, 2005), n.p.
3. World Wildlife Fund et al., *Living Planet Report* (Gland, Switzerland:World Wildlife Fund, United Nations Environment Program, and Global Footprint Network, 2004).

4. 可持续发展还包括和数量提升同样重要的质量方面，比如社区安全和平和、活力、归属感、社会网络、独特性、均衡就业、庇护场所等。Roseland, *Toward Sustainable Communities*.

5. Ibid.

6. Rocky Mountain Institute et al., *Green Development: Integrating Ecology and Real Estate* (New York: John Wiley & Sons, 1998).

7. 参见 US Green Building Council (USGBC), www.usgbc.org.

8. Congress of the New Urbanism, *Charter for the New Urbanism* (New York: McGraw-Hill, 1999), v (Preamble).

9. Timothy Beatley and Kristy Manning, *The Ecology of Place: Planning for Environment, Economy and Community* (Washington, DC: Island Press, 1997).

10. Douglas Farr, *Sustainable Urbanism: Urban Design with Nature* (Hoboken, NJ: Wiley & Sons, 2007).

11. John Lang, Urban Design: The American Experience (New York: John Wiley & Sons, 1994).

第二章

P018 页题记引自 David Macaulay, *City: A Story of Roman Planning and Construction* (Boston: Houghton, Miffl in, 1974), 8. P027 页题记引自 Daniel Burnham and Edward Bennett, *The Plan for Chicago* (Chicago: Commercial Club of Chicago, 1909), 1.

1. Kevin Lynch, *Good City Form* (Cambridge, MA: MIT Press, 1981).

2. Witold Rybczynski, *City Life* (Toronto: HarperCollins, 1995).

3. A.E.J.Morris, *History of Urban Form* (New York: John Wiley, 1979).

4. Lewis Mumford, *The City in History: Its Origins, Its Transformations, and Its Prospects* (New York: Harcourt, Brace & World, 1961).

5. Erik Larson, *The Devil in the White City* (New York: Vintage Books, 2003).

6.Ibid., 49.

第三章

P032 页题记引自 James Howard Kunstler, *The Geography of Nowhere: The Rise and Decline in America's Man-Made Landscape* (New York: Touchstone Books, 1993), 113.

1. Douglas Kelbaugh, *Common Place: Toward Neighborhood and Regional Design* (Seattle, WA: University of Washington Press, 1997); Peter Calthorpe, *The Next American Metropolis: Ecology, Community and the American Dream* (New York: Princeton Architectural Press, 1993).

2. TransCanada Trail, http://tctrail.ca.

3. Andrés Duany, Elizabeth Plater-Zyberk, and Jeff Speck, *Suburban Nation: The Rise of Sprawl and the Decline of the American Dream* (New York: North Point Press, 2000).

4. Jane Jacobs, *The Death and Life of Great American Cities* (New York:Random House, 1961).

5. Kevin Lynch, *Image of the City* (Cambridge, MA: MIT Press, 1960).

6. Ian McHarg, *Design with Nature* (Garden City, NY: Natural City Press, 1969); William Whyte, *Cluster Development* (New York: American Conservation Association, 1964), and *The Last Landscape* (Garden City, NY: Anchor Books, 1968).

7. Anne Whiston Spirn, *The Granite Garden: Urban Nature and Human Design* (New York: Basic Books, 1984); Michael Hough, *City Form and Natural Process* (London:Routledge, 1984), and *Out of Place: Restoring Identity to the Regional Landscape* (Hartford, CT: Yale University Press, 1990).

8. William Whyte, *City: Rediscovering the Center* (New York: Doubleday, 1988).

9. Jan Gehl and Lars Gemzoe, *New City Spaces* (Copenhagen: Danish Architectural Press.Copenhagen, 2001), 56 and 58.

10. Allan B.Jacobs, Elizabeth MacDonald, and Yodan Rofé, *The Boulevard Book: History, Evolution, Design of Multiway Boulevards* (Cambridge, MA: MIT Press, 2002).

11. Allan B.Jacobs, *Great Streets*.(Cambridge, MA: MIT Press, 1993), 8 and 9.

12. Christopher Alexander, Sara Ishikawa, and Murray Silverstein, *A Pattern Language: Towns, Buildings, Construction* (Oxford: Oxford University Press, 1977).

13. Kevin Lynch, *Good City Form* (Cambridge, MA: MIT Press, 1981).

14. Oscar Newman, *Defensible Space: Crime Prevention through Urban*

Design (New York: Macmillan, 1973).

15. Calthorpe, Peter, *Next American Metropolis: Ecology, Community and the American Dream* (New York: Princeton Architectural Press, 1993).

16. Andrés Duany, Elizabeth Plater-Zyberk, and Robert Alminana, *The New Civic Art: Elements of Town Planning* (New York: Rizzoli International, 2003).

17. David O'Neill, *The Smart Growth Tool Kit: Community Profi les and Case Studies to Advance Smart Growth Practices* (Washington, DC:Urban Land Institute, 2000).

18. Alexander Garvin, *The American City: What Works, What Doesn't* (2nd ed.) (New York: McGraw-Hill, 2002), 338.

19. Congress of the New Urbanism, *Charter*.

20. Randall Arendt, *Rural by Design* (Chicago: American Planning Association, 1994).

21. Farr, *Sustainable Urbanism*.

22. Patrick Condon, *Seven Rules for Sustainable Communities: Design Strategies for the Post-Carbon World* (Washington, DC: Island Press, 2010).

23. Lang, *Urban Design*, esp.pp.135–145.

24. Jacobs, *Death and Life*; also *The Economy of Cities* (New York: Random House, 1969), and *Cities and the Wealth of Nations* (New York: Random House, 1984).

25. See *Value in Urban Design* (London: Commission for Architecture and the Built Environment; Department of Environment, Transport and the Regions, 2001).

第四章

P050 页题记引自 Witold Rybczynski, *City Life* (Toronto: HarperCollins, 1995), 232. P058 页题记引自 Andrés Duany, Elizabeth Plater-Zyberk, and Jeff Speck, *Suburban Nation: The Rise of Sprawl and the Decline of the American Dream* (New York: North Point Press, 2000), 183.

1. 另请参见 Michael A.von Hausen, *100 Timeless Urban Design Principles* (Vancouver, BC: Simon Fraser University, 2008).

2. Lynch, *Good City Form*.

3. Ibid. 另请参见 Commission for Architecture and the Built Environment, *By Design: Urban Design in the Planning System* (London: Thomas Telford Publishing, 2000), 36–39.

第五章

P066 页题记引自 Christopher Alexander, Hajo Neis, Artemis Anninou, and Ingrid King, *A New Theory of Urban Design* (New York: Oxford University Press, 1987), 15.

1. Sylvia Holland and Michael von Hausen, *Public Process Playbook* (Vancouver, BC:Simon Fraser University, 2007).

2. Ibid., 6.

第六章

P084 页 题 记 引 自 Edmund N.Bacon, *Design of Cities,* rev.ed.(New York: Penguin Books, 1976), 33. P085 页题记引自 Douglas Kelbaugh, *Common Place:Toward Neighborhood and Regional Design* (Seattle, WA: University of Washington Press, 1997), 7.

1. Malcolm Gladwell, *The Tipping Point: How Little Things Make a Diff erence* (New York: Little, Brown & Company, 2000), and *Blink:The Power of Thinking without Thinking* (New York: Little, Brown & Company, 2005).

2. 说明: 新艾丽塔项目由 MVH 城市规划与设计顾问公司联合 P. Turje 设计公司、Don Wuori 设计公司、Calum Srigley 设计公司和 Take Out 设计制图公司于 2008 年完成。

第七章

P112 页 题 记 引 自 Alan AtKisson, *The ISIS Agreement: How Sustainability Can Improve Organizational Performance and Transform the World* (London:Earth scan, 2008), 228.

1. 说明: 卑诗省新威斯敏斯特市 "下十二街" 规划由 MVH 城市规划与设计顾问公司领衔, 联合 Hulbert 国际集团、Don Wuori 设计公司、Calum Srigley 设计公司、Paul Rollo 公司、Take Out 图片公司,并在新威斯敏斯特市的协助下于 2004 年完成。该项目获得了卑诗省规划协会 2005 年的杰出设计奖。

2. 说明: 卑诗省尤克卢利特的惠好公司土地总体规划由 MVH 城市规划与设计顾问公司联合 Shin On 设计公司、维恩·文斯伯 (Wayne Wenstob)、Take Out 图片公司在惠好公司和尤克卢利特地区政府的引导下于 2005 年完成的。该项目因为其综合性的政策规划获得了 2006 年卑诗省规范协会杰出（荣誉提名）奖，同时还获得了 2006 年卑诗省城市联合会的最佳创意和领袖奖。

第八章

P136 页题记引自 Jonathan Barnett, *Urban Design as Public Policy: Practical Methods for Improving Cities* (New York: Architectural Record, 1974), 31.

1. "停车口袋"是指由树和灌草组成的景观地段相隔离的系列性街边停车场地。

第九章

P162 页题记引自 Richard Hedman with Andrew Jaszewski, *Fundamentals of Urban Design* (Chicago: American Planning Association, 1984), 136.

1. 说明：卑诗省兰里市中心区总体规划中的大部分的政策、指引、规则等是结合 2009 年兰里市中心区规划，在兰里市相关指引的基础上提炼形成的。中心区总体规划获得了 2010 年卑诗省规划协会的优胜奖。项目的设计团队以 MVH 城市规划与设计顾问公司为主，包括 Don Wuori 设计公司、Calum Srigley 设计公司、高力国际和 Take Out 图片公司。

2. 说明：阿尔伯塔省梅迪辛哈特市设计指引的大部分工作是基于 2009 年的梅迪辛哈特平地区重建规划上来完成的。项目的设计团队以 MVH 城市规划与设计顾问公司为主，包括 Don Wuori 设计公司、Calum Srigley 设计公司。

第十章

P184 页题记引自 Douglas Farr, *Sustainable Urbanism: Urban Design with Nature* (Hoboken, NJ: John Wiley & Sons, 2007), 64.

第十一章

P192 页题记引自 *New Urban News*, July/August 2002. P202 页题记引自 Mark McCullough. P217 页题记引自 the *Globe and Mail*, March 12, 2011, S6.

1. "LEED for Neighborhood Development, " US Green Building Council, 2011.http://www.usgbc.org/DisplayPage.aspx?CMSPageID=148.

2. Congress for the New Urbanism [website].http://www.cnu.org.

3. For more information about the Canada Lands Company, go to http://www.clc.ca.

4. 说明：卡里森柯新项目。开发商：加拿大土地公司，设计公司：MVH 城市规划与设计顾问公司、Ankeman 建筑设计公司、Omega 联合工程公司、Bunt 联合工程公司、Buzan 电子有限公司、R.Kim Perry 公司、Arbortech 技术顾问公司。

第十二章

P218 页题记引自 City of Chicago, *The Chicago Central Area Plan: Preparing the Central City for the 21st Century* (Chicago: City of Chicago, 2003), introductory letter.

1. City of Chicago, *The Chicago Central Area Plan: Preparing the Central City for the 21st Century* (Chicago: City of Chicago, 2003), 3.

2. Daniel Burnham and Edward Bennett, *Plan of Chicago* (New York:Princeton Architectural Press, 1993).

3. City of Chicago, *Chicago Central Area Plan*, v.

4. 说明：卡尔加里中城项目。该案例研究也由迈克尔·冯·豪森发表在《加拿大规划》杂志上。项目由 MVH 城市规划与设计顾问公司领衔，合作者包括萨姆·马勒（Thom Mahler）、拉瑞·普拉柯（Larry Pollock）以及卡尔加里中心城区和内城规划部。2004 年，卡尔加里市委托 ICE 工作组把中城的规划愿景形成了名为"中城的城市设计战略"的报告。

   ICE 工作组的成员包括 MVH 城市规划与设计顾问公司（领衔设计公司）的迈克尔·冯·豪森，Hulbert 国际集团的瑞克·哈尔伯特（Rick Hulbert）和阿尔法索·特嘉达（Alfonso Tejada），Don Wuori 设计公司的多恩·沃里（Don Wuori）。ICE 工作组也得到了来自 Hudema 顾问公司的布莱克·哈德玛（Blake Hudema）、Bunt 联合工程公司的格林·帕多（Glen Pardoe）、Calum Srigley 设计公司、Frank Ducote 设计公司和 Take Out 图片公司的多洛雷斯·阿尔丁（Dolores Altin）的帮助。

5. International Centre for Sustainable Cities, http://sustainablecities.net/.

6. *Midtown: An Urban Design Strategy for Midtown Calgary.*von Hausen, Michael.MVH Urban Planning & Design Inc., Surrey, British Columbia, 2004.

7. 说明：森尼维尔新社区项目（2011 年）。参与开发和设计者：Dalta-Vostok-1 公司，奥利·卓兹德瓦（Oleg Drozdov）总裁；俄罗斯住房发展基金会（RHDF）；加拿大按揭和住房公司；MVH 城市规划与设计顾问公司（领衔设计公司）；P.Turje 设计公司；Don Wuori 设计公司；Calum Srigley 设计公司；Endall Elliot 联合建筑设计公司。

8. 说明：新斯科舍省哈利法克斯市芬威克广场项目。该项目是在哈利法克斯坦普尔顿

（templeton）物业条例的指引下，由 MVH 城市规划与设计顾问公司、Endall Elliot 联合建筑设计所、Calum Srigley 设计公司、Michael Napier 建筑事务所在 2009 年和 2010 年完成的。

第十三章

P250 页题记引自 Randall Arendt, *Rural by Design: Maintaining Small Town Character* (Chicago: American Planning Association, 1994), 19.

1. 说明：阿尔伯塔省红鹿县加斯林阿里（Gasoline Alley）的利伯瑞柯新（Liberty Crossing）项目。该项目由 MVH 城市规划与设计顾问公司联合 Don Wuori 设计公司、Calum Srigley 设计公司、Take Out 图片公司和 Hudema 顾问公司在红鹿县社区规划部主任哈瑞·哈克（Harry Harker）的领导下于 2006 年完成的。项目获得了阿尔伯塔规划协会 2007 年的优胜奖。

2. Randall Arendt, *Rural by Design: Maintaining Small Town Character* (Chicago: American Planning Association, 1994).

3. Randall Arendt, *Growing Greener: Putting Local Conservation into Local Plans and Ordinances* (Washington, DC: Island Press, 1999).

4. Julie Anne Gustanski and Roderick Squires, *Protecting the Land:Conservation Easements Past, Present, and Future* (Washington, DC:Island Press, 2000).

5. Anton C.Nelessen, *Visions for a New American Dream: Process, Principles, and an Ordinance to Plan and Design Small Communities* (Chicago: American Planning Association, 1994).

6. James Howard Kunstler, *The Geography of Nowhere: The Rise and Decline in America's Man-Made Landscape* (New York: Touchstone, 1993).

7. 说明：阿尔伯塔省斯达孔拿县斯达世瑞项目。该项目由 MVH 城市规划与设计顾问公司联 Don Wuori 设计公司、Calum Srigley 设计公司、Take Out 图片公司于 2008 年完成。

第十四章

P272 页题记引自 Mahatma Gandhi.

1. 说明：阿尔伯塔省斯达孔拿县索尔兹伯里村东区项目。该项目由 MVH 城市规划与设计顾问公司联合 Endall Elliot 联合建筑设计公司、Don Wuori 设计公司、Calum Srigley 设计公司和 Take Out 图片公司于 2008 年至 2011 年完成。

第十五章

296 页题记引自 Michael Harcourt and Ken Cameron, *City Making in Paradise: Nine Decisions that Saved Vancouver* (Vancouver, BC: Douglas & McIntyre, 2007), 10.

Mike Harcourt and Ken Cameron, *City Making in Paradise: Nine Decisions that Saved Vancouver* (Vancouver, BC: Douglas & McIntyre, 2007), 2.

2. Metro Vancouver, *Metro Vancouver Draft Regional Growth Strategy* (Burnaby, BC, 2009).

3. TransLink, *Metro Vancouver TransLink Management Plan* (2010).

4. "Cascadia Scorecard, " Sightline Institute (2010), http://www.sightline.org/pubtype/scorecard/2010.

5. Harcourt and Cameron, *City Making*.

6. Jacobs, *Death and Life*.

7. Harcourt and Cameron, *City Making*, 60.

8. Ibid.

9. 说明：兰里镇约克森（Yorkson）社区规划（法案第 4030 号）中的 W-2 威洛比（Willoughby）规划，由议会在 2001 年 7 月 16 日通过，并在 2011 年 10 月 3 日得到修正。

第十六章

P304 页题记引自 John Punter, *The Vancouver Achievement: Urban Planning and Design* (Vancouver, BC: UBC Press, 2003), 3. P318 页题记引自 2010 年 6 月温哥华市长罗品信(Gregor Robertson)在绿色城市开幕活动(Green City opening event) 中的开幕致辞。

1. Patrick Condon and Jackie Teed, eds., *Sustainability by Design: A Vision for a Region of 4 Million People* (Vancouver, BC: Design Centre for Sustainability, University of British Columbia, 2006); also Condon, *Seven Rules*.

2. Harcourt and Cameron, *City Making*.

3. John Punter, *The Vancouver Achievement: Urban Planning and Design* (Vancouver, BC: UBC Press, 2003); Lance Berelowitz, *Dream City: Vancouver and the Global Imagination* (Vancouver, BC: Douglas & McIntyre, 2005).

4. Larry Beasley, "'Living First' in Downtown Vancouver, " *Zoning News*

(American Planning Association), April 2000.Available at http://vancouver.ca/commsvcs/currentplanning/living.htm.

5. Berelowitz, *Dream City*.

6. "街道可视性（eyes on the street）"是简·雅各布斯在《美国大城市的生与死》（1961 年）中的短语；珍·格尔在《建筑之间的生命——利用公共空间》（纽 Van Nostrand Reinhold 出版社，1987 年）写到要设计建筑之间的空 兰·B·雅各布斯在《伟大的街道》一书中强调了街道的定义。

7. Green Streets program, https:Vancouver.ca/engsvcs/streets/green streets/.

8. 希望更深入了解过程的，参见 Beasley, "'Living First' in Downtown Vancouver," 和 Punter, *Vancouver Achievement*. 关注设计的，参见 Elizabeth Macdonald "Street-Facing Dwelling Units and Livability:The Impacts of Emerging Building Types in Vancouver's New High-Density Residential Neighborhoods, " *Journal of Urban Design* 10, no.1 (February 2005): 13–38.

9. Larry Beasley, "'Living First' in Downtown Vancouver, " *Zoning News* (American Planning Association), April 2000.Available at http://vancouver.ca/commsvcs/currentplanning/living.htm.

10. City of Vancouver, *EcoDensity: Vancouver EcoDensity Charter* and *EcoDensity: Initial Actions*, adopted June 10, 2008.Both documents available at http://vancouver.ca/commsvcs/ecocity/.

第十七章

P320 页题记引自 Lewis Mumford, *The City in History: Its Origins, Its Transforma-tions, and Its Prospects* (New York: Harcourt, Brace & World, 1961), 4.

1. 说明：卑诗省基隆拿市雅培街。该项目由 Stantec 设计集团联合 MVH 城市规划 与设计顾问公司和基隆拿市政府在 2002 年完成。

2. 说明：阿尔伯塔省斯达孔拿县堪布恩柯新项目。该项目由 MVH 城市规划与设计顾 问公司、Focus 公司、Endall Elliot 联合建筑设计公司、Don Wuori 设计公司、 Calum Srigley 设计公司、Take Out 图片公司联合堪布恩集团公司和斯达孔拿 县于 2011 年完成。

致谢

这本书是借助于许多人大量理念和经验基础上集合而成的。真诚地感谢西蒙弗雷泽大学及其城市研究部、卑诗省房地产基金会,感谢他们对本书的支持。特别感谢我的西蒙弗雷泽大学的同事——戈登·普莱斯、朱迪·奥伯兰德、弗兰克·帕切拉,他们和我一起花费了不计其数的时间,为学校的城市设计中期职业培训项目,编制了独立课程和整体教案。

感谢大卫·威蒂,帮助我发展并提炼了城市设计的概念,感谢戈登·普莱斯精彩的摄影图片。真诚感谢朱迪·奥伯兰德、肯·卡梅伦、兰迪·法森的编辑意见,感谢约书亚·兰达尔的照片和其他图片资料!我的妹妹萨莎·德特里提供了大量的专业性的编辑建议。此外,iUnivers 出版社的编辑们提炼了原稿,并编辑装订成了这本完美的书,在此表示感谢。最后我也要特别非常感谢我在温哥华的编辑内奥米·保尔斯对本书做的最后的润色。

安东尼·佩尔,西蒙弗雷泽大学教授、城市研究部的前任主任,在与我讨论城市设计课程以及培养该领域研究生等方面提供了重要的支持。我还要衷心感谢参与我的设计咨询工作的主创建筑师、景观建筑师、设计师、规划师、工程师以及倡导者们,包括多恩·沃里、卡鲁姆·斯里格利、阿尔·恩德尔、多洛雷斯·阿尔丁、保罗·图尔,是他们为发展和检验设计与规划理念提供了必要的严谨建议。最后我也感谢我的学生们,我从他们身上学到的,和他们从我身上学到的一样多。